普通高等教育"十一五"国家级规划教材

环境水文学

陈俊合　江　涛　陈建耀　编著

科学出版社

北　京

内 容 简 介

本书在介绍水体理化生物特性和水污染自净机理的基础上，对变化环境下的水文情况进行讨论，针对各类水体污染的特点，分别对河流、湖泊、水库、地下水和河口建立水质模型和预测，并对同位素等新技术、新方法在环境水文中的应用加以介绍。本书力图把污染物迁移扩散过程与水分循环过程密切结合起来，把水量水质的分析计算、预测预报方法有机结合起来。

本书可用作高等院校水资源、水利规划与管理、生态环境、环境管理等专业的高年级本科生及研究生教材，也可供水利规划管理、环境管理、计划行政管理人员参考。

图书在版编目(CIP)数据

环境水文学／陈俊合，江涛，陈建耀编著. —北京：科学出版社，2007
普通高等教育“十一五”国家级规划教材
ISBN 978-7-03-019224-0

Ⅰ. 环… Ⅱ. ①陈…②江…③陈… Ⅲ. 环境科学：水文学-高等学校-教材 Ⅳ. X143

中国版本图书馆 CIP 数据核字(2007)第 128168 号

责任编辑：郭　森　杨　红　李久进／责任校对：宋玲玲
责任印制：徐晓晨／封面设计：耕者设计工作室

科学出版社 出版
北京东黄城根北街 16 号
邮政编码：100717
http://www.sciencep.com
北京凌奇印刷有限责任公司 印刷
科学出版社发行　各地新华书店经销
*
2007 年 8 月第 一 版　开本：B5(720×1000)
2021 年 7 月第八次印刷　印张：15 1/2
字数：294 000

定价：59.00 元

(如有印装质量问题，我社负责调换)

前　言

地球上的水，主要包括降水、地表水和地下水。在太阳辐射及地心引力的作用下，水圈中的水不断地运动变化，周而复始，形成循环。如果以海洋蒸发作为起点，从广大海洋面蒸发的水汽升入高空后，其中一部分水汽在适当条件下凝结，形成降水，又回到海洋里；另一部分被气流带到陆地，也在一定条件下凝结成降水。降落在陆地的雨雪，一部分重新蒸发回到高空，另一部分经植物截留、地面拦截、土壤入渗之后形成地面径流及地下径流，最后又回归海洋，形成一个闭合的动态系统，称之为水分循环。

随着社会经济的发展，人类在生产和生活过程中向自然界排放的污染物越来越多，污染物随水文循环扩散到河流、湖泊、水库、港湾和地下水中，使大量的水域受到污染，日益危及人类的生存环境。在水资源严重缺乏的今天，掌握水文科学的基本规律尤为必要。为此，必须在了解水分循环规律的同时，探讨水体污染自净的机理和环境变化情况下的水文情势，通过数值模拟等方法对水资源、水环境进行分析预测，以便采取有效措施更好地保护水资源、水环境。

环境水文学作为环境科学和水文科学之间相互联系、相互渗透的交叉学科，从水环境的角度研究污染物随水分循环迁移扩散的过程，介绍江河、湖泊、水库和地下水等水体以及土壤中水量水质状况的评价、分析计算和变化趋势的预测方法，为合理开发利用水资源、实施有效的环境保护提供依据。

本书力图把污染物迁移扩散过程与水分循环过程密切结合起来，把水量水质的分析计算、预测预报方法有机结合起来。在介绍水体的理化生物特性和水污染自净机理的基础上，对环境变化下的水文情况进行讨论，针对各类水体污染的特点，分别对河流、湖泊、水库、地下水和河口建立水质模型和预测，并对同位素等新技术、新方法在环境水文中的应用加以介绍。

本书分4篇共13章。陈建耀编写第十二章,江涛、付丛生编写第八章、第九章,其余各章由陈俊合、刘树锋、吴海兵和谢广良编写,曾松青、贾建辉、申云等协助编辑和校核部分图件、文稿,陈俊合负责全书的汇总、统稿。

本书在编写过程中参阅了大量的国内外资料和文献,借鉴了同行们的研究成果,并得到有关专家同行的热情帮助,在此向他们谨表谢意!

由于作者水平有限,编著这类交叉学科的教材是一种尝试,不妥之处在所难免,恳请读者批评指正。

作 者

2007年4月于中山大学康乐园

目　录

第一篇　导　　论

第一章　环境水文学综述

第一节　我国水环境问题

水资源是十分重要又很特殊的自然资源，它是人类赖以生存的基本物质条件，也是人类社会可持续发展的限制因素。它在自然界中以不同的形态存在并循环不息，其水质也受多种因素的影响而变化。地球上水的总量约为 13.86 亿 km^3，其中淡水仅占 3%。由于绝大部分的淡水以冰川的形态存在于两极和高山顶部，因此，可供人类利用的淡水又不到其总量的 1%；水资源在全球各地分布又极不均匀，加上浪费和污染，所以使各地区和各国可以利用的水资源差别很大。

人类的生活和生产活动无一不需用水。其中，农业是最大的淡水用户，世界平均农业用水量约占总用水量的 69%，主要用于灌溉。更值得注意的是在灌溉过程中水的损失惊人，损失水量甚至高达总灌溉用水量的 70%～80%。工业用水比农业用水少得多(约占 23%)，其中大部分用于电厂冷却水，造成热污染。其余各种工业废水则造成极为严重的污染。生活用水仅占全部用水量的 8%。人类在生理上对淡水的需用量并不大，每天仅几升即可维持生命，直接饮用的水量每人每天约为1～2L。但是，人类其他生活活动所需的用水量却与日俱增。

近年来，由于世界人口增长和社会经济发展，需水量增长速度惊人，加上用水的浪费和水资源的污染，使优质水资源日益短缺。种种迹象表明，水的问题即将或已经成为一个严重的社会问题，1992 年初有 156 个国家代表参加的“世界水资源与环境大会”提出了警告：“水资源短缺已成为当今人类面临的最严峻挑战之一。”据联合国预测，水将成为 21 世纪最有争议的问题，全世界将有 10 余亿人得不到清洁的饮水，17 亿人缺乏最基本的公共用水卫生设施，这两个问题加在一起对城市的影响将极为严重。

我国水资源总量不少，河川年径流量 $(2.7\sim2.8)\times10^{12}\,m^3$，居世界第 6 位，但人均占有水量仅为 $2400\sim2500m^3/a$，仅列世界第 110 位，为世界人均占有水量的 1/4。而且，我国水资源时空分布极不均匀，洪涝干旱灾害频繁，可利用水资源量占天然水资源量的比重小，水污染普遍较严重，水的浪费现象也十分严重。这些问题已逐渐成为制约我国经济持续发展和影响人民身体健康的重要因素。以下是对我国面临的主要水环境问题的简要论述：

1. *水域污染严重*

随着社会经济的发展，工农业废水排放量逐年增长，七大水系的水污染程度在加剧，范围在扩大。2005年国家环境监测网七大水系的411个地表水监测断面中，符合Ⅰ～Ⅲ类标准的占41%；属于Ⅳ～Ⅴ类标准的占32%；达到劣Ⅴ类水质标准的占27%。其中，珠江、长江水质较好，辽河、淮河、黄河、松花江水质较差，海河污染严重。主要污染指标为氨氮、五日生化需氧量、高锰酸盐指数和石油类。

我国城市地下水水质总体较好。2005年，全国有160个城市（地级以上城市139个，县级城市21个，平原城市一般包括所辖地区）开展了地下水监测工作，地下水监测点控制总面积111万km^2。与1996年相比，全国主要城市和平原区的地下水水质状况相对稳定，局部地区有继续恶化的趋势。监测表明，地下水污染存在加重趋势的城市有21个（主要分布在西北、东北和东南地区），污染趋势减轻的城市14个（主要分布在华北和西北地区），地下水水质基本稳定的城市123个。

我国湖泊水库普遍受到污染，总磷、总氮污染严重，有机物污染面积广，个别湖泊水库出现重金属污染。2005年，28个国家监测重点湖（库）中，满足Ⅱ类水质的湖（库）2个，占7%；Ⅲ类水质的湖（库）6个，占21%；Ⅳ水质的湖（库）3个，占11%；Ⅴ类水质的湖（库）5个，占18%；劣Ⅴ类水质湖（库）12个，占43%。其中，太湖、滇池和巢湖水质均为劣Ⅴ类。

我国四大海域污染主要发生在近岸海域并有加重趋势，主要污染指标为无机氮、无机磷和石油类。2005年，全国近岸海域Ⅰ～Ⅱ类海水比例占67.2%；Ⅲ类海水占8.9%；Ⅳ类、劣Ⅳ类海水占23.9%。9个重要海湾监测结果表明，黄河口和北部湾海域水质较好，以Ⅰ、Ⅱ类海水为主；其次是胶州湾和闽江口，Ⅱ类海水和劣Ⅳ类海水各占50%；珠江口、辽东湾、渤海湾水质较差，Ⅳ类、劣Ⅳ类海水比例为60%～80%；长江口、杭州湾水质最差，以劣Ⅳ类海水为主。四大海域中，黄海和南海Ⅰ、Ⅱ类海水比例较高，分别达到88.9%、85.8%；渤海Ⅰ、Ⅱ类海水比例为66.0%，Ⅳ类和劣Ⅳ类海水占19.2%，主要污染指标为无机氮、活性磷酸盐；东海Ⅰ、Ⅱ类海水比例为35.5%，Ⅳ类和劣Ⅳ类海水占52.7%。

2. 大气污染比较突出

2005年监测的522个城市中，空气质量达到一级标准的城市22个（占4.2%）、二级标准的城市293个（占56.1%）、三级标准的城市152个（占29.1%）、劣于三级标准的城市55个（占10.6%），主要污染物为可吸入颗粒物，在可比的城市中，40.5%的城市颗粒物超过二级标准，超过三级标准的城市占5.5%；SO_2年均浓度达到国家二级标准（0.06mg/m^3）的城市占77.4%；超过国家三级标准（0.10mg/m^3）的城市占6.5%；所有统计城市的二氧化氮浓度均达到二级标准，但广州、北京、宁波、上海、杭州、哈尔滨、乌鲁木齐、南京、成都、武汉等大城市二氧化氮浓度相对较高；全国开展酸雨监测的696个市（县）中，出现酸雨的城市357个（占51.3%），其中浙江省象山县、安吉县，福建邵武市，江西瑞金市酸雨频率为100%。

3. 水土流失日益严重，土地荒漠化不断扩大

截至2005年底，我国水土流失面积356万km^2，占国土总面积的37.1%，其中，水力侵蚀面积165万km^2；风力侵蚀面积191万km^2。水土流失主要分布在山区、丘陵区和风沙区，特别是大江大河中上游地区。全国每年因水土流失造成的流失土壤50亿t。大量的开荒、采掘业及修路作业等开发活动，导致耕地贫瘠化和荒漠化、河道淤塞、水库使用寿命缩短。20世纪的最后10年间，我国每年约有2100km^2的土地沦为荒漠。现在沙漠、戈壁、荒漠化土地面积之和已达153万km^2，占全国土地面积的16%。土地的荒漠化加剧了我国某些地区的贫困化，并形成恶性循环。

在未来的发展进程中，我国将面临历史上最严峻的水资源与环境的挑战，走可持续发展的道路是当代中国人民的紧迫而重要的任务。为解决中国发展与水环境的矛盾，利用有限的水资源完成现代化的任务并满足广大人民日益增长的需要，必须探求水环境变化的机制，寻求一条经济发展与生态和谐共存的可持续道路。而环境水文学正是针对解决目前水环境问题而设置的课程之一，因此，环境水文学课程的提出与完善是适应目前的水环境形势的。

第二节　环境水文学的发展概况

环境水文学是随着水文研究的深入与环境科学的兴起而发展起来的。世界上许多国家和有关国际组织，先后在这方面开展了不少的研究。

在联合国教科文组织国际水文计划10年(IHD)(1965～1974年)的末期，过去单纯水文物理学过程的研究逐渐有了环境和生态方面的内容，尤其是来自其他学科知识的融入和交叉，如自然地理学、生态学、水文地质学、河流地貌学、土壤物理学等，它们对水文学自身的发展起到了重要推动作用，这些都归结为环境水文学的范畴。因为在这些分支学科中都涉及水量平衡、营养物质和沉积物质量平衡的物理过程，研究是从1978年Kirkby编著的山坡水文学开始。20世纪70年代和80年代发展起来的径流过程数字地形模型提出了土地利用变化对径流、侵蚀、沉积以及水质等影响的空间观点。同时，80年代对酸雨问题的研究激发了相关工作的进展，如在北美和欧洲对水文学和化学之间关系的研究，一度促进了环境水文学的发展，即使在南半球，水文学团体也在向这一领域接近。在世界的许多地区，淡水资源正在成为生态环境和经济发展的限制性因素，同时对淡水生态系统的各种负面影响仍在不断扩大。根据1980年Popper对未来的预测，现有的方法已不能解决环境问题。在1992年于柏林召开的水和环境国际会议上，提出了寻求新的方式解决环境问题，这就促进了环境科学和水文学的结合。

在我国，20世纪50年代中期即有部分水文测站开始进行天然水化学成分的

测验工作，随着国民经济建设发展的需要，接着开始对已经发生或可能发生污染的河流、重要湖泊、水库在控制性地点进行水化学成分的测验工作。20 世纪 60 年代逐步统一规划了水化学站网的测验工作，为引用地表水、利用地下水、防治土壤盐碱化等提供水化学资料。一些大型水库工程、大型城市的供水工程、大型工矿企业，还结合勘探、规划、设计、施工和管理自行作水质分析和水处理工作或探讨一些与环境相关的专题。为了适应水利工程和水土保持工作发展的需要，水文、水利工作者开展了径流、泥沙影响方面的研究，并进行了现场的观测和分析，如黄河三门峡水利枢纽的建设过程中，水利科技工作者对水库水位抬高淹没村庄、地下水位上升、水库淤积、灌区的土壤盐碱化等问题进行了大量研究。

20 世纪 60 年代前期，黄河水利委员会、长江流域规划办公室组织技术力量专门进行全流域的农、林、水利、水土保持措施对径流、泥沙影响的调查研究，还设立了径流实验站和水土保持实验站。此外，在交通城建部门也开展了一些区域性或局部性有关方面的水文效应研究工作，但当时还没有提高到环境的整体研究工作上来。70 年代中期，因河南发生了特大洪水，在全国范围内开展了水库大检查，涉及库区的环境问题。70 年代后期，环境保护受到全面的重视，从中央到地方及流域水利部门相继设立了主管环境保护的专门单位和研究所，部分高校增设环境保护专业。1979 年 9 月全国人大常委会制定了环境保护条例，并颁布试行。1980 年初开始进行了全国的水资源普查与评价工作，结合这项工作，对环境水文开展了不少课题研究。1981 年中国水利学会还成立了环境水利研究会，推动环境水利（其中也包括环境水文）的研究工作。1982 年水电部制定了《关于水利工程对环境影响的评价的若干规定》，并付诸执行。1983 年城乡建设环境保护部制定了《环境保护标准管理方法》，1984 年 5 月全国人大常委会通过了水污染防治法，正式以法律保护水资源防止遭受污染。这些都大大促进了环境水利的改善，同时也促进了环境水文的科学研究工作。在我国的“六五”、“七五”计划的攻关课题中，都有环境水利和环境水文的项目。

20 世纪 90 年代以来，我国的环境水文学研究工作有了很大的发展，并且都是从我国的国情和实际出发，紧密结合工程建设规划、设计、施工、运行管理中的生产需要进行的。比较重大的课题有：酸雨的形成与防治；沱江、湘江、长江武汉江段的污水防治；黄河、渭河泥沙的重金属吸附；珠江三角洲及河口的污染防治；太湖环境质量调查与保护及大水面养殖问题；过量开采地下水引起的地面沉降问题；矿山排水对水资源的破坏问题；沙漠化、水土流失的环境问题；黄淮海平原土壤盐碱化改良；北京城市生态系统与环境规划研究；天津于桥水库的面源污染问题等。大型水利环境影响评价，其中以南水北调及三峡工程的环境影响尤为瞩目。

我国的环境水文研究虽然起步较晚，但却如雨后春笋般地成长起来。在理论上对污染物的输移、水环境预测、水污染系统控制规划等有独创的成果，在实际工作中也取得了一定的成效。

第三节　环境水文学的定义和内容

一、环境水文学的定义

由“人与环境”所构成的对立统一体，我们称之为“人类—环境”系统，它是一个以人类为中心的生态环境系统。环境科学就是以这个系统为对象，研究其发生、发展、预测、调控以及改造和利用的科学，它包含许多门类。当20世纪60年代环境问题日益严重引起人们的注意时，许多学者都参与研究和解决环境问题，使一些学科产生了新的分支，如环境物理学、环境化学、环境地学、环境生物学、环境工程学等。他们来自不同的学科，分别从不同的角度来研究和解决环境问题。进入70年代以后，在这些分门别类的环境科学相互作用、互相渗透的过程中，孕育了更高层次的、统一的、独立的新环境学科——环境学。在环境学里，又形成了一些分支科学，如理论环境学、综合环境学(全球环境学、区域环境学等)、部门环境学(自然环境学、工业环境学、农业环境学等)、社会环境学等。环境水文学是环境科学中环境地学的一个分支，也是环境学中的水体环境部分。它与普通水文学的不同之处在于把水量和水质有机结合起来，使读者对水体的量和质能够形成系统完整的认识。环境水文学的定义，从它涉及水圈中的环境水文问题来看，可以这样认为：环境水文学是研究环境在水循环过程中的影响，以及水体水文情势的改变对环境的影响，水体中量与质的变化规律及预测、预报方法的一门学科。

二、环境水文学的研究任务

水是一种极为重要的资源，人们生活离不开水，工农业生产、城镇建设、交通运输、能源发电等也都离不开水，所以水资源的开发利用是关系到整个国民经济发展的首要问题。但是，水资源开发利用往往伴随一些环境问题的产生。它主要表现在以下几个方面：

1) 由于社会经济发展，对水资源的需求量增大，污水也相应增多，从而对水的时空分布、水循环及水的理化性质、水环境产生了一定影响。这些自然因素和人为因素变化常常会导致水资源紧缺、水环境污染以及洪水灾害。

2) 由于城市化建设、工农业生产迅速发展，导致人口密度增加、土地利用性质改变、建筑物增加、道路及地下管网建设使下垫面不透水面积增大以及森林植被变化，直接改变了地表和地下径流形成条件，使水文过程产生变异。

3) 水资源工程在兴利除害、改造自然和改善环境的同时，也产生一系列新的环境问题。水资源开发利用所产生的环境影响主要表现为造成水文情势的变化，例如，兴建水库就形成大水体和抬高水位，使径流发生变化；湖泊利用可能缩小水体和降低水位；发展灌溉就要改变地表水、地下水和土壤水的综合状况等。水文情势的变化必然导致水体温度状况和局地气候的变化，从而引起水质状况、生物群和生态系统的改变。水体的变化也会改变地质环境，从而导致地貌（包括泥沙淤积和冲刷）变化和诱发地震等。上述变化还会对当地人体健康造成不利的影响。

为了适应水资源及国土资源的开发利用、水利水电工程建设、工矿交通建设、城镇建设等的需要，环境水文学的研究任务主要包括以下几个方面：

1）了解和掌握水循环过程中水体的污染特征和变化规律；

2）为规划设计、水污染控制管理提供资料数据和环境水文计算模型；

3）进行水体环境的水质预测、预报，供决策者应用和参考；

4）对工程的环境影响进行评价。

三、环境水文学的研究方法

由于水文现象具有必然性和偶然性两个方面，这就可以从确定性规律和随机性规律入手去采取不同的研究途径。环境水文现象复杂，影响因素众多，需要进行实地观测、监测和调查，积累资料去分析研究。为了探讨水文过程的物理机制，还需要辅以野外或室内的实验。在有些地方实测资料不够充分，甚至缺乏，就要找出办法来估计。所以，环境水文学的研究方法概括地讲，主要有以下 5 种：

1）成因分析、定量关系法。主要用于有确定性因果关系的情况，建立水文现象与影响因素之间的定量关系，这种关系也可以是多因子的。还可以把环境水文现象的复杂系统分解为若干子系统，进行影响因素的分析，然后加以综合。

2）数理统计频率分析法。主要是根据水文现象的随机性，以概率理论为基础，求取特征系列的频率分布，进行频率分析，从而得出规划设计所需要的设计特征，也可外延使用。

3）数学模拟法。用微分方程组来模拟水文现象内部各物理量之间的关系，构建水文数学模型。这种水文模型按水文现象的固有性质，可以分为确定性和随机性两类。确定性水文数学模型又分系统理论模型和概念性模型两大类。前者是指对流域内部的物理机制往往不能事先确定，而只能建立在“系统识别”过程上求得结果的一种方法；后者则是指在流域结构内部，把水文现象的物理机制加以概括，用逻辑推理方法，对概括后的水文现象进行数学模拟。随机性模型是对随机水文过程的描述，以随机时间系列作为模拟对象，借助计算技术把随机数学理论和实际的物理过程问题联系起来进行研究。随着系统科学的发展，模糊随机系统分析、灰色系统分析等方法也在环境水文研究中应用。

4）物理模型与实验法。它是为了探讨水文现象物理过程并作出定量分析，而在野外或室内使用系统的、有控制的观测、试验方法进行深入研究。这种实验研究可以对所要研究的对象进行原型观测或在实验场进行人工模型体的对比试验，也可以在实验室以几何和力学相似原理作出比尺模型去试验。

5）地理综合相似类比法。根据一些要素，如气候、地貌、地形等区域性规律，可以研究受其影响的某些水文特征值地区分布规律，制作出等值线图或经验公式，用来对缺乏资料地区的水文特征值进行推求。也可以根据水体的特点及影响相似的情况，对影响结果进行类比分析。

以上这些方法，可根据条件进行采用，有时也可以多种方法同时使用，相辅相成，互为补充。

四、环境水文学的基本研究内容

随着社会的进步和人民生活水平的提高，水环境问题成为人们最关心的问题之一，本书从实际出发，以“从环境水文学学科的提出到环境水文学基础理论与计算方法确定，再到环境水文学具体机理探讨，最后为环境水文学在工程中的实际应用”的思路，阐述和探讨了环境对水体的污染、污染变化规律、人为改变环境的水文效应、水环境污染的数学模拟方法等问题，并简述了一些新的研究技术与方法。

全书共包括四篇：第一篇是导论，包括前三章，主要阐述了环境水文学的发展历程、水体污染的基础知识和污染变化规律，为全书作铺垫，有助于对环境水文学机理和变化规律的了解；第二篇从水文学角度出发，论述了环境变化下的水文情势，包括第四章至第七章，主要为城市化、工农业生产、水利工程设施建设和森林植被变化等影响水文情势的人类活动与水文变异的关系的阐述，解释了变化环境下的水文过程；第三篇从水环境角度出发，结合各种水体中的环境水文问题，运用数学模型方法，推导阐述了环境水文学中水环境方面的数学模拟与预测方法及理论，并举例介绍了水文学学科在工程上的一些具体应用；第四篇结合水文学最新发展的动态，介绍同位素等在环境水文中的应用。

第二章　水的特性与水体污染*

第一节　水 的 特 性

水是人类生命之源，地球之所以能够繁衍生命和孕育人类文明，一个重要因素是地球上具有液态水。水也是地球上最普通、最常见的物质之一，不仅江、河、湖、海中含有水，各种生物体内也都含有水。每个水分子(H_2O)都是由一个氧原子和两个氢原子组成。水分子的键角∠HOH为104°31′，H—O键的键长为0.9568Å，形成等腰三角形。因为氧原子对电子的吸引力比氢原子大得多，H—O键的共用电子对强烈地偏向氧原子，所以在氧原子一端显示出较强的负电荷作用，形成负极；相反，在氢原子一端显示出原子核的正电核作用，形成正极，使水分子具有极性结构。由于水分子具有极性，在自然界，水不完全是单水分子H_2O，而更多的情况下是水分子的聚合体。水分子的特殊组成使其具有一些奇异的物理、化学和生物特性，并对地球上的物质循环和动植物的生存有重要意义。

一、水的物理特性

(一) 水的热学和溶解性质

1. 热学性质

在元素周期表中，氧族元素的氧、硫、硒和碲的氢化物分别为H_2O、H_2S、H_2Se和H_2Te，它们的热学性质见表2-1。表2-2列举了水的物理常数的特点及其对环境和生物的重要意义。

表2-1　周期表中氧族元素的氢氧化物的热学性质

化合物	分子质量	熔点/℃	融解热	沸点/℃	蒸发热	偶极距
H_2O	18	0.00	1.44	100	9.72	1.84
H_2S	34	−85.50	0.57	−60.30	4.46	1.10
H_2Se	81	−65.70	0.60	−41.30	4.62	0.40
H_2Te	130	−51.00	1.00	−2.20	5.55	<0.20

* 本章的第二、第三节主要参考了芮孝芳编写的《河流水质管理》讲义，1990年。

表 2-2　纯水的物理常数及其意义

性质	与其他物质对比	对环境和生物的重要性
状态	不同温度下，以固、液、气三态存在，常温下为液态	使全球水循环，维持地球生命物质的持水量并提供生命介质
密度	在 3.98℃时密度最大，温度升高和降低时变小，冻结时膨胀	水体在冻结时从水面开始，防止连底冻结，造成季节性温度分层，对水生生物越冬有重大意义
熔点和沸点	高	使地球表面的水经常处于液态
介电常数	很大，随温度升高而变小	
蒸发热	液体中最大	缓冲温度的极端变化
表面张力	液体中最大	调节云层和雨层中水滴大小；是细胞生理学中的控制因素
热容	高于除氨以外的一切液体	缓冲生物体内及地表温度的剧烈变化，维持地球生命，影响气候要素的差异
热传导	所有液体中最高	在细胞生理中发挥着极为重要的作用
吸收辐射热	在红外和紫光区甚强，在可见光区较小	无色、透明，对水体中生物活动(如光合作用)有重要控制作用，对大气温度有重要抑制作用
电离度	很小	中性物质，对维持生命体系极为重要
溶解性质	因其偶极性质，对离子化合物和极性分子是极佳的溶剂	在水文循环和生物系统中，对溶解物质的迁移极其重要

水能吸收相当多的热量而不损害其稳定性。像湖泊和海洋那样的大型水体，正因为水的热容量极高而使其温度基本保持恒值，这种热缓冲作用，对于保护生命至关重要，否则大部分生物将在温度剧烈变动下死亡。同时，海水的巨大热容量也影响着气候要素的差异：海水的热容远大于陆地岩土，从而引起海陆表面温度的差异，冬季(北半球)海洋是热源，陆地是冷源，同纬度地区的海面温度高于陆面温度，进而在陆面上形成强大的冷高压，海面上相对形成热低压，空气从陆地上流向海洋，夏季反之，这样就形成了以一年为周期的季风。

水的蒸发热在 100℃、1 标准大气压时为 2257.2J/cm^3，是所有液体蒸发热的最大值。水有较高的蒸发热就可以传递更多的热量，并在尚未明显地改变海洋温度的前提下可以调节、缓冲和稳定地球表面的温度。

液态水对可见光有相当好的穿透力，但对光谱中红色光的边缘处有部分吸收，这个特点可让光线在大型水体中透射到相当深度，而这又正对水生植物的光合作用极其重要。水汽对红外辐射和紫外辐射有很强的吸收力，这对地球的生物繁衍和全球的热平衡至关重要。

2. *溶解性质*

水是极好的溶剂。水因其是由偶极子所组成的，因而成为盐类(如 NaCl)的最佳溶剂。许多有机和无机化合物，如糖、醇、氨基酸和氨皆溶于水。水具有溶解有机分子的能力，因此，对生命过程和地质化学过程都非常重要。

（二）天然水物理性质

自然界的水并不是纯净的。天然水均含有一定的杂质，这些杂质大体分为3类：①溶解物，包括钙、镁、钠、钾、铁、锰、硅等盐类和二氧化碳、氮气、氧气、硫化氢、沼气等气体；②胶体物，如硅胶、腐殖质胶等；③悬浮物，包括细菌、藻类、原生动物、泥沙以及其他漂浮物等。

自然界水中这些杂质的存在直接影响着水的性质和质量，人们评价水质的优劣，也是根据水中所含物质的种类和多少。评价天然水物理性质的分析项目见表2-3。

表 2-3 评价天然水物理性质的常用分析项目

项目	略号或定义	用 途
色度	淡褐色、灰色、黑色	评价有无污水混入
嗅、味	MDTOC*	确定不良气味是否影响用水
浊度	NTU	评价水的透明度
总固体物	TS	评价水对生活、工农业用水的适用性
可沉降固体	mg/L	用于设计沉降池
温度	℃	用于设计生物法水处理设施
电导率	(25℃)	估算水中总溶解固体总量或检查水分析报告

* 最小可检出气味浓度。

1. 水色

纯水是无色的。但自然界水体的水色，是由水体的光学性质以及水中悬浮物质、浮游生物的颜色所决定的。水色是水体对光的选择吸收和散射作用的结果，因为水体对太阳光谱中的红、橙、黄光容易吸收，而对蓝、绿、青光散射最强，所以海水多呈蔚蓝色、绿色；并且水体的颜色与天空状况、水中杂质、水体底质的颜色也有关。如果天然水体中含有较多杂质，水色就变得五花八门。例如，受铁离子和锰离子污染的水呈黄褐色；受腐殖质污染的水呈棕黄色；藻类将水染成黄绿色；硫化氢进入水体后，由于氧化作用析出微细的胶体硫，从而使水变成翠绿色。根据水色的不同，可大体判断杂质的存在和水体受污染的程度。

在水质分析中，溶于水中物质的颜色叫“真色”。比色标准溶液以氯铂酸钾（K_2PtCl_6）和氯化钴（$COCl_2 \cdot 6H_2O$）配制的混合液作基准。

2. 嗅、味

腐败的有机物质和水生微生物或细菌的厌氧分解所产生的 H_2S、NH_3 等气体,发出难闻的臭气。气味一般只能用鼻子感觉来描述,分别为芳香、泥土、石油、鱼腥、霉烂和恶臭等气味。各种水溶性有机物和无机盐、酸和碱都有特殊的味道,分别以苦、咸、甜、酸、辣和涩等来描述。

清洁的天然水是无味的,只有水中溶有较多有味物质时,水才会有各种味道。比如,含较多氯化物的水有咸味;含较多诸如石膏、芒硝等硫酸盐的水有苦味,水中铜离子量超过 1.0mg/L 也会有苦味;受到粪便或其他腐烂性有机物污染时,水会有臭味;在水流缓慢的坑塘中,一些藻类过度繁殖也会给水带来臭味,如钟罩藻使水带有腥臭味,合尾藻使水带有烂黄瓜味。

3. 浑浊度

水的浑浊度是一种光学效应,指水中由泥沙、黏土和有机物等所造成的悬浮物和胶体物对光线穿透的阻碍程度,表示水层对光线散射和吸收的能力。浑浊度与水流紊流搅动强度直接相关,枯水季节浊度较小,洪水季节浊度变大。通常用“硅单位”来表示浊度,即在 1L 蒸馏水中含 1mg 的 SiO_2 所造成的光学阻碍现象称为浊度 1 度。浑浊度影响水生植物的光合作用,也影响水的用途。

4. 水温

水温是各种水体的重要物理指标,水温影响化学反应速度和水体自净能力。气体在水中的溶解度随水温上升而下降,矿物质在水中的溶解度多数随水温上升而升高。水温影响水在工农业生产中的使用,如鱼类对水温变化尤为敏感。天然水的温度总是滞后于气温变化,水温最低可达 0.1℃,很少有超过 30℃的(部分温泉、地热水)。地下水温度比较稳定,接近于全年平均气温,变幅一般在 8～12℃范围内。湖泊、水库等静水水体的温度具有明显的地理特征,温带地区的深水湖在夏季会出现温度分层现象,一般每加深 1m,水温下降 1℃左右。

5. 固体物质

水中固体物质是除气体以外的主要污染物质,对水体质量影响极大。固体物质按其颗粒大小可分成:悬浮物质、胶体物质、溶解物质(离子和分子)。悬浮物质是指颗粒直径约在 10^{-4}mm 以上,肉眼可见,不能以常规的重力沉降法去除的非溶解性固体。这些固体颗粒主要是由泥沙、黏土、原生动物、藻类、细菌、病毒以及高分子有机物组成,常常悬浮在水流之中,水产生的浑浊现象,也都是由此类物质所造成。悬浮物是造成浊度、色度、气味的主要因素。胶体物质是直径为 10^{-4}～10^{-6}mm 的微粒,是许多分子和离子的集合体。天然水中的无机矿物质胶体主要是铁、铝和硅的化合物,有机胶体物质主要是动植物的肢体腐烂和分解而形成的腐殖质。胶体物质由于其单位体积所具有的表面积大,故其表面具有较大的吸附能力。溶解性物质是指直径小于或等于 10^{-6}mm 的微小颗粒,主要是溶于水中的各种离子和小分子。溶解性固体、胶体和悬浮状固体之和叫做总固体物。

天然水中的固体物主要来自地表径流和人类活动。水中悬浮物质又可成为各种溶解性物质的“载体”,它可以吸附污染物质向河流下游输送。沉积物往往反映流域内气候、地质、土壤、植被等特性和人类活动情况。沉积物中某些组分有可能在条件变化时重新释放而成为次生污染源。

沉积物的营养物质含量常常影响底栖生物的生长和繁殖。这些生物死亡以后的残骸经微生物分解而形成具有强吸附性能的腐殖质,对水体中元素的迁移和吸附会产生重大影响。

6. 电导率

水中含有各种溶解性盐类,并以离子的形态存在,当水中有电极存在时,这些离子就可以使水产生导电作用。水导电能力的强弱程度就称为电导率,以 μS/cm(微西门子每厘米)计。电导率可以反映水中溶解盐类的含量,常用水质电导仪(或简称电导仪)测量。已知水中各离子的浓度和相应的电导系数,可按照下式计算出水溶液的电导率:

$$\mathrm{EC} = \sum C_i f_i \qquad (25℃\ 时) \tag{2-1}$$

式中,EC 为水溶液电导率(μS/cm);C_i 为水溶液中某离子的浓度(meq/L)或(mg/L);f_i 为离子 i 的电导系数。

天然水的电导率较低,通常在 50~500μS/cm 间,而蒸馏水在 0.5~2μS/cm 间(表 2-4)。

表 2-4 水中常见离子的电导系数

离子	符号	电导系数 f_i	
		meq/L	mg/L
钙	Ca^{2+}	52.0	2.6
镁	Mg^{2+}	46.6	3.82
钾	K^+	72.0	1.84
钠	Na^+	48.9	2.13
重碳酸根	HCO_3^-	43.6	0.72
碳酸根	CO_3^{2-}	84.6	2.82
氯根	Cl^-	75.9	2.12
硝酸根	NO_3^-	71.0	1.15
硫酸根	SO_4^{2-}	73.9	1.54

二、水的化学特性

(一) 天然水的化学成分

1. 天然水化学成分的形成过程

天然水化学成分的形成,在大气圈中已经开始。雨滴的中心是凝结核,由海盐、土壤的盐分、火山喷出物、大气污染物和大气放电产生的 NO 和 NO_2 等组成,这些盐分与水汽结合成为雨滴,降落到地面。因此,雨水中已含有各种化学成分,例如,含有 Cl^-、SO_3^{2-}、SO_4^{2-}、HCO_3^-、NO_3^-、Ca^{2+}、Mg^{2+}、NH_4^+、I、Br 等,雨水中平均含盐量为 0.034‰。城市附近,大气降水的化学成分含量较高,特别是 SO_4^{2-}、Cl^-、NO_x,同时酸度也增高。据日本东京资料,每年由大气降水带到每平方千米地表上大约有 13t 的 SO_4^{2-}、3t 的 Cl^-、1.7t 的 NO_x。挪威南部的湖泊酸度变得很高,致使鳟鱼都无法生存下去。挪威人认为,这是由来自英格兰和鲁尔工业区的硫所引起的。

水中化学成分的形成,主要是发生在其降落到地表以后。雨水一般为酸性,通过土壤腐殖质层的水常含有各种有机酸,这些酸性水与土壤接触,可淋滤其中的易溶盐类,并把有机物质带到水中,同时还可以改变水中的气体成分。大气降水中氧和氮含量比较高,而在土壤中 O_2 大大减少,CO_2 增加。水透过土壤后,继续与土壤底下的风化壳、岩石相互作用(溶解、变质、交换等),继续改变着自己的化学成分。

水中化学成分的进一步改变,决定于水在地球上进行复杂循环中所遵循的途径。这些途径使水有的流入江河、湖泊、海洋,有的蒸发到空气中开始新的循环,有的进入地壳深处,并处在高温高压下,溶解更多的可溶气体及固体物质。

2. 天然水中的物质

水在形成过程中与许多具有一定溶解性的物质相接触,由于溶解和交换作用,使天然水富含各种化学成分(图 2-1)。

天然水中所含各种物质按性质通常分为三大类:

1) 溶解物质:粒径小于 1nm,在水中成分子或离子的溶解状态,包括各种盐类、气体和某些有机化合物。

2) 胶体物质:粒径在 1～100nm 的多分子聚合体。其中无机胶体主要是次生黏土矿物和各种含水氧化物;有机胶体主要是腐殖质。

3) 悬浮物质:粒径大于 100nm 的物质颗粒,根据物质性质分为细菌、藻类及原生物、泥沙、黏土、其他不溶物质。悬浮物的存在使天然水有颜色、变浑浊或产生异味,有的细菌可致病。

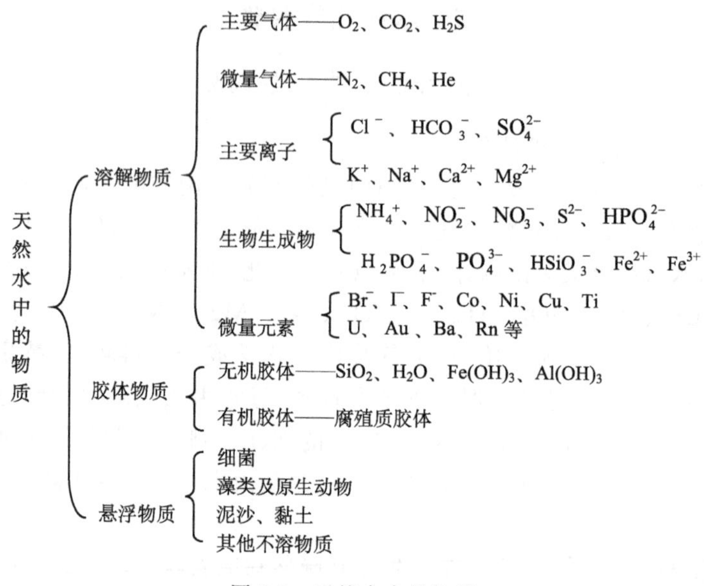

图 2-1 天然水中的物质

（二）天然水中的氢离子浓度

水的酸碱性决定于氢离子的浓度$[H^+]$，水中的$[H^+]$来源于水的离解、碳酸的离解、铁盐的水化作用和有机酸的离解。

水是极弱电解质，水能微弱地电离成H^+和OH^-，水离解反应如下：

$$H_2O \longleftrightarrow H^+ + OH^-$$

水的离解度极小，在22℃时，每升纯水仅有10^{-7}mol H_2O离解成离子。当水分子离解时，产生的H^+离子数和OH^-离子数是相等的。因此，每个H_2O分子离解时，便可得到H^+及离子OH^-各一个，故在纯水中它们的浓度如下：

$$[H^+]=[OH^-]=10^{-7}\text{mol/L} \quad (22℃时)$$

为方便起见，一般采用H^+离子浓度的负对数来代替，即所谓氢离子指数，用pH来表示：

$$pH=-\lg[H^+] \tag{2-2}$$

中性的溶液其pH=7，因为其$[H^+]=10^{-7}$mol/L。pH大于7时，溶液呈碱性；相反，pH小于7时，溶液呈酸性。pH与氢离子浓度关系如表2-5所示。

天然水体的pH一般为6～9，而且对某一水体，其pH几乎保持不变，表明天然水体具有一定的缓冲能力，是一个缓冲体系。一般认为，水中含有一种碳酸化合物控制水的pH并具有缓冲作用，天然水体的pH主要取决于水中溶解的CO_2和HCO_3^-，根据碳酸的一级电离：

$$[H^+] = \frac{K_1 \cdot [H_2CO_3]}{[HCO_3^-]} \tag{2-3}$$

式中,K_1 为电离平衡常数。

表 2-5 水中 pH 与 H^+ 离子含量间的关系

$[H^+]/(mol/L)$	pH	反应
10^{-1} 10^{-2} 10^{-3}	1 2 3	酸性的
10^{-4} 10^{-5} 10^{-6}	4 5 6	弱酸性的
10^{-7}	7	中性的
10^{-8} 10^{-9} 10^{-10}	8 9 10	弱碱性的
10^{-11} 10^{-12} 10^{-13} 10^{-14}	11 12 13 14	碱性的

溶解的 CO_2 可近似用$[H_2CO_3^*]$表示,则当水中溶有 CO_2 时应显酸性。例如在16℃的蒸馏水中,当其与空气中的 CO_2 达到平衡时,溶解的 CO_2 为 6×10^{-6}g/L,即

$$[CO_2] = [H_2CO_3^*] = 1.36\times10^{-5}\text{g/mol}$$

$$\text{因为}[H^+][HCO_3^-] = K_1 \cdot [H_2CO_3^*] \tag{2-4}$$

假定 HCO_3^- 仅来自大气的 CO_2,且水解的 H^+ 忽略不计,则$[H^+]$与$[HCO_3^-]$应相等,所以

$$[H^+]^2 = K_1[H_2CO_3^*] \tag{2-5}$$

$$[H^+] = (K_1 \cdot [H_2CO_3^*])^{\frac{1}{2}} = (4.5\times10^{-7}\times1.36\times10^{-5})^{\frac{1}{2}}$$

$$= 2.5\times10^{-6} \tag{2-6}$$

故 pH 为 5.6。

在某些情况下(如矿坑水和硫化物氧化带中的水)铁盐的水化作用,对天然水中的氢离子浓度有影响:

$$Fe^{2+} + SO_4^{2-} + H_2O \longrightarrow Fe(OH)_2 + 2H^+ + SO_4^{2-} \tag{2-7}$$

铁质的水具有较低的 pH,一般小于 4.0,如广东省茂名油页岩矿坑水 pH 为 3.2 左右。

天然水中氢离子浓度的大小对生活用水、工业用水、水生动物生长和天然水中进行的化学反应都有很大影响。按我国规定,生活饮用水的 pH 为 6.5～9;工业用水一般规定 pH 不应小于 7,如 pH 小于 7 时极容易腐蚀水管和锅炉;一般鱼类对于水的$[H^+]$有一个极限,超过这个极限,鱼将很快死亡,这种极限 pH 为 4.0～9.5。

(三) 水的硬度

硬度是溶解于水的二价金属离子的定量量度。在淡水中,这些离子主要是钙离子和镁离子,铁离子也会在水体中达到相当的浓度。硬度通常用碳酸钙($CaCO_3$)当量浓度来表示。在自然界,硬度往往是雨水在石灰岩地区渗蚀的结果。

硬度可分为碳酸盐硬度和非碳酸盐硬度两种,前者是与 HCO_3^- 和 CO_3^{2-} 结合的硬度,后者是与其他阴离子,主要是 Cl^- 和 SO_4^{2-} 结合的硬度。在加热情况下,碳酸盐很易分解成 $CaCO_3$ 和 CO_2,使硬度降低,故碳酸盐硬度又称暂时硬度;非碳酸盐硬度因为是碱土金属的强酸盐,在加热中不能沉淀,故又称永久硬度。

我国东南沿海湿润地区地表水的硬度小于 15mg/L(以 $CaCO_3$ 计),为极软水;西北干旱地区大于 10 000mg/L(以 $CaCO_3$ 计),为极硬水。硬度呈明显的地带性分布规律,平均矿化度以广东省鉴江石鼓站为最低,常年在 40mg/L 以下,以甘肃省祖历河的郭城驿站为最高,平均矿化度为 8550mg/L,枯水年份高达 23 900mg/L,已超过海水的含盐量。总的说来,地下水的矿化度和硬度高于地表水。表 2-6 为我国地表水的硬度分类。

表 2-6　我国地表水的硬度分类

水质分类	总硬度(以 $CaCO_3$ 计)/(mg/L)	矿化度/(mg/L)
极低矿化度,极软水	<15	<50
低矿化度,软水	15~60	100~300
中等矿化度,适度硬水	80~160	300~500
较高矿化度,硬水	160~300	500 ~1000
高矿化度,极硬水	300	>1000

注:矿化度为水中所有离子总量。

(四) 天然水中溶解的气体

水中溶解的气体有氮(N_2)、氧(O_2)、二氧化碳(CO_2)、硫化氢(H_2S)、氨(NH_3)和甲烷(CH_4)。这些气体在水中的浓度取决于:气体在水中的溶解度;气体在液体上部大气中的分压;水温;以离子强度、含盐量、悬浮固体等参数表达的水的纯度等。

水中溶解的 CO_2 主要来自有机物分解或水生生物呼吸作用以及大气的溶入。地表水中 CO_2 浓度一般不超过 20~30mg/L,地下水则为 15~40mg/L。水中溶解的 CO_2 也称游离 CO_2,它与水中碳酸盐构成平衡体系,超过平衡量的部分称作侵蚀性 CO_2,它对混凝土有很强的侵蚀作用,在兴建水工建筑物时,应作为一项主要指标加以测定。

有些天然水会溶解少量硫化氢（H_2S）、氨（NH_3）和甲烷（CH_4）。这些气体往往是在厌氧环境中，含硫含氮有机物质或无机硫化合物在微生物作用下还原而产生。H_2S 和 NH_3 以及某些挥发性有机硫化物和氮化合物都有恶臭气味。地表水中如果 H_2S 含量达到 5mg/L、NH_3 达到 2mg/L 以上就不能饮用。地下水则由于特殊地质环境，有时会含大量 H_2S 气体。

（五）天然水中的微量元素

所谓微量元素是指在水中含量小于 10mg/L 的元素。在这些微量元素中比较重要的有氟、溴、碘、铜、锌、铅、钴、镍、钛、金、砷、硼、汞、镉和放射性元素——铀、镭、氡等。

一般天然水中氟的含量很低。在河流、湖泊中，氟含量通常每升仅为百分之几毫克至十分之几毫克；在地下水中，氟含量则为 1mg/L 左右；在某些矿泉水中可能有更高的含量。当水中氟的含量超过 1mg/L 时，不宜作为饮用水，这是因为长期饮用高氟水会产生斑齿症，但如果饮用水中氟的含量过低，则又会引起龋齿病。我国生活饮用水卫生标准规定，氟化物不应超过 1.0mg/L。

溴在河流中的含量很低，通常每升仅有千分之几毫克至十分之几毫克；在海水中溴的含量达 60mg/L；在某些高矿化度的盐湖中，可达 900mg/L；在油田水中每升有时达数百甚至数千毫克。

碘的含量远小于溴。淡水中碘的含量每升为千分之几毫克至百分之几毫克；海水中碘的含量增高到 0.05mg/L。与溴不同，碘不存在于盐湖中。碘和溴同样大量地积聚在油田水中，它的含量每升达到几十毫克至 100mg。碘对饮水卫生有重要意义，水及土壤中缺碘的地方，居民往往会发生甲状腺肿病。

溴和碘可作为普查石油的重要标志，特别是碘，在靠近油田的地下水中，所聚集的碘要比远离油田的同层水中多得多。

铜、铅、锌、钴、镍等重金属在天然水中的含量很少，河流及淡水湖中这些元素含量每升为千分之几毫克至百分之几毫克。一方面是因为土壤和岩石中所含这些元素很少；另一方面则是因为地表水中氢离子的含量很少，而当氢离子浓度很低时，这些重金属就会成为氢氧化物沉淀下来。根据大西洋海水中铅的分布调查，发现表面海水含铅 0.2～0.4μg/L，水深为 300～800m 铅的浓度急剧降低，3000m 深的海水中含铅约 0.002μg/L。

汞在河水中含量为 1.0μg/L；海水中含量为 0.3μg/L；温泉水中含量为 0.1～0.5μg/L；温泉沉淀物中含量为 2.0μg/L；雨水中含量为 0.2μg/L；工业城市雨水中的含量为 0.5～4.8μg/L。

天然水中放射性元素有铀、钍和镭。地面水中铀的浓度为 10^{-7}～10^{-6}g/L，海

水含铀 3×10^{-6} g/L。海水中钍的浓度为 5×10^{-8} g/L。地面水中镭的浓度约 $10^{-14}\sim10^{-12}$ g/L。

(六) 有机物质

所有水中的有机物主要是由碳、氢、氧所组成，同时含有少量的氮、磷、硫、钾、钙等其他元素。

天然水中有机物大部分呈胶体状态，部分呈真溶液状态，还有部分呈悬浮状态。水中有机物的来源有：

1. 来自水体之外的有机物

1）在复杂的成壤过程中，生物的遗体，其中特别是植物的遗体，受到了一系列的物理、化学和生物作用，使其成分产生了深刻的变化，转变为一种化学成分极不相同的多种物质的综合体——腐殖质。其主要组分有未被破坏的动植物遗体（木质素、纤维素、半纤维、蛋白质等），微生物合成作用的产物（活的或死的未破坏的微生物体），以及生物残骸分解的中间产物和真正的腐殖质——胶体物质。

天然水与具有腐殖质的土壤层相接触时总是要从其中淋滤出一部分的腐殖质以及一些它们分解所产生的中间产物。这种情况特别容易发生在一些吸附综合体为氢所饱和的酸性土壤中，因此泥炭中的水及沼泽水就往往具有黄色以至褐色。在某些水中，特别是在一些沼泽补给的河水中，腐殖起源的物质是水中主要化学成分。

含有大量腐殖物质的水不适合作为家庭用水和工业用水。例如，洗涤时能把衣服弄成黄色并有霉味；对蒸气锅炉壁有破坏作用；降低造纸工业品的质量等。

2）随污水流到水中的有机物，包括生活污水、牲畜栏污水、农田退水中的有机物。这类有机物是各种细菌繁殖的良好媒介。

2. 来自水体中的有机物

主要是由于水体中各种水生生物的死亡，有机物不断地进入到水体中，其中一部分生物残骸悬浮在水里，它们或被其他生物所吸食，或者被分解；而另一部分则沉入水底，在更复杂的条件下进行分解，最终部分发生了变质，成为稳定的化合物。水生生物形成的有机化合物与自土壤及泥炭中洗刷出来的腐殖物质的区别在于它对溶液具有很小的染色力。

三、水的生物学特性

(一) 水生物分类

水中生物由于在水体中的空间分布和生活方式不同可分成微生物、浮游生物和水底生物三大类。

1. 微生物

微生物是指水中的病毒、细菌、真菌(霉菌和酵母菌)和放线菌及体型微小的藻类和原生动物。此类生物结构简单,形体微小,在水生物系统中处于低级水平。但它们生长繁殖快、分布广,与水体肥力大小及水质优劣关系十分密切(表 2-7 和表 2-8)。

表 2-7　水中微生物来源

来源	代表性成员	细胞分类
动物界	甲壳虫、蠕虫、轮虫	真核细胞(细胞核外有膜)
植物界	孢子类植物、羊齿类植物、苔藓类植物	
原生生物界	较高级:真菌(霉菌和酵母菌) 较低级:蓝绿藻、细菌	原核细胞(细胞核外无膜)

表 2-8　微生物(按能源和碳源)分类

分类	能源	碳源	代表性微生物
光自养	阳光	CO_2	低等植物,光合成细菌
光异养	阳光	有机物质	光合成细菌
化学自养	无机物质	CO_2	细菌
化学异养	有机物质	有机物质	细菌、真菌、原生动物

细菌是水微生物中的主要成员,对环境因素的变化十分敏感。水体中细菌的种类和数量往往能反映一个水体的营养水平和水质优劣。细菌还是天然水体中和污水处理设施中降解污染物、净化水质的主要因素。细菌在水体中一方面作为饵料,为某些水生动物和鱼类所吞食;另一方面,它们能通过自身的生命活动,将水和底泥中的有机物质和各种动植物的残骸分解、矿化成能够被植物(藻类、水草)吸收的无机盐类。水体中营养物质就是在细菌的参与下不断循环的。可以说,细菌是水生态系统中的分解者和转变者。没有这个环节,水生态系统的物质循环就不能进行。细菌由于繁殖快、数量多和具有强烈的生物化学反应能力,无论在引起水体污染(如病原菌的蔓延,细菌过量繁殖引起水体缺氧使水质腐败等)或污染治理中(水体自净污水处理),都有着十分重要的作用。

水中还有一类更微小的生命体称为噬菌体,也属微生物类。噬菌体与寄生细胞(细菌、藻类)接触后,把自身的 DNA 注入到寄主的细胞中并利用其中的原料合成新的噬菌体,使寄主裂解,新生子代噬菌体又去侵蚀其他细胞,如此往复循环,表现出极快的繁殖速度和强大的破坏能力。因此,常可利用某些噬菌体来杀灭水体中过量繁殖的藻类以改善水质。

2. 浮游生物

浮游生物是对整个水体中实行浮游生活方式的动、植物总称，个体比较小，除少数物种可用肉眼鉴别以外，一般需借助显微镜才能看清。这类生物多半缺乏运动能力，在水中随波逐流。浮游生物包括浮游植物和浮游动物两类。

(1)藻类(浮游植物)

藻类是一种低等植物，它们的种类很多，有单细胞的，也有多细胞的，按照其形态构造、色素组成等特点，藻类可分为绿藻、硅藻、褐藻和金藻等门类(表 2-9)。藻类和真菌的主要区别在于前者含叶绿素，后者则无。除了叶绿素外，每种藻还可能含有红、棕、黄、蓝、橙等一到多种色素，因而自然界中的藻类具有各种奇异的颜色。

表 2-9 主要藻类的分类

门	主要属
褐藻门	裸藻属、胶柄藻属、变形藻属、扁裸藻属
绿藻门	小球藻属、衣藻属、团藻屑、盘藻属、实球藻属、空球藻属、水网藻属、栅列藻属、丝藻属、盘星藻属
金藻门	鱼鳞藻属
黄藻门	黄绿藻属
硅藻门	直链藻属、舟形藻属、脆杆藻属

藻类一般是无机营养的，其细胞内含有叶绿素及其他辅助色素，能进行光合作用。在有光照时，能利用光能，吸收二氧化碳合成细胞物质，同时释放出氧气。在夜间，则通过呼吸作用释放能量，吸收氧气同时放出二氧化碳。在藻类过量繁殖的水体中，昼间水中的溶解氧往往很高，甚至过饱和；夜间溶解氧会急剧下降。藻类的光合作用和呼吸作用的简化反应式为

光合作用 $$nCO_2+nH_2O+\text{营养物}\xrightarrow{\text{阳光}}(CH_2O)_n+nO_2 \quad (2\text{-}8)$$

呼吸作用 $$(CH_2O)_n+nO_2\longrightarrow nCO_2+nH_2O \quad (2\text{-}9)$$

就水质而言，藻类是重要的微生物，当它们在水库、湖泊、海湾中大量繁殖时，会使水带有臭味，有些种类还会产生颜色。天然水体自净过程中，藻类也起着一定的作用，藻类光合作用放出的氧气可以被好氧微生物利用，去氧化分解水中的有机污染物，净化污水。

(2)浮游动物

浮游动物(zooplankton)是指悬浮在水中的水生动物。它们或者完全没有游泳能力，或者游泳能力微弱，不能作远距离的移动，也不足以抵拒水的流动力。浮游动物的种类组成极为复杂，包括无脊椎动物的大部分门类和底栖动物的浮游幼虫。在生态系统研究中占重要地位的一般有原生动物、轮虫、枝角类和桡足类等。

原生动物是动物界中最低等的单细胞动物。它们的个体都很小，长度一般为100～300μm（少数大的种类的长度可达几毫米，而个别小的种类的长度则只有几微米）。大多数原生动物是好氧或兼性异养生物，但也有自带色素能进行光合作用的原生动物。重要成员有变形虫、草履虫等。

轮虫是简单的多细胞动物。其头部有类似旋轮状纤毛，个体甚小，肉眼难见。轮虫在淡水水体中分布很广，能大量吞食细菌和有机物质，轮虫本身又是鱼类的主要食料。

枝角类动物是小型甲壳动物，俗称水蚤或红虫。以藻类和原生动物为食料，生长繁殖极快。在有机物含量丰富的水体中，可形成拥挤种群，在流动水体中品种和数量较少，是幼鱼和鲢、鳙的重要食料。同一种枝角类动物的成年个体在不同季节和不同的污染水体中有不同的外形。

桡足类动物广泛分布于各种水生环境中，海洋的表层至深海的海底、淡水湖泊、溪流及地下水，甚至人们饮用水的水塔及输水管网均能发现其踪迹。在各种生态系统中数量繁多，以浮游植物、有机碎屑或者比其更小的浮游生物为食饵，是浮游动物的重要组成分子，也是生态系中能量传递的关键之一。

3. 水底生物

水底生物是生活在水底部的各种动、植物的统称，是个庞大的生态类群。它可分为水底植物和水底动物两类；按其生存的场所和生活方式不同，又可分成固着生物、附着生物、底栖生物和水底活动生物4类。

固着生物——水草以根固着在底泥中，许多藻类则以假根或胶质柄固着在水底的各种附着物上。动物中的许多种类（如软体动物、水生昆虫、甲壳动物等）也可在水底固着在底泥或砂粒上生活。固着型水生植物是草鱼的主要食料和杂食性鱼类的辅助食料。其叶面可以吸附尘埃，净化水体，吸收氮、磷等养料，防止水体的富营养化。水生植物的碎屑又是底栖动物的食物来源之一。

附着生物——在水下各种物体（如水草枝叶、木桩、缆索船底及砾石杂物）上往往长满了各种生物群落，叫做附着生物，包括多种藻类和小型动物。

底栖动物——栖息在水底砂土、淤泥上和埋在水底泥土、淤泥中的稍能运动的各种动物，如蠕虫、水蚯蚓、水生昆虫、摇蚊幼虫等。这类动物的活动范围有限，对各种污染物反应不同，所以其种类组成和数量变动往往能比较灵敏地反映出其生活区域内当前乃至过去一段时期内的水质变化情况。环境科学工作者常根据底栖动物种群变化，对水污染进行生物监测和评价。

水底活动生物——指能在水底自由活动或暂时离开水底到水层中游泳一段时间的水底生物，如虾、蟹、某些水昆虫和习惯于水底生活的鱼类。

（二）生 态 系 统

生态系统是指生物和它周围环境所组成的具有一定结构和功能，并有一定自我调节能力和相对稳定的综合系统。在这个生态系统中，各种生物体与非生物体之间相互依存、相互制约而不断演变，其自我调节能力与成分的多样性和物质能量转移的复杂程度有密切关系。生态系统类型如图 2-2 所示。

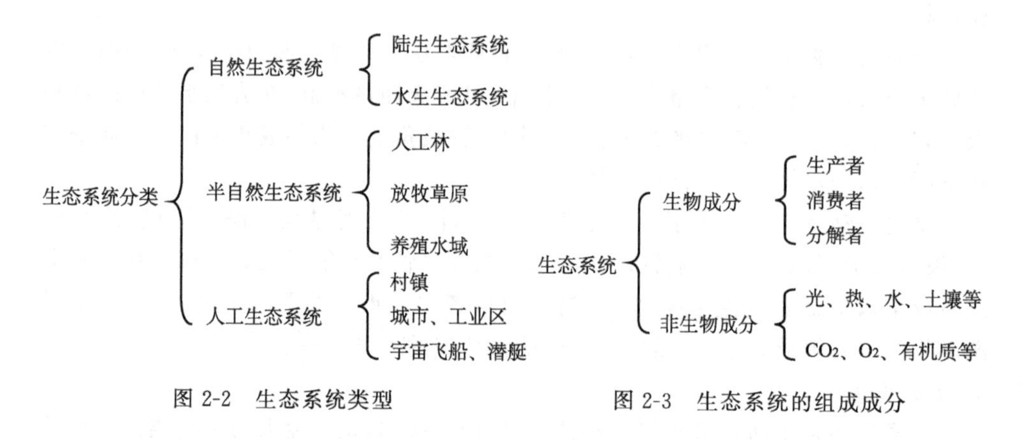

图 2-2 生态系统类型

图 2-3 生态系统的组成成分

1. 生态系统的组成

生态系统由生物和非生物两大部分组成，如图 2-3 所示。

2. 水生生态系统的特性

水的特殊物理和化学性质决定了水生生态系统的特殊性，如水的密度较高，有足够的浮力。水中大量的小型浮游生物又是水体中的主要生产者和分解者。水作为一种溶剂溶解了大量营养物质，浮游生物的一个单细胞即可吸收营养而成为一个生物体；水有很好的透光性，表层水的光合效率极高，因而整个水层都可成为生物栖息域。水的流动性起着水生生物营养物质的输入和输出系统的作用。大多数水生态系统是开放型的，水中各部分生态环境处在不断更新状态，这就加速了生物的生长和繁殖，同时强化了各种水生态系统的物质和能量交换。水生态系统中，生物物质与非生物物质相比数量很小。在陆地上，$1m^2$ 土地的生物质量可达 10kg，而在水圈中只有 10g 左右（干重）。不同水体的生物量也不同，在海洋中，$1m^3$ 的海水仅有生物量 20mg（湿重），深水湖为数百毫克，放养水库可达数千毫克，而养鱼池则高达 1～2kg。说明水生态系统具有很大的生产潜力。

四、水质判别指标

水质判别指标是在物理、化学和生物方面对水质给出某个最大或最小特征值，它反映出水域生态、人体健康及人类审美观、容忍程度和需求量。分项目见表 2-10。

表 2-10　水质判别指标

项目		限值	来源与影响
感官性状和一般化学指标	色	≤15 度	色度通常来自带色的有机物(主要是腐殖质)、金属(如铁和锰)或高色度的工业废水污染。色度大于 15 度时,多数人即可察觉,大于 30 度时,所有人均可察觉并感到厌恶
	浑浊度	≤5NTU	浑浊度是由水中存在的泥沙、胶体物、有机物、微生物等造成的,它与河岸的性质、水流速度、工业废水的污染有关,随气候、季节的变化而变化。浑浊度是衡量水质污染程度的重要指标
	嗅、味	无明显异臭、异味	水臭的产生主要是有机物的存在,或生物活性增加,或工业污染所致
	漂浮物	不得含有漂浮的油膜、油斑	水体中的石油污染主要来自石油化工污染、船舶压仓水、油罐泄漏等。石油污染会带来严重的后果:石油的各种成分都带有一定的毒性,破坏生物的正常生活环境,造成生物机能障碍等
	碱度	≥20mg/L	碱度是水中物质能与氢离子起反应的定量量度,也是水缓冲能力的量度。因为 pH 影响到水中有机物及某些污染物的毒性,碱度作为缓冲能力对水质而言是很重要的
	氯化物	≤250mg/L(饮用水)	天然水中氯化物是无处不在的,它们来自矿石、海水入侵过的地下水、盐碱地、人体和动物排泄的废水等。淡水鱼类承受不了盐度的过分变化;同样,咸水鱼类在低盐分的水域内也极易受伤
	铝	≤0.25mg/L	在天然水中铝以各种形式出现,包括有机化合物、氟化合物以及铝的氢氧化物。铝的毒性取决于它是如何被化合的:铝有机化合形式的毒性一般讲比无机化合形式要小;铝的毒性还与 pH 有关,在 pH 低时,铝也能有较大的毒性
	铁	≤0.3mg/L(饮用水);≤1.0mg/L(水生物)	铁在自然界分布很广,在天然水中普遍存在。铁是人体必需的微量营养元素,是许多酶的重要组成成分,缺少铁,会引起缺铁性贫血。含铁量高的水易生长铁细菌,增加水的浑浊度,使水产生特殊的色、嗅、味
	锰	≤0.05mg/L	水中锰来自自然环境或工业废水污染。锰和铁对感官性状的影响类似,二者经常共存于天然水中
	铜	≤1.0mg/L(饮水中)	铜的高浓度溶液广泛用于除草剂,在农业上也可用作杀菌剂。对淡水水生物而言,30 天活性铜的平均浓度不应大于 $e^{[0.905(\ln 硬度-1.785)]}$ μg/L,96h 内,平均浓度应在 $e^{[0.905(\ln 硬度-1.785)]}$ μg/L 至 $e^{[0.905(\ln 硬度-1.413)]}$ μg/L 之间
	锌	≤5.0mg/L	天然水中含锌量很低,饮用水中含锌量增高可能是来源于镀锌管道和工业废水。锌是人体必需的微量元素,是酶的组成部分,参与新陈代谢,具有重要生理功能。锌的毒性很低,但摄入过多则刺激胃肠道产生恶心感觉,口服 1g 的硫酸锌可引起严重中毒

续表

项目		限值	来源与影响
感官性状和一般化学指标	硫酸盐	≤250mg/L	天然水中普遍含有硫酸盐。硫酸盐过高，主要是矿区重金属的氧化或工业废水污染的结果。过高的硫酸盐，易使锅炉和热水器结垢，增加对金属的腐蚀，并引起不良的水味和具有轻泻作用，当硫酸盐与镁在一起时，这种影响会更为明显
	总硬度（以 $CaCO_3$ 计）	≤450mg/L	地下水的硬度往往比较高，地面水的硬度随地理、地质情况等因素而变化。水的硬度是由溶解于水中的多种金属离子产生的，主要是钙，其次是镁。人对水的硬度有一定的适应性，饮用高硬度的水可引起人体消化道功能紊乱、腹泻、腹胀等
	溶解性总固体	≤1000mg/L	天然水体中的溶解固体主要包括碳酸盐、重碳酸盐、氯化物和磷酸盐，也可包括钙和钾的硝酸盐。所有溶解盐都能改变水的物理和化学性质，并使渗透压力受到影响
	挥发酚类	≤0.002mg/L（以苯酚计）	水中酚主要来自工业废水污染，特别是炼焦和石油工业废水，其中以苯酚为主要成分。酚类化合物毒性低，据报道，饮水中酚的浓度为15～100mg/L时，鼠类长期饮用无影响，浓度高于7000mg/L时，对消化、吸收和代谢有影响，阻碍生长或引起死胎
	阴离子合成洗涤剂	≤0.3mg/L	水中的阴离子合成洗涤剂主要来自生活污水和工业废水。阴离子合成洗涤剂毒性极低，人体摄入少量未见有害影响。但是，当水中浓度超过0.5mg/L时，能使水起泡沫和具有异味
毒理学指标	砷	≤0.05mg/L	砷是一种既有金属性质又有非金属性质的元素。它的化合物大部分是砷盐和砷硫化铁。在天然水中常见的砷化合物是砷酸盐(+5)、亚砷酸盐(+3)、甲砷酸及二甲次砷酸。这些砷化合物的化学性质和毒性有着很大的差别
	镉	≤0.01mg/L	镉能迅速溶于无机酸中。在自然界，通常以硫酸盐形式出现，并常与锌矿石和铅矿石伴生。当人体摄入或吸入镉时将产生毒性。鱼类及其他无脊椎生物对镉很敏感，它们能对水中低浓度镉作出反应
	铬	≤0.05mg/L	铬的氧化价自 Cr^{2+} 至 Cr^{6+}，在自然界最常见的是三价形式。铬的毒性随生物品种、氧化状态和pH大小而异。一般来说，淡水鱼类能承受较高的浓度，而一些无脊椎水生物则非常敏感
	汞	≤0.001mg/L（饮用水）	汞在自然界以多种形式存在，包括各种溶解质的有机汞和无机汞。汞及其化合物为原浆毒，脂溶性。主要作用于神经系统、心脏、肝脏和胃肠道，汞可在体内蓄积，长期摄入可引起慢性中毒。无机汞中以氯化汞和硝酸汞的毒性最高，小鼠口服氯化汞的最小致死量为0.81～0.88mg，人的中毒剂量为0.1～0.2g，致死量为0.3g。有机汞的毒性比无机汞大，小鼠口服氯化乙基汞的最小致死量为0.6～0.65mg

续表

项目		限值	来源与影响
毒理学指标	铅	≤0.05mg/L（饮用水）	天然水含铅量低微，很多种工业废水、粉尘、废渣中都含有铅及其化合物。铅可与体内的一系列蛋白质、酶和氨基酸内的官能团络合，干扰机体许多方面的生化和生理活动
	硒	≤0.01mg/L	水中硒除地质因素外，主要来源于工业废水污染。微量硒是人体必需元素，但是过量的硒化合物对人和动物均有毒，有明显的蓄积作用，可引起急性和慢性中毒
	氟化物	≤1.5mg/L	氟化物大量存在于矿土、土壤和矿泉水中。一般天然水中氟含量很低，通常为0.2～0.5mg/L，地下水中氟含量要高一些。地面水中氟含量偏高，往往是工业废水污染的结果。氟是一种原浆毒物，在一定条件下，氟不仅对牙齿、骨质的发育有影响，引起骨骼变形、发脆，而且损害肾脏肌能，引起关节疼痛，出现氟骨症，对整个机体都有影响，严重时还可能使人丧失劳动力，造成运动机能障碍、瘫痪，甚至死亡
	氰化物	≤0.05mg/L	氰及其化合物在生活污水及工业废水中是常见的。氰化物对鱼类的毒性取决于pH、温度、溶解氧及无机物的浓度。温度升高，氰化物的毒性也增大
	硝酸盐（以N计）	≤10mg/L	氮在自然界中的蕴藏量很大。各类氮化合物的测定，对于研究水源污染、分解的趋势等情况都有很大的帮助。水中的硝酸盐含量通常夏季低、冬季高，地下水的含量比地面水高
	四氯化碳	≤0.002mg/L	四氯化碳具有多种毒理效应，包括致癌性、对肝和肾的损害
	氯仿	≤0.06mg/L	已经证实氯仿对人具有潜在致癌的危险性。氯仿对实验动物和人的急性毒性为肝和肾的损伤和破坏，包括坏死与硬化
微生物学指标	细菌总数	≤100个/mL	细菌总数可作为评价水质清洁程度和净化、消毒效果的指标。细菌总数增多说明水被污染，但不能说明污染来源，必须结合总大肠菌群来判断水质污染的来源和安全程度
	大肠菌群（粪便的与总的）	≤2000个/100mL	大肠菌群含量可表明水体被污染的程度，并且间接地表明肠道病菌存在的可能，以及对人体健康具有的潜在危险性
	余氯	余氯总量30日平均浓度≤0.008 3mg/L	氯是一种易溶气体，它能与许多种化合物起反应，也能与动植物的组织起反应，使动植物组织变性。饮用水中氯浓度高于5mg/L会引起怪异的味觉和嗅觉。在含有大量天然或人造有机物的水中出现氯，会导致形成有潜在致癌能力的三氯甲烷
放射性指标	总α放射性	≤0.1Bq/L	水的放射性主要来自岩石、土壤及空气中的放射性物质。水中的放射性核素有几百种，浓度一般都很低。人类某些实践活动可能使环境中的天然辐射水平增高，特别是随着核能的发展和同位素新技术的应用，可能产生放射性物质对环境的污染问题。放射性的危害为增加肿瘤发生率、死亡以及发育中的变态
	总β放射性	≤1.0Bq/L	

第二节 水体污染

水体是地表水圈的重要组成部分，指的是以相对稳定的陆地为边界的天然水域，包括有一定流速的沟渠、江河和相对静止的塘堰、水库、湖泊、沼泽以及受潮汐影响的三角洲与海洋。在环境科学领域中把水体当作完整的生态系统或自然综合体来研究，其中包括水中的悬浮物质、溶解物质、底泥和水生生物等。

水圈中的水，在太阳辐射及地心引力的作用下，不断地蒸发和蒸腾，并汽化为水蒸气，上升到空中形成云，又在大气环流的作用下传播到各处，遇到适当的条件时，即成为雨或雪而降落到海洋和陆地。这些降落下来的水分，一部分渗入地下，成为土壤水或地下水；一部分经植物吸收后再经枝叶蒸腾进入大气层；一部分可直接从地面蒸发而发散；还有一部分可能沿地表径流汇入江、河、湖泊后流入海洋，再经水面蒸发进入大气圈。这个过程循环复始、永无止境，形成自然界的水分循环。然而，随着人类活动的增加、社会经济的发展，排入环境的废气、废水、废渣等也增加，进而对水环境造成污染。污染已经渗透到降水、地表与地下径流等水文循环的各个环节，使各种水体遭受不同程度的破坏或影响。水体受到污染，其色、嗅、味、浊等感观性状，温度、酸碱度、电导度、氧化还原电位、放射性等物理化学性能，以及化学成分、生物组成、底质情况产生了恶化，从而变得不适于人类使用和动植物生存。由于水体有一定的自净能力，轻微的水污染常常能恢复到良好状态，但严重的水污染，是难于经过自净恢复到良好状态的，这时便妨碍了水体的正常功能，造成了对水环境质量、水资源质量、生物质量及人体健康的严重危害。

一、水污染物

造成水体的水质、生物质、底质恶化的各种物质或能量称为水污染物。从环境质量保护观点出发，可以认为任何物质或能量若以不恰当的种类、数量、浓度、形态、价态、途径、速率进入水体环境，均可造成水污染，常见的水污染物大约有 15 类，见表 2-11。按性质可将这 15 类水污染物归纳为：

1）生物性污染物。见表 2-11 中的第 4 类。病原微生物所导致的瘟疫是最早对人类形成全球性危害的一类水污染物，而且至今仍是一些不发达国家的主要水污染物。在发达国家，瘟疫虽然得到控制，但病毒仍威胁着人类健康。

2）化学性污染物。见表 2-11 中的第 2、3、5、6、7、8、9、10、11、12、15 类。化学性污染物是当代最突出的一类水污染物。种类多、数量大、毒性强。有许多能致急性、亚急性和慢性中毒，有些是致敏、致突、致畸、致癌物。这些物质通过各种途径进入水体和水循环，长期地、微量而复合地作用于生态系统，危及生物和人类的生存和发展。

表 2-11　水体主要污染物的分类及主要危害特征

编号	分类	标志物(因子)	主要危害特征												
			浊度	色度	恶臭	传染病	耗氧	富营养	硬度	油污染	热污染	放射性	酸化	易积累	易富集
1	致浊物	尘、泥、土、砂、灰、渣、屑、漂浮物	⊙	•	•	•	•	•		•		•		⊙	
2	致色物	色素、染料		⊙											
3	致嗅物	胺、硫醇、硫化氢、氨			⊙		•	•							
4	病原微生物	病菌、病虫卵、病畜				⊙	•	•							
5	需氧有机物	碳水化合物、蛋白质、油脂、氨基酸、木质素	•	⊙	⊙	•	⊙	•	⊙						
6	植物营养素	硝酸盐、亚硝酸盐、铵盐、磷酸盐、有机氮、有机磷化合物		•	⊙		•	⊙						⊙	
7	无机有害物	酸、碱、盐							⊙				•	•	
8	无机有毒物	氨、氟、硫的化合物													
9	重金属	汞、镉、铬、铅、(砷)		•										⊙	⊙
10	易分解有机有毒物	酚、苯、醛、有机磷农药		•			⊙								
11	难分解有机有毒物	有机氮农药(DDT、666、狄氏剂、艾氏剂)、多氮联苯、多环芬烃、芳香烃					•							⊙	⊙
12	油	石油	•	⊙			•			⊙		•			
13	热	热								•	⊙				
14	放射性	铀、钚、锶、铯										⊙		⊙	⊙
15	硫、氮氧化物	二氧化硫、氮氧化物											⊙		

注：• 存在危害；⊙严重危害。

3）物理性污染物。见表 2-11 中的第 13、14 类。从长远来看，热和放射性等能量污染是不可忽视的。

4）综合性污染物。即兼有以上 3 种性质的水污染物，如表 2-11 中的第 1 类污染物。

二、水污染源

向水体排放或释放污染物的"源"或场所称为水污染源。水污染源分为自然污染源和人为污染源两大类。自然污染源指自然界本身的地球化学异常所释放的物质给水体造成的污染。如高矿化度地下水对河水的污染，矿床周围的矿化水对河水的污染等。这种污染源具有持久、长期作用的特点，但一般仅在有限的区域内发生。

水体污染危害严重是由人类活动产生的污染物对水体的污染造成的，即人为污染源。主要的人为污染源有：

（一）生活污水

生活污水是人们日常生活中产生的各种污水的混合液。其中包括厨房、洗涤室、浴室等排出的污水和厕所排出的含粪便污水等。其来源除家庭生活污水外，还有各种集体单位和公用事业等排出的污水。所以说，城市污水是排入城市污水管网的各种污水的总和，有生活污水，也有一定量的各种工业废水，还有地面的降水，并夹杂有各种垃圾、污泥等，是一种成分十分复杂的混合液。

生活污水中杂质很多，但其总量一般只占 0.1%～1%，其余都是水分。杂质的浓度与用水量多少有关。悬浮杂质有泥沙、矿物废料和各种有机物，如人和牲畜粪便、食物残渣等；胶体和高分子物质，如糖类、蛋白质、脂类及合成洗涤剂等；溶解物质有各种含氮化合物、磷酸盐、氯化物、尿素等；产生臭味的有硫化氢、沼气、粪臭素等；此外，还有大量的各种微生物，如大肠杆菌、病毒、原生动物和病原菌等。生活污水一般呈弱碱性，pH 约为 7.2～7.8。由此构成的生活污水外观就是一种浑浊、黄绿以至黑色并带有腐臭气味的废水。这种水排入水体中会引起一定的污染，一般也不能直接用于农业灌溉，需要经过处理。

（二）工业废水

各种工业企业在生产过程中排出的废水，包括工艺过程用水、机械设备冷却水、烟气洗涤水、设备和场地清洗水及生产废液等。废水中所含的杂质包括生产废液、残渣以及部分原料、半成品、副产品等。成分极其复杂，污染物含量变化也很大。

对工业废水的严格分类是很困难的，因为同一种工业类型可同时排出数种不同性质的污水，而一种污水又可有不同的物质和不同的污染效应。一般将工业废水按成分分为两大类：①含无机物的废水，包括冶金、建材、化工无机酸碱生产的废水等；②含有机物的废水，包括食品工业、石油化工、炼油、焦化、煤气、农药、塑料、染料等工厂排水。

下面按照主要工业部门排放的工业废水，概要叙述其特性。

1）采矿及选矿废水：各种金属矿、非金属矿、煤矿的开采矿坑废水，主要含有各种矿物质悬浮物和有关金属溶解离子。选矿的废水除含有大量悬浮矿物粉末或金属离子外，还含有各类浮选剂。悬浮颗粒物质含量每升可达数万毫克至十多万毫克，经沉淀后的水可重复利用，但酸性废水及含重金属离子的水有较大污染。

2）金属冶炼废水：钢铁工业的炼铁、炼钢、轧钢等过程的冷却水及冲洗铸件、轧件的水污染性不大；洗涤水是污染质最多的废水，如除尘、净化烟尘的废水常含大量的悬浮物，需经沉淀后才可循环使用；有色金属（如铜、铅、锌以及铝等）的冶炼废水水质与原料和采用工艺有关，一般含有相当量的金属离子和盐类，可污染水体。

3）炼焦煤气废水：焦化厂、城市煤气厂等在炼焦与煤气发生过程中产生严重污染的废水，含有大量的酚、氨、硫化物、氰化物、焦油、吡啶等，有多方面的污染效应。

4）机械加工废水：包括铸造、机床、涂漆、电镀等方面排出的废水。主要是含有机械润滑油、树脂、油漆、酸、各种金属离子，如铬、锌、镉以及氰化物等。电镀废水因采用的原料和工艺不同，其中含有的重金属离子的种类和浓度也有所不同，但总的来说，其污染性很大，是重点控制的工业废水之一。

5）石油工业废水：主要包括石油开采废水、炼油废水和石油化工废水 3 个方面。油田开采废水是原油在脱水处理过程中排出的含油废水，含有大量的溶解盐类；炼油厂排出的废水主要是含油、硫和碱的废水；石油化工废水成分极其复杂，其总的特点是悬浮物少，溶解性或乳浊性有机物多，常含有油分和有毒物质，有时含有硫化物和酚等杂质。

6）化工废水：化学工业包括有机化工和无机化工两大类。无机化工包括从无机矿物制取酸、碱、盐类等基本化工原料的工业。这类生产中主要是冷却用水，排出的废水主要含有酸、碱、盐和大量的悬浮物，有时含有硫化物和有毒物质。有机化工废水则成分多样，包括合成橡胶、塑料、人造纤维、合成染料、油漆涂料、炸药、制药等废水。这类废水具有强烈的耗氧性质，毒性较强，多数是人工合成的有机分子化合物，污染性很强，不易分解。

7）造纸废水：主要含有木质素糖类、纤维素、挥发有机酸等，有臭味且污染性很强。

8）纺织印染废水：纺织废水主要是原料蒸煮、漂洗、漂白、上浆等过程产生的含有天然杂质、脂肪以及淀粉等有机物的废水。印染废水是在洗染、印花、上浆等多道工序中产生的,含有大量染料、助染剂、淀粉、木质素、纤维、洗涤剂等有机物,以及碱、硫化物、各种盐类等无机物,污染性很强。

9) 皮毛加工及制革废水:富含丹宁酸和铬盐,有很高的耗氧性。

10) 食品工业废水:其内容极其复杂,包括制糖、酿造、肉类、乳品加工等生产过程中排出的废水。废水中含有大量有机物,具有很强的耗氧性,且有大量悬浮物随废水排出。动物性食品加工排出的废水要比植物性食品加工废水更具污染性,其中含有动物排泄物、血液、皮毛、油脂,并可能含有病菌,有时还会存在含氮有机物,耗氧量很高,对水体污染较大。

(三) 农村污水

农村污水主要指农业生产过程中产生的牲畜粪便、化肥农药,用于灌溉的各种废污水。农村污水含有较高的有机质、植物营养素、病原微生物和化肥农药,是农产品、水产品和地下水的重要污染源。

按污染源向水体排放的形式,可把污染源划分为点污染源和面污染源两类。点污染源是指污水和废水在一地点以集中形式排入水体。例如,工业废水和生活污水的排放口、水处理厂的排放口等。点源污染的变化依赖于工矿生产废水和城镇生活污水排放规律,既有一定季节性又有一定随机性。如果污染物来源于水体的集水面积上,则称为面污染源。如农业污染、城市地面和矿山采矿由径流冲刷的污水等。这类污水当由坡面汇入水体时,因沿长度方向呈分布状态,故又称"线源"或"散源"。面污染源多发生在降雨径流形成之时,因此与降雨产汇流规律有关,并受到被污染的下垫面情况,如城市地面污染状况、农作物分布、耕作管理、采矿以及流域土壤植被条件等的制约。

第三节 水体污染类型

一、需氧有机物污染

需氧有机物在生物化学作用下易于分解,分解时要消耗水中的溶解氧。需氧有机物包括碳水化合物、蛋白质、油脂、氨基酸、脂肪酸、酯类等有机物。含病原微生物的污水一般均含需氧有机物,因为它提供了病原微生物所需的营养。水体中需氧有机物愈多,耗氧也愈多,水质就愈差,水体污染就愈严重。

水体中有机成分十分复杂,难以逐一表示它们各自的含量,一般用生化需氧量(BOD)来表示。所谓生化需氧量是指在好气条件下,单位体积中需氧物质在生化分解过程中所消耗的氧量。因此,生物需氧量大,就表明水中的需氧有机物浓度大。

如果在某一水体中加入一定量的需氧有机物质,并注意观察它的分解过程,将会发现水中剩余的需氧有机物质随着时间的增加按指数规律减少。这就表明总的生化需氧量是随时间按指数规律递减:

$$BOD_r = BOD_L \cdot e^{-kt} \tag{2-10}$$

式中,BOD_L 为总生化需氧量,它是指氧化需氧有机物质的总需氧量;BOD_r 为剩余的生化需氧量,是指氧化剩余需氧有机物质的需氧量;k 为耗氧速度。因此,到某时刻 t 时实际耗去的生化需氧量 BOD_u 为

$$BOD_u = BOD_L - BOD_r = BOD_L(1 - e^{-kt}) \tag{2-11}$$

图 2-4 表示了 BOD_u 随时间的变化。可见水体中各种需氧有机物质完全生化氧化分解的过程是很长的。因此,在实际工作中,通常用被检测水体在 20℃条件下经过五天减少的氧量来表示生化需氧量,称为五日生化需氧量(BOD_5)。

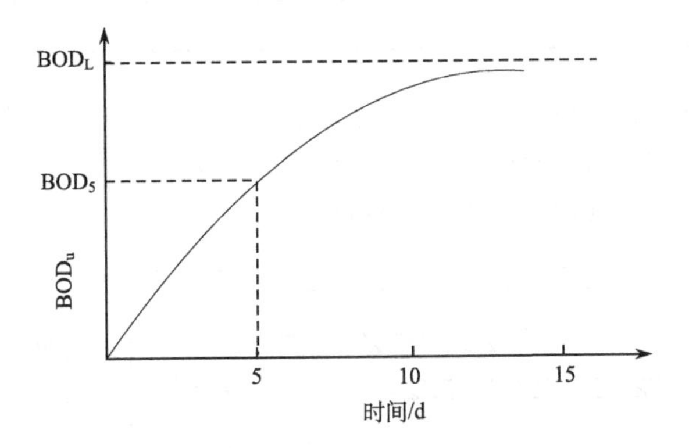

图 2-4　BOD_u 时间变化图

除了生化需氧量外,目前还用化学需氧量(COD)、总有机碳(TOC)、总需氧量(TOD)和溶解氧(DO)来反映需氧有机物质的含量与水体污染的关系。化学耗氧量指用化学方法(通过氧化剂,如高锰酸钾、重铬酸钾)氧化水中需氧有机物质所需的氧量。总有机碳就是水中需氧有机物质所含的碳总量。把需氧有机物质放在铂催化剂中在 900℃时燃烧所测得的完全氧化时的需氧量称为总需氧量,它们与 BOD 均存在一定关系。

溶解氧(dissolved oxygen,DO),是指溶解于水中的分子态氧。主要来源于空气或藻类的光合作用,常温时(20℃)一般清洁的水体中,溶解氧的含量约 9mg/L。氧在水中的溶解度与水温和水中盐分的含量有密切关系,当温度和气体的分压一定时,随着水中盐分的增加,溶解氧的浓度降低,所以海水中的溶解氧一般仅有淡水中的 80%左右。现将在不同温度和不同盐分下氧的部分溶解度数据列于表 2-12。

表 2-12　氧的溶解度(S_o)

温度/℃ \ S_o/(mg/L) \ Cl^-浓度/(g/L)	0	5	10	15	20
0	14.6	13.8	13.0	12.1	11.3
5	12.8	12.1	11.4	10.7	10.0
10	11.3	10.7	10.1	9.6	6.0
15	10.2	9.7	9.1	8.6	8.1
20	9.2	8.7	8.3	7.9	7.4
25	8.4	8.0	7.6	7.2	6.7
30	7.6	7.3	6.9	6.5	6.2
35	7.0	6.7	6.5	6.3	6.1
40	6.5	6.3	6.1	5.9	5.7

藻类只在有阳光的白天能发生光合作用而释放出氧气，从而增加水中的溶解氧，而呼吸却是一个连续消耗水中溶解氧的过程。图 2-5 是光合作用、呼吸作用和曝气作用 3 个因素引起的水中溶解氧昼夜变化的示意图。

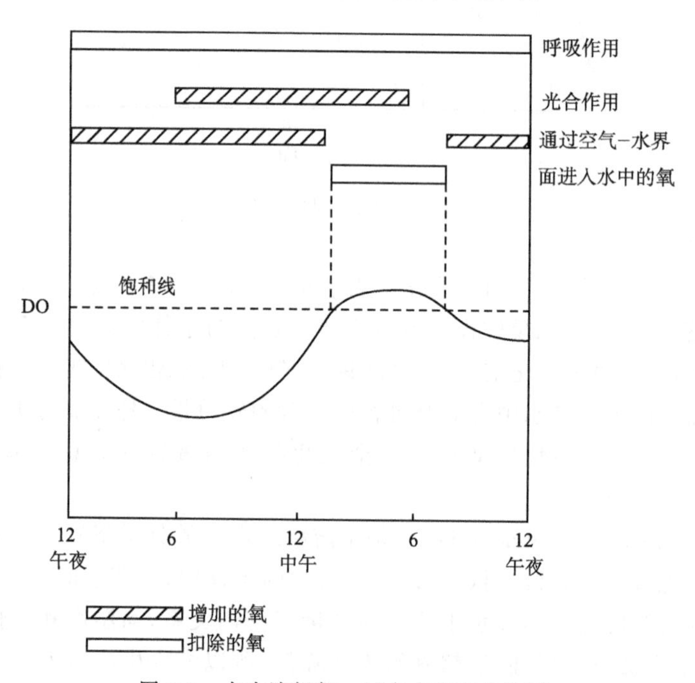

图 2-5　水中溶解氧一天之内的变化情况

水中的微生物，尤其是细菌，它们将有机废物作为食物。同时，在这个过程中把复杂的有机物质转化为简单的有机物和无机物，这种分解过程发生在有氧气存在的条件下，称为好氧分解。如果发生在缺氧的条件下，则称为厌氧分解。有机物质好氧分解反应方程式一般形式可记为

$$\text{有机物质} + \text{细菌} + O_2 \longrightarrow CO_2 + H_2O + \text{新的细菌细胞} \quad (2\text{-}12)$$

好氧分解的反应产物都是一些无害物质。如简单的二氧化碳、水以及某些硫酸盐和硝酸盐。但重要的一点是好氧分解过程要消耗水中的氧气，结果引起其中的溶解氧降低。如需要分解的有机物质太多，水中溶解氧有可能降为零。若出现这种情况，则不仅造成水中需氧生物的死亡，而且会因缺氧引起厌氧分解，这种分解的最后产物具有强烈的毒性和恶臭。典型的厌氧分解反应产物包括氨、甲烷、硫化氢、二氧化碳和水。

天然水体一般 BOD_5 为 1～2mg/L，COD 大于 1mg/L。当 BOD_5 小于 3mg/L 时，水质较好；达 7.5mg/L 时，水质较差；达到 10mg/L，水质很差，溶解氧已极少。

需氧有机物来源多，排放量大，因此污染范围广，大多数污水都含有这类污染物质。城市生活污水 BOD_5 一般小于 100mg/L，COD 一般小于 200mg/L。当生活污水中混有较大比例的工业废水时，BOD_5 可大于 200mg/L，COD 可大于 800mg/L。工业废水 BOD_5 一般小于 1000mg/L，COD 一般小于 2000mg/L。特殊工业（焦化、皮革、炼油、造纸等）废水 BOD_5 可大于 1000mg/L，COD 大于 2000mg/L，个别的 BOD_5 可高达 2000mg/L 以上，COD 可高达 2000mg/L。生化等浓缩废液的 BOD_5 甚至可达每升数千毫克以上，COD 可达每升数万毫克以上。

二、酸、碱、盐污染

酸、碱污染使水体的 pH 发生变化，破坏其缓冲作用，消灭或抑制细菌及微生物的生长，妨碍水体自净。还可腐蚀桥梁、船舶和渔具等。另外，进入水体的酸性或碱性废水与水体中某些矿物相互作用会产生某些盐类。当酸与碱同时注入水体时，中和之后也可产生某些盐类。因此，从 pH 角度看，酸、碱污染因中和作用而减轻了，但产生的各种盐类又成了水体的污染物。水体中无机盐的增加能提高水的渗透压，对淡水生物、植物生长有不良影响。在盐碱化地区，地面水、地下水中的盐类将进一步危害土壤质量。酸、碱、盐污染造成水硬度的增长在某些地质条件下是非常显著的。

世界卫生组织规定的饮用水标准中 pH 的适宜范围是 7.0～8.5，极限范围是 6.5～9.2。在渔业水体中 pH 一般不应低于 6.0 或高于 9.2。因为 pH 为 5.5 时鲑鱼就不能生存；pH 为 5.0 时，某些鱼类的繁殖率下降，某些鱼类死亡。对于农业用水，pH 宜为 4.5～9.0。世界卫生组织规定的饮水标准中无机盐类总量最大

适宜值为500mg/L，极限值为1500mg/L；对于农业用水一般低于500mg/L为好，对于某些耐盐作物的可溶盐量可高达2000～5000mg/L。

无机酸、碱主要来源于矿山排水、工业废水和酸雨。

地下水如受到钙、镁等盐类的污染，硬度会显著升高。地下水中钙、镁含量增加一般并不是直接来自污水，而是由污水和地表组成物质发生地球化学作用所致。在半干旱地区的土壤和沉积物中常含有丰富的碳酸盐矿物和交换性 Ca^{2+}、Mg^{2+}，它们为地下水硬度的形成和升高提供了条件。研究表明，地下水硬度升高存在着以下3种作用过程：

1) 城市生活污水、垃圾和土壤中有机质等在生物降解过程中产生 CO_2，打破了原来地下水中 CO_2 的平衡状态，即增加了原来地下水中 CO_2 的分压力，促使了 $CaCO_3$ 的溶解，为土壤中水溶性 Ca^{2+}、Mg^{2+} 的产生创造了条件，即

$$CaCO_3 + CO_2 + H_2O \longrightarrow Ca^{2+} + 2HCO_3^- \qquad (2\text{-}13)$$

2) 盐效应促进了地下水硬度升高，由于水中离子总量的增加，离子强度显著增加。致使水中离子对（如 $CaSO_4^0$、$CaHSO_4^+$、$MgSO_4^0$、$MgHCO_3^+$ 等）的数量增多，从而大大减少了水中流离性离子（Ca^{2+}、Mg^{2+}、HCO_3^-）的数量，导致水中碳酸盐矿物饱和度和 Ca^{2+} 与 Mg^{2+} 饱和度的降低。Ca^{2+} 和 Mg^{2+} 从过饱和的状态变为中等饱和状态或不饱和状态，必然促进 $CaCO_3$ 与 $MgCO_3$ 的溶解，更多的 Ca^{2+}、Mg^{2+} 进入水中引起硬度升高。

3) 盐污染产生阳离子交换作用导致地下水永久硬度的持续增长。当含有大量 Na^+、K^+ 等盐类的水渗入地下，流经富含饱和 Ca^{2+}、Mg^{2+} 胶体的土层时，会发生交换反应，即

$$\begin{matrix} Ca^{2+} \\ Mg^{2+} \end{matrix} + Na^+ \begin{matrix} \longrightarrow \\ \longleftarrow \end{matrix} \begin{matrix} Na^+ \\ Na^+ \end{matrix} + Ca^{2+} + Mg^{2+} \qquad (2\text{-}14)$$

使下渗水中 Ca^{2+}、Mg^{2+} 浓度增高，补给地下水后，造成地下水硬度升高。

世界卫生组织1971年修订的《饮水国际标准》规定，总硬度最高适量为小于2mg/L（相当于德国度5.6°）、最大值应小于10mg/L（相当于德国度28°）。日本、瑞典规定小于5.6°（德国度，以下同）；墨西哥规定小于16.8°；原苏联规定小于19.6°；中国规定小于25°。各国硬度规定之所以差别较大，是因为地区背景、人群饮水习惯（开水或生水）和人群适应性不同。

高硬度水的危害表现在多个方面，如：难喝，有苦涩味；可引起消化道功能紊乱、腹泻和孕畜流产；导致人们日常用水不便，耗肥皂多、耗能多、影响水壶和锅炉的使用寿命；锅炉易结垢，导热系数减小，不仅增加能耗，还易引起爆炸；如欲进行软化、脱盐处理，产生的污水流失到环境中会引起地下水硬度升高，形成恶性循环。

三、毒　污　染

毒污染是水污染中特别重要的一类。种类繁多，其共同的特点是对生物有机体有毒性危害。造成水体毒污染的污染物可划分为以下四类：①非金属无机毒物，如 CN^-、F^-、S^{2-} 等；②重金属与类金属无机毒物，如 Hg、Cd、Pb、Cr、As 等；③易分解有机毒物，如挥发酚、醛、苯等；④难分解有机毒物，如 DDT、666、狄氏剂、艾氏剂、多氯联苯、稠环芳烃、芳香胺等。

毒物对生物体或人体产生的毒性一般可分为：急性、亚急性、慢性、潜在性等几种。在水体毒污染中这几种毒性情况都是存在的。水污染毒性危害的大小，不仅取决于污染物的毒性大小，而且与毒物进入生物体内的生理化学作用有关。

（一）非金属无机毒物

以氰化物为例。氰化物是剧毒物质，大多数氰的衍生物毒性更强，由于它能在体内产生氰化氢，使细胞呼吸受到麻痹引起窒息死亡。氰化氢或氢氰酸的结构是甲酸腈（ $H—C\equiv N$ ），属最低级的有机腈，一般把腈称为有机氰化物。人一次口服 0.1g 左右的氰化钠（钾）就会致死，而敏感的人只需 0.06g。CN^- 对鱼类有很大的毒性，当水中含 0.3～0.5mg/L 时便可致死。对鱼的许多生理、生化指标进行观察研究表明，为保证在生态学上不产生有害作用，水中 CN^- 的浓度不允许超过 0.04mg/L，对某些敏感的鱼类不允许超过 0.01mg/L。

络合氰化物对鱼的毒性一般比氰化物要低一些，但与水质有很大关系。如镍氰化物对鱼的毒性，在 pH 为 6.5 时比 pH 为 8 时要高 1000 倍。

氰化物对微生物的影响，只有当浓度高时才会杀死或抑制微生物生长。当氰化物的浓度不妨碍微生物的生长时，微生物对氰化物有很强的同化（氰化物净化）作用。

氰化物虽然有剧毒，但有较强的净化作用。氰化物的净化过程一般有以下两种途径：

1. 氰化物的挥发作用

氰化物与溶于水中的 CO_2 作用产生 HCN，向空中逸散，其反应式为

$$CN^- + CO_2 + H_2O \longrightarrow HCN\uparrow + HCO_3^- \tag{2-15}$$

2. 氰化物的生物化学氧化分解

氰化物在游离氧的氧化作用下形成 NH_4^+ 和 CO_3^{2-}：

$$2CN^- + O_2 \longrightarrow 2CNO^- \tag{2-16}$$

$$CNO^- + 2H_2O \longrightarrow NH_4^+ + CO_3^{2-} \tag{2-17}$$

这一过程在蒸馏水中并不存在，只有在天然水体中才能进行，说明这是一种天然水

体中微生物的生物化学氧化作用过程。

自然环境中普遍存在的微量氰化物主要来源于肥料和有机质。高浓度的氰化物一般来自工业含氰废水，如电镀废水、焦炉和高炉的煤气洗涤废水及冷却水、有关化工废水和选矿废水等。其浓度变化在1～180mg/L。长期大量排放的低浓度含氰废水，若渗入地下，可造成大面积地下水污染。

（二）重金属与类金属无机毒物

重金属主要是通过食物进入人体，不易排泄，能在人体的一定部位积累，使人慢性中毒，极难治疗。如甲基汞极易在脑中积累，其次是肝肾。震惊世界的日本水俣病事件就是脑中积累甲基汞，以致使神经系统破坏，死亡率较高，同时有严重的后遗症，甚至还能由母亲传给胎儿。镉主要积累在肾脏和骨骼中从而导致贫血、代谢不正常、高血压等慢性病。镉若与氰、铬等同时存在时，毒性更大。日本骨痛病，就是因镉在人体积累过多，引起肾脏功能失调，骨骼被镉毒害，严重软化，骨头易断，疼痛难忍，因而得名。此外，铅能引起贫血、肾炎、破坏神经系统和影响骨骼等。四乙基铅的毒性比金属铅和铅盐又大得多。六价铬是三价铬毒性的10倍，且对皮肤有刺激性，能致癌。三价砷比五价砷的毒性大，也能致癌。因此，重金属类污染受到了极大的重视。

与氰化物和一般有机物的净化作用不同，重金属类污染物无法消失，只有形态、价态的变化，并在生物食物链中富集，即由很低的浓度，通过动物（及植物）食物链的特殊作用，可富集到极高的浓度。水生生物富集重金属程度可用富集系数来表示，它是生物体中污染物浓度与水中污染物浓度的比值。水生生物富集重金属的程度及部位，因重金属的种类和水生生物的品种不同而不同，如表2-13所示。

表2-13　水生生物对几种重金属的平均富集系数

重金属	淡水生物			海水生物		
	藻类	无脊椎动物	鱼类	藻类	无脊椎动物	鱼类
Cr	4×10^3	2×10^3	2×10^2	2×10^3	2×10^3	4×10^2
Co	10^3	1.5×10^3	5×10^2	10^3	10^3	5×10^2
Ni	10^3	10^2	4×10	10×10^2	2.5×10^2	10^2
Cn	10^3	10^3	2×10^2	10^3	1.7×10^3	6.7×10^2
Zn	4×10^3	4×10^4	10^3	10^3	10^5	2×10^3
Cd	10^3	4×10^4	3×10^3	10^3	2.5×10^3	3×10^3
As	3.3×10^2	3.3×10^2	3.3×10^2	3.3×10^2	3.3×10^2	2.3×10^2
Hg	10^3	10^3	10^3	10^3	10^3	1.7×10^3

重金属是构成地壳的物质，分布很广，但只有超过本底含量（表 2-14），才可能是由于污染造成的。采矿、冶炼、煤和石油的燃烧则是重金属污染的主要来源。

表 2-14　重金属在环境各部位的本底含量（mg/L）

元素	地壳	土壤	海水	河、湖淡水	雨水
Hg	0.039	0.01～0.3	0.000 03	0.000*n*～0.00*n*	<0.000 2
Cd	0.18	0.01～0.7	0.000 11		<0.017
Pb	12	2～200	0.000 03		0.039
Cr	110	5～300	0.000 05	<0.00*n*	0.003
Cu	63	2～100	0.003	0.02	<0.023
Zn	94	10～300	0.001	0	0.085
Ag	1.8	0.1～40	0.003	0.00*n*～0.0*n*	0.001 6
Ni	89	10～1 000	0.002	0.001	<0.006
Co	25	8	0.000 1	0.004 3	0.000 25

（三）易分解有机毒物

以酚类化合物为例。酚属高毒类，为细胞原浆毒物。低浓度能使蛋白质变性，高浓度能使蛋白质沉淀。对各种细胞有直接损害，对皮肤和黏膜有强烈腐蚀作用。酚具有较低的嗅觉阈值，为 25mg/L，但酚的许多衍生物却具有很高的嗅觉阈值，如氯酚为 0.001～0.0005mg/L，甲酚为 0.0025mg/L，氯化甲酚为 0.001～0.0002mg/L，麝香草酚为 0.05mg/L，氯化杂酚油为 0.01mg/L，杂酚油为 0.125mg/L。所以酚污染的鱼类等食品最容易被人们察觉和厌弃。酚污染通常是各地第一位超标污染。长期饮用被酚污染的水源，可引起头昏、出疹、瘙痒、贫血及各种神经系统症状，甚至中毒。低浓度酚污染就能影响鱼类的洄游繁殖，仅 0.1～0.2mg/L 含量时，鱼肉就有酚味。高浓度酚污染可使鱼类大量死亡，甚至绝迹。酚还可抑制微生物的生长。

酚类化合物与一般无毒有机物一样，较易分解净化，其净化的途径如下：

1. 生物化学氧化

酚在水体中的净化主要靠生物化学氧化分解，其难易与其中的羟基的数目有关。单元酚较二元酚易生化分解；二元酚又较三元酚易于生化分解；三元酚及苯酚有较强的稳定性。酚的生物化学氧化分解速度则取决于：①羟基的位置。在 25℃ 条件下，起始浓度为 5mg/L 的间苯二酚经过数天后分解近 90%；在同样条件下，对苯二酚经过 30 天只分解了 50%。而且对苯二酚只在厌氧条件下分解，在好氧条件下，对苯二酚和苯酚会抑制生物化学活动。②起始浓度。对挥发酚来说，存在两种情况：一种是在一定浓度范围内(不抑制生物作用)净化速度随浓度增大而加快；另一种是当超过一定浓度时，抑制或杀死微生物，自身耗氧增大，随浓度增高分解速度下降。对非挥发酚而言，随浓度增高，其分解速度显著降低。如在10℃条件下，浓度为1mg/L的邻苯三酚经过15天可分解70%，而当浓度增加为50mg/L时，只分解35%。③温度。所有酚化物在一定的温度范围内(如0～30℃)其分解速度都随水温增加而加快。如浓度为5mg/L的对苯二酚，在0℃时经25天只分解3%，而在25℃时经25天可分解45%。对酚类化合物分解的最合适水温为15～25℃，低于10℃会大大降低微生物活动。④微生物条件。这对酚的分解速度影响最大。如以球衣菌为主的生物膜对含1mg/L酚的水流，经2h左右浓度即可达到接近地面水标准。而在见不到任何生物膜的酚污染渠道中是看不出酚的生物化学分解迹象的。

2. 酚的化学氧化

酚的化学氧化分解速度远比生物化学氧化分解速度小。化学氧化作用还需要有紫外线或过氧化物的作用，而这不是经常能满足的。酚的化学氧化还具有两种可能的转化。一种是形成一系列的氧化物，最终分解为碳酸、水、脂肪酸，有利于净化；另一种可能是由于缩合和聚合反应的结果，形成胡敏酸和其他更复杂的稳定的有机化合物，而不利于净化。

3. 酚的挥发作用

挥发酚的挥发作用在地表水净化过程中有重要作用。但值得指出的是，虽然挥发作用对水体来说是“净化”了，但对大气来说又成了新的“污染源”。

4. 底泥的作用

底泥对酚的净化作用实质上是底泥中微生物对酚的生物化学氧化作用，其吸附作用对酚的净化影响是很小的。

酚在自然情况下普遍存在着，有2000余种，主要由粪便和含氮有机物在分解过程中产生，但含量较低。高浓度酚只可能来自人类的生产活动，以工业“三废”形式进入环境。工业上大量排放的是苯酚，即挥发酚，主要来自焦化厂、煤气站、绝缘材料厂、化工厂、炼油厂、树脂厂、玻璃纤维厂、制药厂等，其浓度在1～80 000mg/L。在我国地表水污染的所谓“五毒”中酚占第一位，其次是氰、汞、砷、铬。

(四) 难分解的有机毒物

以有机氯农药为例。有机氯农药是农药中的一大类，具有剧毒、广谱、高效、难分解、易残留等特点。大量的科学资料证明，有机氯农药已经参加了水循环及生命过程，呈全球性分布。除了造成鱼类、水鸟大批死亡外，对人类及后代存在着严重的潜在威胁。

滴滴涕(DDT)和六六六在有机氯农药中最具代表性。DDT的生物毒性表现为损害三磷酸腺苷，能阻碍神经膜的离子交换过程。离子钙要通过蛋壳腺，依靠三磷酸腺苷进行转化，蛋壳腺受到DDT的影响就阻碍了碳酸酐酶的作用，其结果降低了蛋壳的碳酸钙，使蛋壳变薄，以致不能孵化，影响鸟类的繁殖。DDT还能使鸟表现出甲状腺亢进而死亡。DDT在人体中累积，造成慢性中毒，影响神经系统，破坏肝功能，造成生理障碍。至于DDT是否致癌，目前尚有很大争论。

有机氯农药与重金属相似，能在食物链中高度富集。有机氯农药是疏水亲油物质，在水中一般溶解度很低。它们常吸附在微粒上，随水流迁移扩散，可长期留在水中。但水中浓度不高，一般很少超过0.05μg/L。它们易溶于油脂及有机溶剂中，可通过食物链而在鱼贝类、鸟、动物及人体内残留，尤其在脂肪、奶乳中高度富集而达到惊人的含量。例如，若水中DDT浓度为0.03μg/L，则在浮游生物中为40μg/L，富集系数为13 000；在小鱼中为500μg/L，富集系数为170 000；在大鱼中为2000μg/L，富集系数为660 000；在水鸟中为25 000μg/L，富集系数竟高达3 330 000。

有机氯农药在氧化环境中相当稳定，很难降解，DDT尤其如此。据估计，自1944～1970年进入环境中的DDT为2×10^{6}t以上，其中25%在全球生态系统中循环。然而在厌气条件下，已知有25种微生物能使DDT转变为DDD；在好气条件下也有一些微生物能使DDT转变为DDD。几种微生物的共同作用可使DDT完全分解，经过脱氢、脱氯、水解、还原、羟基化和环破裂等作用，转变为DDD、DDE和DDA等代谢产物。在自然界中需要10年以上时间才能完全分解为无害物质。DDE、DDD的毒性比DDT要小，但DDE的水溶解度比DDT大，易在植物体内积累，这也要予以注意。

农药广泛用于杀虫剂、除草剂、灭菌剂、杀线虫剂、杀螨剂、杀螺剂，所以除了集中生产的工厂的点源污染源外，还来自广大面积的农、林、渔业区。农药公害已是环境问题中的一个突出问题。

四、热污染和放射性污染

热污染和放射性污染都是物理性污染，这类污染并不改变水体的化学成分。

（一）热　污　染

热污染是一种能量污染。地面水体热污染主要来自于工业废水中的余热，如发电厂等排出的冷却水中的余热。水体受热污染后形成热污染带。热污染的危害主要表现在：溶解氧减少，直至零；使某些毒物毒性提高；使鱼类不能繁殖或死亡；破坏水生生态平衡的温度环境；加速某些细菌的繁殖、助长水草丛生、厌气发酵、恶臭等。

热污染引起的水温变化，对生态系统是一种压力，其影响大体可划分为4个阶段：①被动的限制阶段。这时水温变化不大，生态系统没有什么反应。②调整阶段，水温缓慢地变化，引起生态系统的调整，以适应水温的变化。③冲击阶段。温度突然变化，且幅度较大，对生物有激烈的冲击作用。④某些生物有抗极限温度的能力，其抵抗能力与生物的种类、年龄、生长阶段、光强度、pH 等因素有关。但过高的温度总会导致水生生物的死亡。

美国曾根据生物情况规定允许升温值。河湖的允许升温值受到地带、季节、水生生物及工厂治理费用等多种因素影响，不能过宽，也不宜过严。对于无毒或低毒高温水热污染，一般允许升温 5℃，有的规定 3℃，也有更低者，如联邦德国规定为 2℃。

（二）放射性污染

放射性水污染是由放射性核素引起的一种特殊水污染。它通过自身的衰变放射出 α、β 和 γ 射线，使生物和人体组织电离而受到损伤，引发放射病。有的放射性核素会在水生生物、粮食、蔬菜等食物中富集。由于它不能用物理、化学、生物等作用改变其辐射的固有特性，只能靠自然衰变来降低放射性强度，所以它比化学毒物的危害可能更大。

射线能否对人造成伤害，取决于受照射的剂量。宇宙射线与天然放射性的存在，并未引起人们健康的损害，也未影响人类的发展。但是过量的照射会使人体遭受暂时或永久的伤害或死亡。

水中放射性污染源主要有：天然放射性核素；核武器试验的沉降物；核工业的废水、废渣；放射性同位素的生产和应用；其他工业中的放射性废水及废弃物。^{40}K、^{238}U、^{286}Ra、^{210}Po、^{14}C、^{3}H 等是水中含有的主要天然放射性核素。核武器试验的沉降物主要有 ^{90}Sr、^{181}Cs、^{55}Fe、^{65}Zn、^{60}Be、^{131}I 等。由于核工业的发展，从开采、提炼、精制到反应堆运转后处理，都将产生大量的放射性废液和废物。放射性同位素的 80%～90%用于医疗及科学研究，主要有 ^{198}Au、^{131}I、^{32}P 等，这些元素的半衰期较短。此外，^{60}Co 用得也较广，它的半衰期较长。

我国和平利用放射性的量很小，与国外相比差距很大，加上严格防护管理，对环境的污染很轻微。

五、酸 雨（雾）

清洁降雨一般是近乎中性的，其 pH 由于受自然尘埃的影响，可变化在 6.5～7.5之间。当人为排放的氧化硫、氧化氮类废气在大气中转化为 SO_4^{2-} 和 NO_3^- 等而被雨、雾吸收后，则可产生 pH 较小（pH 在 5.6 以下）的“酸雨”。“酸雨”这一名称最早见于英国化学家史密斯 1872 年的著作《空气和降雨：化学气候的开端》，但未引起人们注意。直到 20 世纪 60 年代，瑞典年轻土壤学家奥顿发现，酸雨是欧洲的一种大面积污染现象并指出了酸雨的有害后果后，才成为举世瞩目的污染公害之一。酸雨污染的提出，使“水质”的概念从地面、地下发展到了空间。1975年8月12～15日在美国俄亥俄州立大学召开的第一届酸性降水和森林生态系统国际讨论会上认为：地球大气的酸性正在不断增强这一现象，可能是当代人们面临的最严重的环境危机之一。

全世界每年排放氧化硫类物质达 1.5×10^{11} kg，其中 SO_2 主要来自煤的燃烧，还可来自自然界的火山爆发等。氧化氮类物质则主要来自燃油，每年排放的氧化氮类物质约为 5.3×10^{10} kg。据估计，目前60%的酸雨起因于 SO_2，约40%则起因于氧化氮类物质。

酸雨的形成过程很复杂，简单地说是大气中 SO_2 先被氧化成 SO_3，然后再与水作用成为硫酸。其形成机理有3种可能的途径：

1）被光化学氧化剂氧化。在亚热带和热带，SO_2 经过波长为2900～4000Å 的光的照射，发生光化学反应，形成 SO_3。

2）在温带城市上空，大气中含有充足的氧，在有一定水分、微粒和各种金属元素存在的条件下，SO_2 经金属触媒作用，可发生氧化作用，生成 SO_3。

3）SO_2 被空气中的固体颗粒吸附和催化，形成硫酸烟雾。

把“酸雨”定义为pH小于5.6的降水，是考虑到大气中 CO_2 与降水中 HCO_3^- 的平衡：

$$CO_2 + H_2O \longleftrightarrow H_2CO_3 \tag{2-18}$$

$$H_2CO_3 \longleftrightarrow H^+ + HCO_3^- \tag{2-19}$$

$$CO_2 + H_2O \longleftrightarrow H^+ + HCO_3^- \tag{2-20}$$

上式在25℃时，平衡常数为 $10^{-1.48}$ 和 $10^{-6.35}$ 可得

$$\frac{[H^+][HCO_3^-]}{[CO_2]} = 10^{-7.83} \tag{2-21}$$

$[CO_2]$为大气中 CO_2 的分压，等于 3.16×10^{-4}，因此

$$[H^+][HCO_3^-] = 10^{-7.83} \times 3.16 \times 10^{-4} = 3.16 \times 10^{-11.83} \tag{2-22}$$

假定$[H^+]$与$[HCO_3^-]$相等，即

$$[H^+] = ([H^+][HCO_3^-])^{\frac{1}{2}} = 2.162 \times 10^{-6} \tag{2-23}$$

$$pH = 5.665 \tag{2-24}$$

$[H^+]$增大，则$[HCO_3^-]$减少；当pH减到4～5时，$[HCO_3^-]$已无意义。在近中性或碱性溶液中，HCO_3^- 是非常重要的。

$$[H^+][OH^-] = 10^{-14}$$

$$\frac{[HCO_3^-]}{[OH^-]} = \frac{3.16 \times 10^{-11.83}}{10^{-14}} = 467 \tag{2-25}$$

这表明与大气 CO_2 平衡的 HCO_3^- 浓度为 OH^- 浓度的 467 倍，即酸雨常见而“碱雨”却不多见的原因。燃煤产生的碱土金属氧化物 CaO、MgO 等遇水产生 OH^-，然后迅速与 CO_2 生成 HCO_3^-，这就阻止了强碱性降水的产生。我国目前在重庆、贵州等地区已出现酸雨，在其他地区酸雨问题还暂不突出。但随着燃煤、燃油量的增加和除尘效果的提高，其他地区出现酸雨的可能性也将不断增加。

酸雨(雾)可长期停留在大气中，危害十分严重，且难以解决。其危害主要表现在：①酸雾对人的毒害比 SO_2 大 10 倍，不到 0.8ppm(1ppm 为 10^{-6})人就忍受不了，可刺激眼、呼吸道、皮肤等；②直接损害树林、作物等植物的叶面蜡质层，影响植物散发和气体交换作用；③酸化土壤，淋滤钙、镁、磷、钾等营养元素，并活化某些有毒金属，危害陆生生物；④酸化湖泊，危害水生生物，致使底泥重金属溶解释放，影响供水水质；⑤直接腐蚀金属器物、文物、古迹、建筑物等。

六、富营养化污染

“富营养化”是一种在水流缓慢、更新期长的水体中由生物营养物质富集而引起的水污染现象。近代湖沼学也把这一现象当作湖泊演化过程中逐渐衰亡的一种标志。幼年期的湖泊，它的特点是营养物质少，植物的生产力低，这种湖泊称为贫营养湖。湖泊从其流域内的河流中逐渐获得养分，促进了水中各种生物的生长。其结果造成有机物的渣滓逐渐在淤泥中堆集起来，湖泊开始变浅，水温升高，更多的植物在湖底生长起来，水生生物发生变化，湖泊渐渐变成沼泽。

富营养化虽然是一个自然过程，但人类活动大大加速了这一过程。这是因为生活污水、工业废水，尤其是农业径流所携带的大量营养物质导致了藻类急剧地生长，这种情况下的富营养化称为人为富营养化。

水体出现富营养化现象时，浮游生物大量繁殖。因占优势的浮游生物的颜色不同，水面往往呈现蓝色、红色、棕色、乳白色等。这种现象在江、河、湖泊中称为水华，在海湾中称为赤潮。

决定水体富营养化的基本因素是植物营养的组成、各种营养成分之间的含量比例、单位时间的负荷量以及元素的限制性。由于水体富营养化的过程是水体自养型生物(主要是藻类)在水体中建立优势的过程，因此目前的研究也着重于和这些生物生长需求有关的营养成分，如氮、磷、二氧化碳、硅、钾、钠、铁等。这里某些营养成分在水体中含量甚微，但又为浮游植物生长所必需，当它们在水体中含量过低时，对生物的生长产生抑制作用，故这些营养成分被称为富营养化过程的限制性因素。其中氮和磷在水体富营养化的限制性因素中起了重要作用。

污水中有机物降解而形成的无机营养物和氮、磷等，以藻类可吸收的形态进入水体，在湖泊、水库、海湾等水流较缓的区域将促成蓝绿藻类大量生长繁殖。藻类将占据越来越大的水域空间，有时甚至填满水域，致使鱼类生活空间越来越小。随着水体富营养化的发展，藻类的品种逐渐减少，而个体数量迅速增加，并由以硅藻和绿藻为主转为以蓝藻为主。蓝藻过度旺盛地繁殖生长将造成水中溶解氧急剧变化，能在一定时间内使水体处于严重缺氧状态，从而严重地影响鱼类的生存。蓝藻在厌氧条件下分解也会给水体带来不良的气味。

富营养化显著的危害是：促使湖泊老化；破坏水产资源；危害水源。富营养化产生的硝酸盐、亚硝酸盐对人、畜有害，尤其对胎儿、婴儿，可导致变性血红蛋白增高，丧失输氧能力。此外，它们又是致癌物亚硝胺的前身物，因此需受到重视。

第三章　污染变化规律*

第一节　水体中污染物变化机理

一、概　　述

污染物进入水体后,同时发生着两个既有区别又相互联系的过程:水环境污染的恶化过程和水环境污染的自净过程。

水环境污染的恶化过程包括:

1）由于水中有机物分解耗氧和热污染脱氧,使得溶解氧下降,结果将导致水中厌氧细菌繁殖,发生恶臭。

2）由于有机物分解、富营养化、热污染和毒污染,使水生生态平衡遭到破坏。耐污、耐毒、喜肥的低等水生物繁殖,而鱼类等高等水生物躲避、致畸,甚至死亡。

3）由于pH、氧化还原、有机负荷等条件的改变,使得低毒变成高毒。如三价铬、五价砷和无机汞转化为更具毒性的六价铬、三价砷和甲基汞。

4）由于物理堆积和生物富集作用,使得低浓度向高浓度发生转化。如重金属、难分解的有机物和营养物向底泥积累,以及通过生物食物链高度富集等。

水体由于本身的特性而具有一定的净化污染物质的能力。水环境污染的自净过程有:

1）污染物的自我衰减过程,如放射性物质衰变。

2）污染物被水体同化的过程,如污染物及热经过物理、化学、生物作用而逐渐消失,使水体水质复原的现象。

3）复杂的有机物分解成简单的有机物,又进一步分解成无机物、盐、氨和水的过程。

4）溶解物变成不溶物质而沉淀的过程,如水中的重金属被络合沉淀,使水质得到净化等。

5）不稳定污染物转化为稳定污染物的过程,如铵盐变为亚硝酸盐,再变为硝酸盐的过程。

6）高毒害转化为低毒害或无毒害的过程。如有机物转化为无机物、盐和水,甲基汞转化为无机汞,六价铬、三价砷转化为三价铬、五价砷,酸和碱中和成盐等。

---

*　本章主要参考了芮孝芳编写的《河流水质管理》讲义,1990年。

7）由耗氧、溶解氧降低到复氧的过程。如充氧、藻类光合放氧等。

以上两种过程互为相反，但又在水环境中同时发生和存在。然而在某一水域的某一时期内却存在着相对主要的过程。如离污染物排放口近的水域，往往总体上表现为污染恶化过程，而形成严重的污染区；相邻的下游水域则主要表现为污染净化过程，而形成轻度污染区；再离远些就可能恢复到原来的水质状态。

水环境污染或自净的机理是环境水文学探讨的重要课题。只有对水环境的污染自净机理进行深入的了解，才能确定水环境容量，建立水质数学模型，制定水质标准，提出科学的水质管理办法和经济有效的控制措施。

二、水体中污染物变化机理的影响因素

影响水体中污染物变化机理的因素很多，包括环境因素、水文要素、水生生物和污染物本身的性质与浓度等许多方面。现对其主要方面说明如下：

（一）水文要素

水体的水文要素如水温、流速、流量和含沙量等，对水环境的自净能力影响很大。水温不仅直接影响到水中污染物质的化学转化速度，而且影响到水中微生物的活动，从而对生物化学转化速度产生影响（图 3-1）。因此，水环境自净能力的强度随季节和昼夜而不同。但水温高不利于水体复氧。

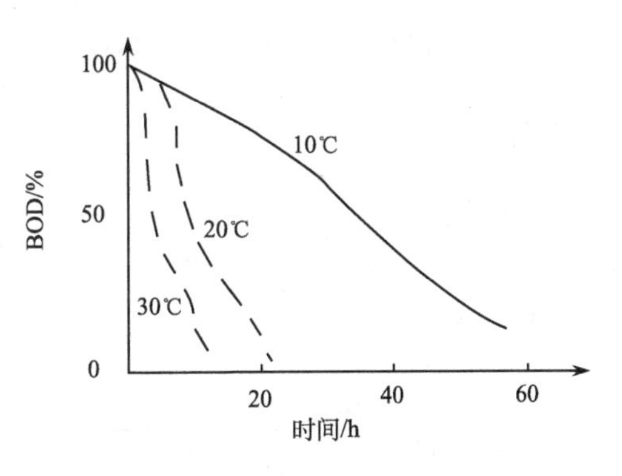

图 3-1　水温对 BOD 降解的影响

水体的流速、流量直接影响到移流强度和紊动扩散强度。流速、流量大，不仅水体中污染物稀释扩散能力随之加强，而且水气界面上的气体交换（如复氧）速度也随之增大。水体的流速、流量有明显季节变化：洪水季，流速、流量大，有利于水体自净；枯水季，流速、流量小，给水体自净带来不利。

水体中含沙量的多寡与水中某些污染物质浓度也可能有一定关系。调查研究表明，黄河水中含沙量与含砷量呈密切的正相关关系，就是因为泥沙对砷有强烈吸附作用，一旦河水澄清，水中含砷量就大为减少。

（二）水生生物

在水环境自净中有重要意义的生物降解作用靠的是水生生物，尤其是微生物。另外，通过某些水生生物的富集作用也能降低水中污染物的浓度。因此，如果水中

能分解污染物质的微生物和能富集有害物质的水生物品种多、数量大，水体的自净作用就较快。

（三）环境因素

1. 大气

水中溶解氧对水体的自净有重要作用。水中的溶解氧主要由大气补给，补给的速度取决于大气中的氧气分压、水体温度和水体流速等。冬季水面由于降温封冻，冰面阻碍了水体与空气之间的物质交换，使水中溶解氧得不到补充而不利于水体自净。此时若有含大量有机物的废水排入，可能会使水中溶解氧进一步减少，甚至使鱼类窒息死亡。另外，大气中的污染物质也可以通过多种途径进入水中而不利于水体的自净作用。例如，酸雨就是一个突出的例子。

2. 太阳辐射

太阳辐射对水体自净作用有直接影响和间接影响两个方面。直接影响指太阳辐射能使水中污染物质产生光转化；间接影响，如可以引起水温变化，促使浮游植物和水生植物进行光合作用，改变溶解氧条件等。太阳辐射对浅的水体比对深的水体影响大。

3. 底质

底质能富集某些污染物质。水体与底部的基岩和沉积物之间存在着不断的物质交换过程，从而影响着水体的自净作用，曾发现某水库因库底有铬铁矿露头，导致水库底层水中含铬较高。进入水环境中的汞易吸附于泥沙上并随之沉淀，在底泥中累积。水下沉积物中的汞比较稳定，但在水和底泥界面处却有一个极其缓慢的释放过程，使汞重新回到水中，形成所谓二次污染。不同的底质，底栖生物的种类与数量也不同，对水体自净作用的影响也有差异，图 3-2 所示的实验结果就清楚地表明了这一点。

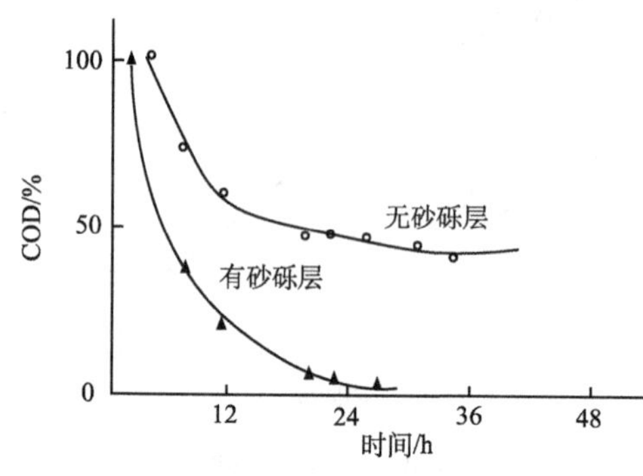

图 3-2 有无砂砾层对污水自净作用的实验结果

4. 污染物质的化学和物理化学性质与浓度

易于化学转化、光转化和生物转化的污染物质显然最容易在水体中得以自净。例如酚和氰，由于它们易挥发和氧化分解，且又能被水中泥沙和黏土等吸附，因而它们在水体中较易净化。

难于化学转化、光转化和生物转化的污染物质在水体中也难得以自净。如合成洗涤剂(ABS)、有机氯农药(DDT、六六六)、多氯联苯(PCB)等化学稳定性极高的合成有机化合物，在自然界中需要10年以上的时间才能完全分解，成为环境中长期存在的污染物质。它们随地球上的水分循环过程逐渐蔓延，不断积累。现在世界上几乎每一个角落都可以发现它们的踪迹，成为全球性环境污染的代表性物质。

水中某些重金属类污染物质可能对微生物有害，从而降低了生物降解能力。含有合成洗涤剂(ABS)的河水会使水体与气体的交换速度变慢。此外，氧化还原电位、pH等也与微生物活动有密切关系，因而对水体自净作用也会产生影响。

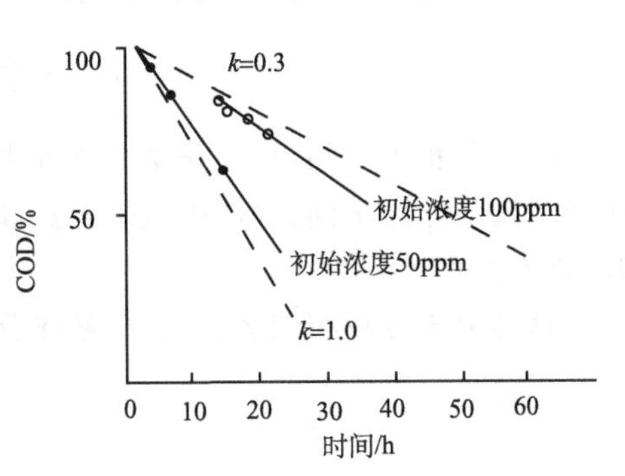

图3-3　污水浓度对自净系数的影响

研究表明，当水中污染物质的浓度超过某一限制时，水体自净作用便会降下来，如图3-3所示。这是因为浓度太高会使微生物活动受到妨碍。

第二节　污染物的迁移转化

一、污染物的稀释扩散

在污染物进入水环境后所发生的各种过程中，最基本的是稀释扩散过程。它是一种物理过程，是水环境主要的一种自净机制。

当污染物排入河流后，由于河流水流的作用，污染物不断地与河水发生混合，形成污染物浓度沿流程逐渐降低的现象，这种河水冲淡污染物浓度的现象称为“稀释扩散”。稀释扩散速度的快慢称为稀释扩散能力。河流之所以具有稀释扩散能力，是因为河流中存在着两种重要的运动方式：移流和扩散。

(一) 移　流

移流指水中物质由于流速的推动而沿水流方向运动的现象。引起水流运动的作用力可以是重力，也可以是风力、温度梯度力等。因此，水流方向可以沿垂直方向，也可以沿水平方向，当为水平方向时，又把这一现象称为移流。

设x方向的水流速度为u_x，水中物质浓度为C，则单位时间内由于水流的携带通过单位过水断面的物质为

$$F_x = u_x C \tag{3-1}$$

式中，F_x又称移流通量。由式(3-1)可见，水流速度越大，单位时间内从单位过水断面上带走的物质越多，水流的稀释能力就越强。

式(3-1)可以推广到三维空间,这时可借助于矢量概念写成

$$\boldsymbol{F} = (u_x\boldsymbol{i} + u_y\boldsymbol{j} + h_z\boldsymbol{k})C \tag{3-2}$$

式中,$\boldsymbol{i}$、$\boldsymbol{j}$、$\boldsymbol{k}$ 分别为 x、y、z 方向上的单位矢量。

(二)扩　　散

扩散是指由于物质、粒子群等的随机运动而扩展于给定空间的不可逆现象。由于引起的原因不同,水体中发生的扩散有分子扩散和紊流扩散两种。

1. 分子扩散

液体分子存在布朗运动,这是液体分子所表现出的随机运动形式。由于布朗运动的存在,如果在静止液体中瞬时加入有色溶液,则就能观察到,随着时间 t 的延长,有色溶液就向四周扩散。如图 3-4 所示,在 $t=0$ 时有色溶液形成一个柱状过程,然后向四周展开,一定时间后可看到呈正态分布的浓度分布曲线,最终则成为呈均匀分布的浓度分布曲线。这种由于分子的布朗运动引起的扩散现象称为分子扩散。

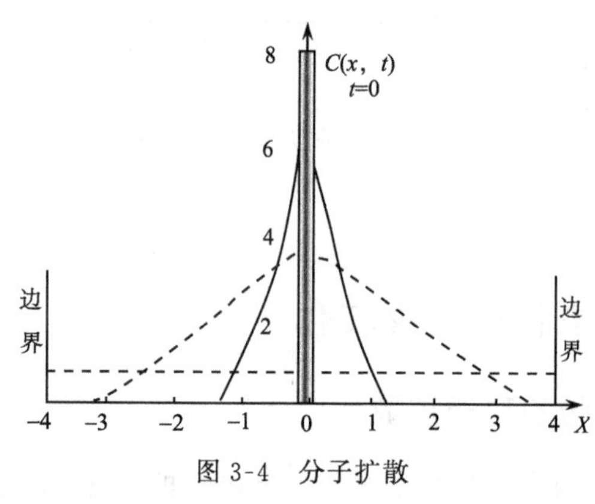

图 3-4　分子扩散

2. 紊流扩散

紊流是一种发生在水流内部的运动,其重要标志是由于流速脉动而形成许多紊动涡旋。水流中的紊流很难捉摸,但根据流速脉动的观测分析,可认为紊动涡旋的尺度有大有小。脉动增量大的可代表大涡旋。图 3-5 是尼古拉兹(Ni-quradse)1926 年在试验水槽中以不同的照相机移动速度拍摄的水面涡旋照片。可以看出

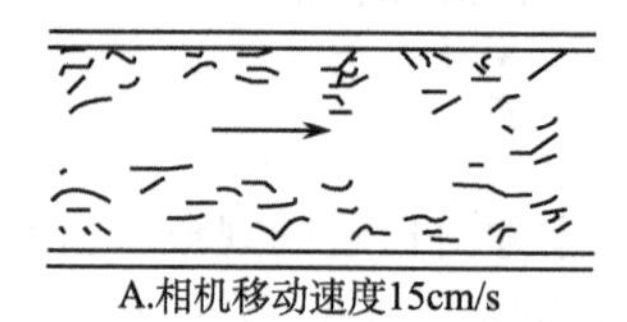

A.相机移动速度15cm/s

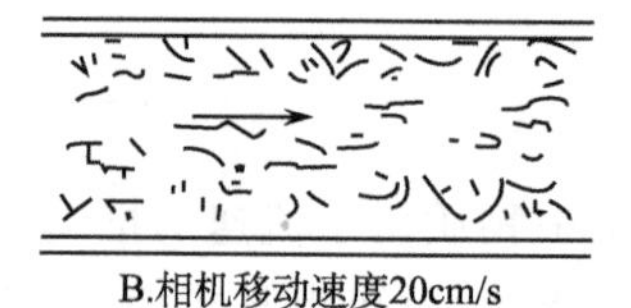

B.相机移动速度20cm/s

C.相机移动速度25cm/s

图 3-5　紊动扩散

墙边的涡旋较小，而中间部分的涡旋较大。紊流中大小不等的涡旋均具有传递能量的作用。

紊动扩散就是由于液体中紊动涡旋所引起的水流中各物理量(如速度、浓度等)的随机脉冲现象，它只发生在以一定流速运动的液体中。

上面在分析 x 方向(即纵向移流)时，是不考虑纵向流速 u_x 在垂向和横向上的流速分布的。事实上由于河底及河岸的阻力作用，纵向流速 u_x 在垂向和横向上均存在流速分布(图 3-6)。所谓纵向离散是指由于纵向流速分布不均所引起的物质沿纵向的分散。

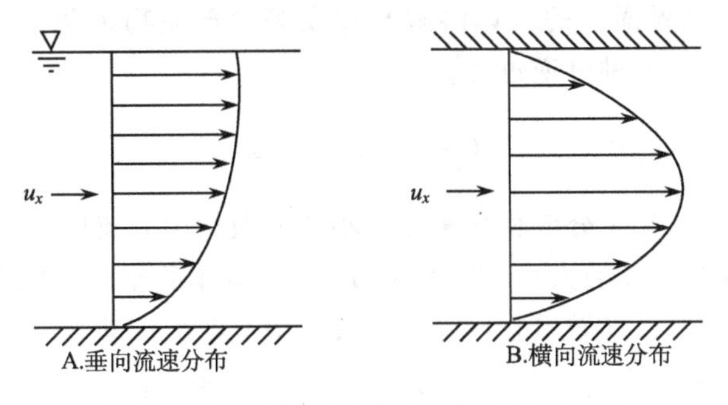

图 3-6　纵向流速在垂向和横向上的分布

纵向离散现象可用图 3-7 来作进一步解释。若在初始时刻 $x=0$ 处瞬时注入一污染源(图 3-7A)，则由于垂向流速分布不均的影响，经过一单位时间，原在 $x=0$ 的各水质点便携带着污染物质移到了图 3-7C 所示的位置，而相应于图 3-7A 情况下的污染物浓度分布(图 3-7B)，就变成图 3-7D 所示的浓度分布。这表明污染物质沿纵向分散开了。

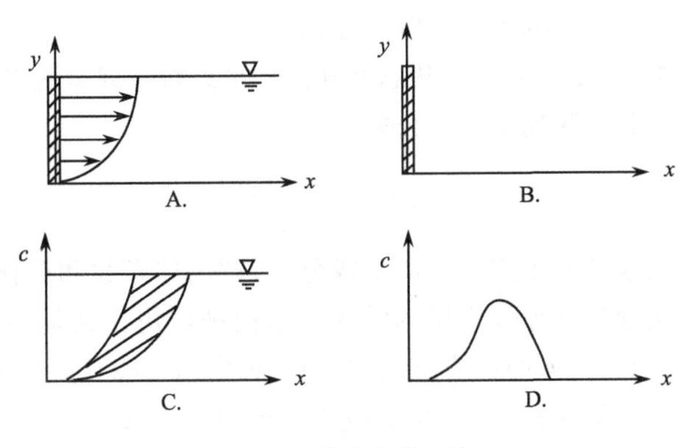

图 3-7　纵向离散现象

为了进一步了解纵向离散的机理，我们可以将纵向离散与紊流扩散作一比较。紊流扩散是由流速在时间上的脉动所引起的，因此，如果我们沿时均流速前进来观察各处浓度变化，只能看到紊流扩散作用。纵向离散则是由流速在垂向上分布不均，即流速在垂向上的离差所引起的，故如果我们随垂线平均流速前进来观察浓度变化，则可发现纵向离散现象。

二、污染物的迁移传递

水环境自净机制中的迁移过程是指污染物在水体中的沉降与悬浮，吸附与解吸以及发生在水气界面上的气体溶解与挥发等物理或物理化学的过程。一般来说，迁移传递过程是一种可逆过程。

（一）沉 降

在重力作用下，某一分散相从密度较小的分散相中分离出来的现象称为沉降。颗粒的沉降速度与颗粒的大小、形状、密度，以及液体的密度和黏性有关。假设悬浮颗粒为球形，则可以推导出它在静止的液体中沉降的运动方程式是

$$\frac{\mathrm{d}V}{\mathrm{d}t}=\frac{(\rho_s-\rho_l)g}{\rho_s}-\frac{3}{4}C\cdot\frac{V^2}{D_p}\cdot\frac{\rho_l}{\rho_s} \tag{3-3}$$

式中，V 为颗粒在静止液体中的沉降速度；ρ_s 是颗粒的密度；ρ_l 是液体的密度；D_p 是颗粒直径；C 是液体的阻力系数；g 为重力加速度。

当$\frac{\mathrm{d}V}{\mathrm{d}t}=0$，即为稳定沉降时，上式变为

$$V=\sqrt{\frac{4gD_p(\rho_s-\rho_l)}{3\rho_l C}} \tag{3-4}$$

这就是颗粒在静止液体中的稳定沉降速度的计算公式。

在天然水体中，由于水的流动状态及河床地形地貌等因素的影响，固体颗粒时而沉降，时而悬浮，其沉降速度计算公式就更复杂了。

（二）吸 附

污染物溶解在水溶液中产生的离子或分子，被固体颗粒和胶体（如泥沙）吸附的过程是物理和化学过程综合作用的结果。这两种作用往往是共存的。然而，由于污染物和固体颗粒、胶体的性质不同，其中一种作用可能会占优势。吸附既可能改变吸附离子或分子的性质，又能改变固体颗粒和胶体的性质。离子或分子被吸附于固体颗粒和胶体物质之间，可以进行离子交换作用和胶体化学作用；被吸附的离子或分子能随固体颗粒和胶体迁移或沉降；在一定条件下，又可能产生解吸作用。

1. 非极性吸附

非极性吸附取决于固体颗粒或胶体具有巨大的比表面积和表面能。比表面积定义为颗粒表面积与其重量的比值。例如,假设颗粒为球形(令其半径为 r),其容重量为 2.65g/cm³,则其比表面积为

$$\frac{4\pi r^2}{\frac{4}{3}\pi r^3 \times 2.65} \approx 1.13\,\frac{1}{r}(\mathrm{cm^2/g}) \tag{3-5}$$

可见颗粒半径越小,比表面积就越大。有人曾计算过,如果水体中固体颗粒和胶体中含有 1μm 的黏粒,其总体积为 $100\mathrm{m^2} \times 20\mathrm{cm}$,则黏粒的表面积总和可达 7 000 000m²。

表面能的大小与比表面积和表面张力系数有关。在固、液、胶体系中,它等于表面积乘以界面溶液的表面张力系数。自由表面能具有力求达到最小而使分散系保持最大稳定性的趋势,其途径有二,即缩小表面积和降低界面溶液的表面张力系数。因此,表面张力小的物质如无机酸、无机碱、许多高分子化合物(包括腐殖酸)等,它们易向颗粒表面接近,形成正的物理吸附;表面张力大的物质如氯化物、硫酸盐和硝酸盐等无机盐类,它们远离胶体表面,称它们受到了负的物理吸附。

2. 极性吸附

极性吸附是指胶体对介质中各种离子的吸附。这种吸附与胶体微粒带有电荷有关。故又称为物理化学吸附。

环境中大部分胶体带负电荷,因此易被吸附的主要是阳离子。每吸附一部分阳离子,同时也放出等当量的其他阴离子,所以又叫离子交换吸附。被胶体吸附的离子总量称为吸附容量,通常以每 100g 胶体中所含的离子的毫克当量数表示。

胶体吸附是许多污染物特别是各种重金属离子由天然水转入底泥和土壤的重要方式。不少重金属离子并不完全以真溶液状态存在,而是相当一部分被吸附在悬浮物上。

(三) 气体溶解

气体溶解是指气体通过气液界面溶解于液体的一种物理过程,例如,氧气溶解于水中而成为溶解氧。对于不与溶剂发生化学反应的具有较低或中等溶解度的气体,在溶液中溶解的浓度变化可用下式描述:

$$\frac{\mathrm{d}C}{\mathrm{d}t} = K_L \frac{A}{V}(C^* - C) \tag{3-6}$$

式中,C 为液体中溶解气体的浓度;C^* 是气体在液体中的饱和浓度;A 为气液界面面积;V 是液体体积;K_L 为系数。

（四）挥　发

气液界面上，物质交换的另一种重要形式是挥发。当溶质的化学势降低之后，就会发生溶质从液相向气相的挥发过程。

三、污染物化学转化与光转化

转化过程是指污染物在水环境中所发生的化学的、光解的和生物的变化过程。在这种过程中，污染物的分子结构和化学性质都要发生变化，其浓度和毒性也会发生相应的变化。因此，转化过程是一种比稀释扩散和迁移传递更为复杂的自净机制。但对环境水文学来说，因为只需着重讨论这种转化过程的规律和速度，即化学反应动力学问题，所以就不必太具体地涉及化学反应方程式。本部分先介绍化学转化和光转化，生物转化将在下文中作详细介绍。

（一）化 学 转 化

污染物在水中所发生的化学反应大多数是不完全的，并且涉及反应物与反应产物之间平衡过程的建立，例如，反应物 A 和 B 及反应生成产物 G 和 H，在一定温度下达到平衡时，则有

$$mA + nB \rightleftharpoons pG + qH$$

由质量作用定律可得

$$K = \frac{[G]^p[H]^q}{[A]^m[B]^n} \tag{3-7}$$

式中，[A]、[B]、[G]和[H]分别为 A、B、G 和 H 的浓度（称为平衡浓度）；K 称为该温度下反应的浓度平衡常数；m、n、p、q 分别为 A、B、G、H 的反应平衡常数。

污染物在水环境中所发生的化学反应中最常见的是水解过程和氧化过程。

1. 水解过程

水解反应是指污染物与水的反应。化学物 RX 的水解反应速度可写成

$$-\frac{d[RX]}{dt} = k_h[RX] = k_B[OH^-][RX] + k_A[H^+][RX] + k'_N[H_2O][RX] \tag{3-8}$$

式中，k_B 为碱性催化水解二级速度常数；k_A 为酸性催化水解二级速度常数；k'_N 为中性水解二级速度常数。

在一固定 pH 下，上述所有反应速度均可看作准一级动力学过程，其半寿命与反应物浓度无关。即

$$t_{\frac{1}{2}} = 0.693/k_h \tag{3-9}$$

例如，邻苯二甲酸酯的水解反应过程为

二酯(DE) $\xrightarrow[OH^-, H_2O]{k_1}$ 单酸(MA) + ROH

单酸(MA) $\xrightarrow[OH^-, H_2O]{k_2}$ 双酸(DA) + ROH

则其反应动力学过程是

$$\frac{d[DE]}{dt} = k_{OH}[DE][OH]^- \tag{3-10}$$

式中，[DE]为邻苯二甲酸酯的浓度；$[OH^-]$为 OH^- 的浓度；k_{OH}为碱催化二级水解反应速度常数。

2. 氧化过程

氧化反应是指存在于水环境中的常见氧化剂，如纯态氧(O_i)、烷基过氧自由基(RO_i)、烷氧自由基(RO·)或羟自由基(·OH)等与有机污染物所发生的反应。这些自由基一般是光化学作用的产物。

氧化反应的速度可简单地表达为

$$R_{ox} = k_{ox}[C][OX]$$

式中，R_{ox}是氧化速度；k_{ox}是氧化反应的二级速度常数；[C]是有机物的浓度；[OX]是氧化剂的浓度。

在水环境中往往同时存在若干种氧化剂，因此有机物的总氧化速度应等于该有机物与每一种氧化剂反应的氧化速度之和。即

$$R_{ox}(T) = (k_{ox_1}[OX_1] + k_{ox_2}[OX_2] + \cdots + k_{ox_2}[OX_n])[C]$$

式中，$R_{ox}(T)$为有机物的总氧化速度；$k_{ox_1}, k_{ox_2}, \cdots, k_{ox_n}$分别为有机物与氧化剂$OX_1, OX_2, \cdots, OX_n$反应的氧化速度；$[OX_1], [OX_2], \cdots, [OX_n]$分别为氧化剂$OX_1, OX_2, \cdots, OX_n$的浓度。

假定在测定时间内每种氧化剂的浓度是不变的，则氧化反应可简化为准一级反应，即

$$R_{ox}(T) = \sum_{i=1}^{n} k_{ox_i}[C] \tag{3-11}$$

式中，$k_{ox_i} = k_{ox_i}[OX_i]$，$i=1,2,\cdots,n$。积分上式则有

$$\ln\frac{[C_0]}{[C_t]}=\sum_{i=1}^{n}k_{ox_i}t \tag{3-12}$$

式中，$[C_0]$是 $t=0$ 时水环境中的有机物浓度；$[C_t]$是 $t=t$ 时水环境中的有机物浓度。容易求得该反应的半寿命是

$$t_{\frac{1}{2}}=0.693[\sum_{i=1}^{n}k_{ox_i}]^{-1}$$

下面以异丙苯为例来说明这类氧化反应。在天然水中，异丙苯的自由基反应产物是非常复杂的，如可生成乙酰苯对异丙基苯甲醇和对异丙基苯甲酚等，其反应式可写成下列一般形式：

$$RO_2\cdot+RH\xrightarrow{k_1}RO_2H+R\cdot$$

$$RO\cdot+RH\xrightarrow{k_2}ROH+R\cdot$$

式中，RH 代表异丙苯。RH 的总氧化速度是单个氧化速度之和，即

$$\frac{d[RH]}{dt}=k_1[RO_2\cdot][RH]+k_2[RO\cdot][RH]$$

而反应的半寿命为

$$t_{\frac{1}{2}}=\ln(2/k_1[RO_2\cdot]+k[RO\cdot])$$

严格来讲，每种氧化剂对有机物的不同部位将表现出不同的氧化活性，这就导致了反应产物的复杂性。

（二）光　转　化

光转化是指水环境中有机化合物吸收了波长大于 290μm 的太阳辐射光能而发生的分解过程。光转化过程又可分为直接光解和间接光解两种类型。所谓直接光解就是化合物直接吸收太阳能而进行的分解反应。间接光解又称为敏化光解，这是水环境中存在的天然有机物(如腐殖质)被太阳光能激发，然后这种激发态的天然有机物将其能量转移给基态的有机化合物而发生的分解反应。这里只讨论普遍发生的直接光解过程。

在直接光解过程中，当有机物在水环境中的浓度很低时，该有机物的消失速度为

$$-\frac{dC}{dt}=\phi\frac{I_{\alpha\lambda}}{D}[1-10^{-(a_\lambda+\varepsilon_\lambda C)l}]\cdot\left(\frac{\varepsilon_\lambda C}{\varepsilon_\lambda C+a_\lambda}\right) \tag{3-13}$$

式中，C 是有机物在水中的浓度；$I_{\alpha\lambda}$ 是射向水体的光强；a_λ 是水体吸光强度；ε_λ 是化合物吸光强度；ϕ 是光量子场；l 是光程长；D 是水深。

在浅而清澈的水体中，水和化合物的总吸光强度$(a_\lambda+\varepsilon_\lambda C)<0.02$，故有

$$1-10^{-(a_\lambda+\varepsilon_\lambda C)l}\approx 2.3l(a_\lambda+\varepsilon_\lambda C)$$

因而上式变为

$$-\frac{\mathrm{d}C}{\mathrm{d}t}=\phi\frac{I_{o\lambda}}{D}2.3l\varepsilon_\lambda C$$

令 $k_p=\phi\frac{I_{o\lambda}}{D}2.3l\varepsilon_\lambda$，则有

$$-\frac{\mathrm{d}C}{\mathrm{d}t}=k_p[C] \tag{3-14}$$

这样就把直接光解简化成一级反应动力学形式。式中 k_p 称为直接光解速度常数，它显然与入射光的强度和化合物吸光系数有关。式(3-14)积分得

$$\ln\frac{[C_t]}{[C_0]}=-k_pt \tag{3-15}$$

四、污染物生物转化

所谓生物转化主要是指生物降解。土壤、水体和废水处理系统中的需氧微生物对天然或合成有机物的破坏或矿化作用称为生物降解。由于微生物大量存在于自然界，繁殖十分迅速，代谢作用多种多样，许多微生物对环境有很强的适应性，因此，生物降解是水环境自净十分重要的机制。

可以将水环境中生物对污染物的降解分为 3 种类型：初步降解、适中降解和彻底降解。初步降解是指最小程度的降解，可以改变化合物原有的性质。彻底降解是指将有机物分解成水、二氧化碳和其他无机化合物的生物降解，这是最理想的降解。适中降解又称为合格降解，这种降解虽并不彻底，但能除去化合物某些不需要的性质，如起泡性和毒性等。

这里主要讨论在水污染研究中常见的几种生物转化过程，即 BOD 过程、硝化过程、厌氧过程、反硝化过程和酶催化过程等 5 种生物转化过程。

（一）BOD 过程

BOD 过程是一种在好氧细菌作用下，水环境中的有机污染物消耗溶解氧的生物化学反应过程。

若用 $C_aH_bO_c$ 表示作为能量和食物来源基质的分子通式，则可将 BOD 反应写成如以下 3 个化学反应方程式：

1）能量反应方程式

$$4C_aH_bO_c+(4a+b-2c)O_2\longrightarrow 4aCO_2+2bH_2O$$

2）细胞合成反应方程式

$$20C_aH_bO_c+4aNH_3+(5b-10c)O_2\longrightarrow 4aC_5H_7NO_2-(8a-10b)H_2O$$

式中，$C_5H_7NO_2$ 表示生物细胞的粗略组成。

3）将以上能量反应式和细胞合成反应式联合起来，便成为有机物在水环境中的整个生物耗氧过程，即

$$10C_aH_bO_c + (5a + 2.5b - 5c)O_2 + aNH_3 \longrightarrow aC_5H_7NO_2 + 5aCO_2 - (2a - 5b)H_2O$$

目前通常把以上反应均视为一级化学动力学反应。此时，如用 L 表示有机物在水中的浓度，则其反应速度为

$$-\frac{dL}{dt} = kL \tag{3-16}$$

积分上式得

$$L = L_0 e^{-kt} \tag{3-17}$$

式中，L_0 为有机物起始浓度；L 是 t 时刻有机物浓度；k 是有机物的氧化反应速度常数。

在 BOD 过程中，随着有机物浓度因氧化不断减小，累积耗氧量将逐渐增加。当用有机物耗氧量的变化来表示有机物浓度的变化时，上述表达式显然应改写成

$$Y = Y_0(1 - e^{-kt}) \tag{3-18}$$

式中，Y 是 t 时刻有机物耗氧量，即 t 时刻的 BOD 浓度；Y_0 为总耗氧量，或称最终耗氧量；相应的 k 变成 BOD 反应一级速度常数。

也有人使用二级反应动力学公式来描写 BOD 反应。这时有

$$-\frac{dL}{dt} = k'L^2 \tag{3-19}$$

式中，k' 为 BOD 二级反应速度常数。相应地有

$$L = L_0/(1 + L_0k't) \tag{3-20}$$

而用 BOD 浓度表示时有

$$Y = Y_0^2/(1 + Y_0k't) \tag{3-21}$$

1968 年 Hartman 和 Wilderer 的研究认为，在低 BOD 浓度（$BOD_5 = 4mg/L$）时，使用二级反应动力学公式较为合适。1922 年 Marske 和 Polkowske 也指出，当一级 BOD 反应速度常数大于 $0.2d^{-1}$ 时，使用二级动力学公式要比一级好。实测资料表明（图 3-8）。不论何种情况，在 BOD 反应的开始阶段，二级反应可能更加符合实际情况。

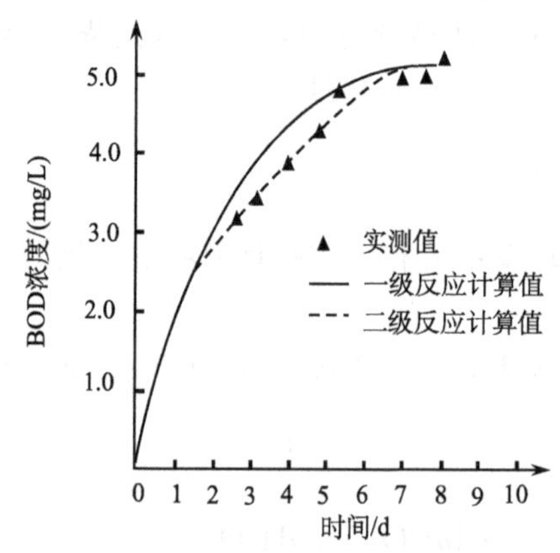

图 3-8 一级和二级 BOD 反应动力学公式计算值与实测值的比较

（二）硝化过程

在水环境中，由于特定自养细菌的作用，氨氮和亚硝酸盐氮可被氧化成硝酸盐，这种类型的氧化反应称之为硝化过程。在氨氮转化成亚硝酸盐氮的过程中，起作用的细菌是亚硝化菌；而在亚硝酸盐氮转化成硝酸盐氮的过程中，起作用的细菌称为硝化菌。两者的生物化学反应方程式分别为

$$NH_4^+ + \frac{3}{2}O_2 \xrightarrow{\text{亚硝化菌}} NO_2^- + 2H^+ + H_2O$$

$$NO_2^- + \frac{1}{2}O_2 \xrightarrow{\text{硝化菌}} NO_3^-$$

根据化学计量计算，将一个单位重量的 NH_4^+-N 氧化成 NO_3^--N 需要 4.57 个单位重量的溶解氧。但 1966 年 Montgomery 和 Borne 使用生物实验的方法指出，对于这种氧化反应只需 4.33 个单位重量的溶解氧。这主要是因为在原生质的合成过程中，在固定 CO_2 时生成了某些氧，从而减少了从溶液中消耗部分溶解氧量。其反应式为

$$4CO_2 + HCO_3^- + NH_4^+ + H_2O \longrightarrow C_5H_7NO_2 + 5O_2$$

式中，$C_5H_7NO_2$ 是原生质细胞的近似分子式。

对于由 NH_4^+-N 转化成 NO_3^--N 的反应，其动力学方程式可写成

$$-E_m \frac{dx}{dt} = \frac{dC_m}{dt} \tag{3-22}$$

$$\frac{dC_m}{dt} = k_m C_m \frac{x}{K_s + x} \tag{3-23}$$

式中，C_m 为亚硝化菌的浓度；x 是 NH_4^+-N 的浓度；E_m 为亚硝化菌的产量系数；k_m 为亚硝化菌的最大一级生长速度常数；K_s 为对应于亚硝化过程的饱和速度常数，又称为 Michaelis 常数，其值等于反应系统中细菌的生长速度等于最大生长速度一半时系统中氨氮的浓度。

对于亚硝酸盐氮转化成硝酸盐氮的过程，其反应动力学方程是

$$-\frac{dy}{dt} = \frac{dC_B}{E_B dt} + f - \frac{dx}{dt} \tag{3-24}$$

$$\frac{dC_B}{dt} = k_B C_B \frac{y}{K_s' + y} \tag{3-25}$$

式中，C_B 为硝化菌的浓度；y 是亚硝酸盐氮的浓度；x 是氨氮的浓度；E_B 是硝化菌的产量系数；f 为氧化单位重量的氨氮所产生的亚硝酸盐氮的重量数；k_B 为亚硝化菌的最大一级生长速度常数；K_s' 为对应于硝化过程的 Michaelis 常数，其物理

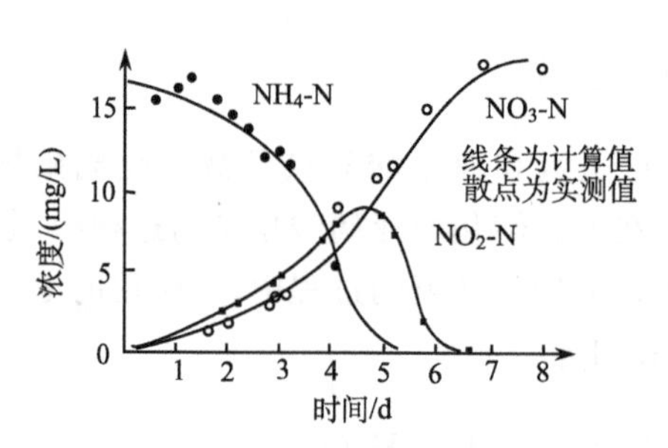

图 3-9 氨氮、亚硝酸盐氮和硝酸盐氮的计算值与实测值比较

（温度 18.8℃，$k_m=0.6\mathrm{d}^{-1}$，$k_B=2.0\mathrm{d}^{-1}$）

意义同上述 K_s。

利用式（3-24）、式（3-25）来计算 NH_4^+-N、NO_2^--N 和 NO_3^--N 的浓度随时间的变化，并和实测值进行比较，如图 3-9 所示。由图可见，在氮的转化过程中，亚硝酸盐氮是一个短暂的中间过程，这与人们在一般天然水环境中发现的亚硝酸盐氮的浓度低于氨氮和硝酸盐氮的浓度的现象是一致的。

随着城市污水二级生化处理的不断普及，在纳污水体中硝化过程对溶解氧浓度的影响就越来越严重了。这是因为经过二级生化处理的排出水中硝化菌已被驯化，在它进入天然水体之后，硝化过程很快就会发生。另外，在湖泊和池塘中，硝化过程也是一个不可忽视的因素。因此，关于硝化过程的研究，目前已引起人们很大的重视。

（三）厌氧过程

当水环境中的耗氧有机物含量超过一定限度时，从大气供给氧及从水生植物光合作用产生的氧满足不了耗氧的要求，水环境便成为缺氧状态，即厌氧状态。这时有机物开始腐败，并有气泡冒出水面（主要是 CH_4、H_2S、N_2 等气体），发出难闻的气味。在这种条件下，引起激烈的酸性发酵。其 pH 在短时间内降低到 5.0～6.0之间。在这个发酵阶段，主要是碳水化合物被分解，然后蛋白质被分解，乙酸、丙酸和酪酸等低级脂肪酸得以积累。因此，一般称这一时期为酸性发酵期。在这一发酵期过去之后，有机酸的含氮有机化合物就开始分解，并生成氨、胺、碳酸盐及少量的碳酸气、甲烷、氢、氮等气体。与此同时还产生硫化氢、吲哚、3-甲基吲哚等恶臭气味。这时在水面上看到气泡冒出，并将固体物浮起水面。

现以半胱氨酸的厌气分解为例来说明上述反应过程：

$$HSCH_2CH(NH_2)COOH \longrightarrow CH_3COCOOH + H_2S + NH_3$$

这一过程是在产酸菌的作用下发生的，它的第二阶段的反应式是

$$8CH_3COCOOH + 4H_2O \longrightarrow 14CO_2 + 7CH_4$$

这个过程是在甲烷菌的作用下，将第一阶段的可溶性产物转化成甲烷气和 CO_2 的混合物。这种过程目前已被广泛地应用于废物处理和沼气生产的工程实践中。

若用 $C_nH_aO_b$ 表示可厌氧分解的有机污染物，则其反应方程的一般形式可写成

$$C_nH_aO_b + \left(n - \frac{a}{4} - \frac{b}{2}\right)H_2O \longrightarrow \left(\frac{n}{2} - \frac{a}{8} + \frac{b}{4}\right)CO_2 + \left(\frac{n}{2} + \frac{a}{8} - \frac{b}{4}\right)CH_4$$

而其反应动力学方程是

$$\frac{dx}{dt} = \left(Y_A \frac{ds}{dt} - b\right)x$$

式中，x 是厌氧菌的浓度；s 是有机物浓度；Y_A 是产量系数；b 是厌氧菌的死亡速度常数。

上式表明厌氧菌的生长速度同有机物的减少速度与厌氧菌的死亡速度之差值成一定比例关系。有机物的减少速度可近似地表示为 Monod 方程，即

$$\frac{ds}{dt} = \frac{K_s}{K_s + s}k$$

式中，k 为有机物减少的最大速度；K_s 是 Michaelis 常数。

将以上两式合并，得

$$\frac{1}{x}\frac{dx}{dt} = \frac{Y_A K_s}{K_s + s}k - b \tag{3-26}$$

式中，$\frac{1}{x}\frac{dx}{dt}$称为厌氧菌的比生长速率，即单位时间内生长的百分数。

例如，在某一厌氧系统中，测得 $s=1000mg/L$，$k=4d^{-1}$，$K_s=100mg/L$，$b=0.04d^{-1}$，$Y_A=0.5$，则代入上式求得厌氧菌的比生长速率为 $0.14d^{-1}$。

厌氧过程的最佳温度范围是 30～37℃，所要求的 pH 范围是 6～8。

（四）反硝化过程

反硝化过程是在有机污染物含量较高的环境（如土壤或水体）中，通过微生物的作用，将 NO_3^--N 转化成 NO_2^--N，然后再转化成 N_2 的一种生物化学过程。一般来说，反硝化过程是在缺氧条件下发生的。但这里所指的缺氧条件不同于前面所讲的厌氧过程的缺氧条件，前者指的是溶解氧浓度高于零而低于 1mg/L 的缺氧条件，而厌氧过程则是指完全缺少游离氧的条件。Gulf 研究所的研究指出，甚至在 4mg/L 溶解氧的条件下还可以出现反硝化过程。这是因为在反硝化过程中，首先利用水中的溶解氧，而后才利用硝酸盐。反硝化过程的反应式可写为

$$2C_aH_bO_c + (4a + b - 2c)NO_3^- \longrightarrow (4a + b - 2c)NO_2^- + 2aCO_2 + bH_2O$$

$$2C_aH_bO_c + (4a + b - 2c)NO_3^- \longrightarrow (4a + b - 2c)N_2 + 5aCO_2 + (2a + b - 2c)H_2O + (3b - 4a + 2c)OH^-$$

将以上两式合并，写成总反应方程式为

$$40C_aH_bO_c + (12a + 9b)NO_3^- \longrightarrow 40aCO_2 + (6a + 4.5b)N_2 + (44a + 13b - 40c)$$

$$.H_2O + (14b - 88a + 80c)OH^-$$

如果用 s_1 表示 $C_aH_bO_c$ 的浓度,用 s_2 表示 NO_3^- 的浓度,则反硝化细菌的生长比速度为

$$\mu = \mu_m \frac{s_1}{K_{s1} + s_1} \cdot \frac{s_2}{K_{s2} + s_2} \tag{3-27}$$

式中,K_{s1} 是对应于 s_1 的饱和常数;K_{s2} 是对应于 s_2 的饱和常数;μ_m 是反硝化菌的最大生长比速度。

硝酸盐浓度减少的速度可写成

$$-\frac{ds_2}{dt} = \frac{\mu_m}{Y_2} \cdot \frac{s_1}{K_{s1} + s_1} \cdot \frac{s_2}{K_{s2} + s_2} \cdot X \tag{3-28}$$

式中,Y_2 是对应于 NO_3^- 的产量系数;X 是悬浮固体物的浓度。

若在某一水环境中反硝化过程占优势,以致可忽略反应过程中 s_1 的作用。则上式可简化为

$$-\frac{ds_2}{dt} = \frac{\mu_m}{Y_2} \cdot \frac{s_2}{K_{s2} + s_2} \cdot X \tag{3-29}$$

(五) 酶催化过程

上面所讲的污染物在水环境中所发生的许多生物转化过程,绝大部分都具有酶反应的特点。作为本节的总结,我们再从酶催化反应的机制来讨论这个问题。

不同的微生物,体内含有不同的生物酶。这些不同的酶具有不同的催化活性,从而造成了它们对不同的化学物质起作用。对于一般的酶反应具有如下的特性:基质(此处指污染物)转化的速度随着酶的浓度增加而增加;在酶浓度固定时,低基质浓度体系中的基质浓度是呈线性减少的;而在高基质浓度中,酶催化反应速度将趋近于一最大值或饱和值。

从过渡络合理论出发,可将酶催化反应方程写成如下的形式:

$$E + S_x \underset{k_2}{\overset{k_1}{\rightleftharpoons}} ES_x \underset{k_4}{\overset{k_3}{\rightleftharpoons}} EP_{rx} \underset{k_6}{\overset{k_5}{\rightleftharpoons}} P_{rx} + E$$

式中,E 是生物酶,在恒定条件下,其数量可认为是固定不变的;S_x 是基质;ES_x 是酶与基质形成的中间络合物;EP_{rx} 是酶与变了形的基质(即产物)的络合物,它一直保持到酶解脱时为止。

在反应的初始阶段,P_{rx} 和 E 的浓度都很低,故可忽略它们之间的再结合。这时反应产物生成的初始速度为

$$v_0 = \frac{dP_{rx}}{dt} = k_0[EP_{rx}] \tag{3-30}$$

在反应经历了 t 时间后,酶和基质的浓度分别为 $[E]$ 和 $[S_x]$,而它们的初始浓

度分别为$[E]_0$和$[S_x]_0$。因此有如下的关系式：

$$[E]=[E]_0-[EP_{rx}]$$
$$[S_x]=[S_x]_0-[EP_{rx}]$$

在通常的试验条件下，往往是$[S_x]_0 \gg [E]_0$。所以可认为$[S_x]_0 \gg [EP_{rx}]$或$[S_x] \approx [S_x]_0$。

如果我们把酶反应的某些中间过程省去，则其反应方程式可写成

$$E+S_x \underset{k_2}{\overset{k_1}{\rightleftharpoons}} EP_{rx} \underset{k_6}{\overset{k_5}{\rightleftharpoons}} P_{rx}+E$$

因而其平衡常数K_s为

$$K_s=\frac{[E][S_x]}{[EP_{rx}]}=\frac{\{[E]_0-[EP_{rx}]\}[S_x]}{[EP_{rx}]} \tag{3-31}$$

从上式中解出$[EP_{rx}]$，得

$$[EP_{rx}]=\frac{[E]_0[S_x]}{K_s+[S_x]} \tag{3-32}$$

再将式(3-32)代入式(3-30)，则有

$$v_0=\frac{dP_{rx}}{dt}=\frac{k_0[E]_0[S_x]}{K_s+[S_x]} \tag{3-33}$$

这就是前面多次提到的有名的 Michaelis 酶反应动力学模式。

1925 年 Briggs 和 Haldane 曾将稳定态的假设近似地应用于酶-基质络合物。此时有如下表达式：

$$\frac{d[EP_{rx}]}{dt}=0=k_1[E][S_x]-k_6[EP_{rx}]-k_5[EP_{rx}]$$
$$=k_1\{[E]_0-[EP_{rx}]\}[S_x]-(k_5+k_6)[EP_{rx}]$$

解上式则有

$$[EP_x]=\frac{k_1[E]_0[S_x]}{k_1[S_x]+k_5+k_6} \tag{3-34}$$

将式(3-34)代入式(3-30)，则有

$$\begin{aligned} v_0&=\frac{dP_{rx}}{dt}=k_s[EP_{rx}] \\ &=\frac{k_1k_5[E]_0[S_x]}{k_1[S_x]+k_5+k_6}=\frac{k_5[E]_0[S_x]}{k_m+[S_x]} \end{aligned} \tag{3-35}$$

式中，$k_m=\frac{k_5+k_6}{k_1}$，称为 Michaelis 常数。将这里的k_m与式(3-33)中的K_s相比较可知，k_m一般并不等于K_s，只有当$k_6 \gg k_5$时，才会有$k_m \approx \frac{k_6}{k_1}=K_s$

令 $v_m = k_5[E]_0$,称为最大速率,则式(3-33)又可写为

$$v_0 = \frac{v_m[S_x]}{k_m + [S_x]} \tag{3-36}$$

在上式中,可以看出,当 $k_m \gg [S_x]$,即基质浓度很低时,有

$$v_0 = \frac{v_m}{k_m}[S_x] \tag{3-37}$$

这时就成为一级反应动力学公式。而当基质浓度很高,即 $[S_x] \gg k_m$ 时,式(3-36)又变为

$$v_0 = v_m \tag{3-38}$$

这时反应就成为零级反应。

化学物质在生物酶催化下的反应往往会受到某些物质的抑制作用。这种抑制作用一般分为两种类型:竞争抑制和非竞争抑制。

类似于基质的某一分子,由于它在结构上与基质相似,所以可以占据反应生物酶的催化活性位置,这样就妨碍了基质的催化反应,这种抑制称为竞争抑制。一般来说,竞争抑制是可逆地束缚在活性位置上的。这种抑制作用可以通过稀释抑制剂或用过量基质洗反应系统来消除,抑制竞争的酶催化反应可用如下形式表示:

$$\begin{array}{l} E + S_x \rightleftharpoons ES_x \rightleftharpoons E + P \\ + \\ I \\ k_1 \Big\Updownarrow \\ EI \end{array}$$

式中,ES 是酶与基质形成的中间络合物;EI 是酶与抑制剂形成的络合物,为非活泼形式。此时,抑制剂与基质在酶的同一活性位置上竞争。在这种情况下,式(3-36)将变为

$$v_0 = \frac{v_m}{[1 + (k_m/[S_x])][1 + ([I]/k_1)]} \tag{3-39}$$

式中,$k_1 = \frac{[E] \cdot [I]}{[EI]}$,若将式(3-36)和式(3-39)绘在以$\frac{1}{v_0}$为纵坐标,以$\frac{1}{S_x}$为横坐标的坐标系统中(图 3-10)。则可以发现,存在抑制剂和不存在抑制的主要区别是:前者的斜率比后者的斜率增加 $1 + \frac{[I]}{k_1}$倍;而两者的截距则是完全相同的。

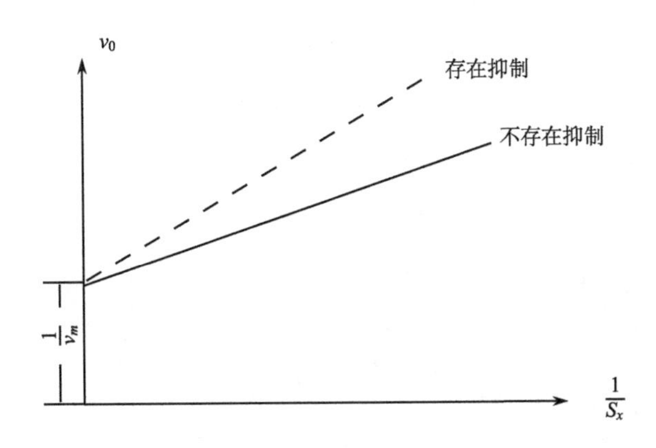

图 3-10　存在竞争抑制和不存在竞争抑制时酶催化反应动力学的比较

非竞争抑制是不可逆抑制,它不能通过大量的基质来克服。在这种抑制过程中,对活性位置的占据是永久的。这时可导得

$$v_0 = \frac{v_m[S_x]}{(v_m + [S_x])[1 + ([I]/k_1)]} \tag{3-40}$$

将式(3-40)与式(3-39)比较可以发现,非竞争抑制与无抑制的区别不仅在于斜率上,而且在于截距上(图 3-11)。

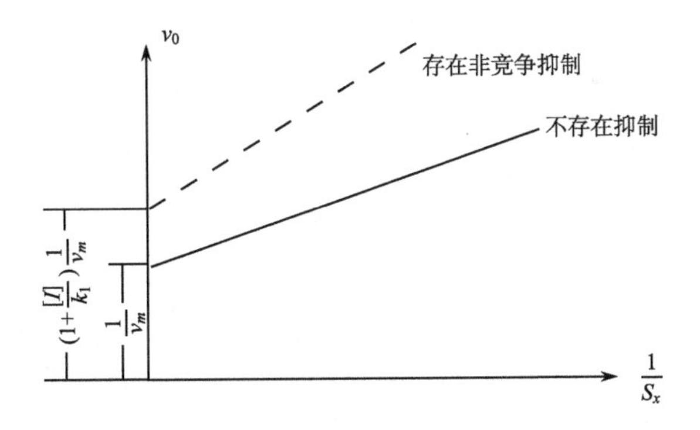

图 3-11　有非竞争抑制与无抑制的比较

第二篇　变化环境下的水文情势

第四章　城市化与水文情势

城市是一个国家、一个地区政治、经济、文化、科技、交通的中心，也是人类活动集中区域，属于高强度人类活动区。城市化的定义是“人类生产与生活方式由农村型向城市型转化的历史过程，主要表现为农村人口转化为城市人口及城市不断发展完善的过程。”城市化是区域社会经济发展到一定阶段的必然产物，也是人类社会发展的必然趋势。城市化进程促进了工业化，增强了人类改造自然的能力，提高了对物质和能量的利用效率，节约了空间和时间，给人类带来了巨大的效益。但同时又带来住房困难、交通拥挤、环境污染等问题。也包括许多水文问题，如城市所需的符合水质标准的水资源问题、城市防洪问题、城市废水处理对当地河道水质的影响问题等。因此，加强城市化及其影响的研究具有重要的现实意义。

第一节　城市化的水文效应

城市水文效应是指城市化所及地区内，水文过程的变化及其对城市环境的影响。

城市化是促使自然环境变化的最强大因素之一，城市化的过程，增进了人类社会与周围环境之间的相互作用过程。城市化的水文效应，可由图 4-1 表示。

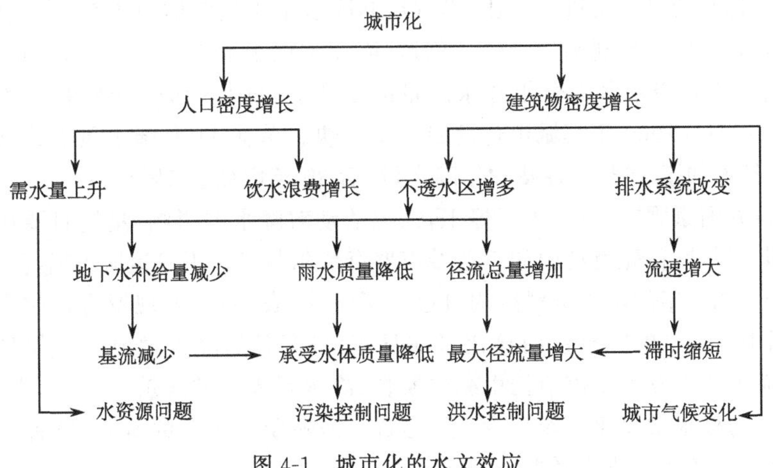

图 4-1　城市化的水文效应

一、城市化对水循环及水文过程的影响

（一）对降雨的影响

城市规模的不断扩大，在一定程度上改变了城市地区的局部气候条件，又进一步影响城市的降水条件。在城市建设过程中，地表的改变使其上的辐射平衡发生了变化，空气动力糙率的改变影响了空气的运动。工业和民用供热、制冷以及汽车增加了大气的热量，而且燃烧把水汽连同各种各样的化学物质送入大气层中。建筑物能够引起机械湍流，城市作为热源也导致热湍流。因此城市建筑物对空气运动能产生相当大的影响。一般来说，强风在市区减弱，而微风可得到加强，城市与郊区相比很少有无风的时候。而城市上空形成的凝结核、热湍流以及机械湍流可以影响当地的云量和降雨量。

1984～1988 年，上海市水文总站对上海老市区 149km^2 内设置的 13 个雨量点和原有分布在郊区的 55 个雨量站进行平行观测，研究城市化对上海市区降雨影响的程度和范围。其研究结论包括：①市区降雨量大于近郊雨量，平均增雨量为 6%；②市区和其下风向的降水强度要比郊区大；③降水时空分布趋势明显，降水以市区为中心向外依次减小；④城市化对不同量级降水雨日发生频率具有影响：城市化后会使暴雨雨日增多，由于大暴雨、特大暴雨时，城市化影响相对较弱，当雨量达到暴雨级后，市区雨日不再增加。

对其他一些城市降水影响的分析研究，也得出类似的结论，即城市化后比邻近的郊区降水量有所增加，甚至城区的工作日比周末的降水也有所增加。例如，美国爱德华兹维尔对先期 1910～1940 年未经城市化时的降水量和后期 1941～1970 年已经城市化时的降水量进行对比，发现后期降水量比先期增加 4.25%。特拉维夫市附近有 8 个能长期观测记录的气象站，因该市位于地中海气候区，每年从 11 月开始降水，11 月降水量占全年降水总量的 12%。1901～1930 年特拉维夫尚未城市化，而 1931～1960 年其城市化发展速度甚快。单就 11 月降水量而论，后 30 年比前 30 年增加了 16%。各站的年降水量，后 30 年增加了 5%～17%。

在西方国家周末休息，工厂停工，人类活动对降水的影响，星期日要比工作日小。阿斯瓦尔斯首先就英国的工业城市罗奇代尔与工业不发达城市斯托里赫尔斯特 1918～1927 年的降水资料按周日进行了统计(表 4-1)，发现罗奇代尔因工业发达，一周中工作日的降水量明显比星期日多，星期日的降水量要比工作日平均少 13%。而工业不发达城市斯托里赫尔斯特，降水量周日差异就不明显，由表可见，其星期日的降水量仅比工作日少 6%左右。据阿斯瓦尔斯的研究，这种差值又因季节而变化，冬季差值比夏季大。

表 4-1　英国两城市降水量的周变化(mm)

城市	星期日	星期一	星期二	星期三	星期四	星期五	星期六	记录年份
罗奇代尔(工业发达城市)	153.92	211.07	173.23	180.85	173.74	164.85	178.05	1918～1927
斯托里赫尔斯特(工业不发达城市)	169.16	206.25	173.23	201.68	171.70	159.77	181.61	1918～1927

影响城市降水形成过程的物理机理包括以下 3 个方面：

1. 城市热岛效应

大气污染导致城市空气中，较高浓度的 CO_2 等气体和烟雾在夜间阻碍并吸收地面的长波辐射，加上城市的特殊下垫面具有较高的热传导率和热容量，以及大量的人工热源，使得城市的气温明显高于附近郊区(表 4-2)。这种温度的差异被称之为“城市热岛效应”。由于有热岛效应，城市空气层结构不稳定，有利于产生热力对流，当城市中水汽充足时，容易形成对流云和对流性降水。

表 4-2　城市与郊区的气温差别

城　　市	冰冻日数(0℃以下)		降霜日数(气温接近 0℃)		酷暑日数(气温 25℃以上)	
	市内	郊区	市内	郊区	市内	郊区
柏林(1889～1900 年)	27	29	81	100	35	29
慕城(1923～1930 年)	26	27	88	119	30	34
纽伦堡(1922～1931 年)	23	24	93	108	39	37
科伦(1912～1931 年)	4.5	4.9	19	29		
贝斯尔(1928～1938 年)			63.5	84.6	43.7	69.5

哈勒克和兰兹葆曾对华盛顿市由热岛引起的阵雨作过研究。例如，有一天只有华盛顿市区从孤立的雷雨云中降下 25mm 的阵雨，但从气象台的预报中，并未提出降雨的预报。当天风速很小，露点高，城市热岛强度约在 2℃。热岛中心的上升气流使当地先形成积云，然后逐渐转变为浓积云和积雨云，并形成阵雨。这次阵雨主要是由热岛推动作用形成的。

2. 城市阻碍效应

城市因有高低不一的建筑物，其粗糙度比附近郊区平原地区大，这不仅引起湍流，而且对稳定滞缓的降水系统如静止锋、静止切变、缓进冷锋等有阻碍效应，使其移动速度减慢，在城区滞留时间加长，因而导致城区的降水强度增大，降水历时延长。

早在 1940 年，贝尔格(Belger)就对柏林城市阻碍效应对降水的影响作过比较深入的分析。他指出，当冷锋通过柏林地区时产生减速效应。例如，1931 年 7 月 7

日有一冷锋经过柏林，本来冷锋移进速度为 30km/h，可是到了柏林城区减速为 13.3km/h，并且使锋面产生变形。由于冷锋移动速度减慢，使得城区降水量比郊区大。贝尔格还举了另外两次冷锋过境时，在柏林城区出现了冷锋减速情况的例子。有一次城区降水持续时间为 64min，降水量为 18.3mm，而郊区降水持续时间仅 48min，降水量为 5.8mm，前者降水强度为 0.28mm/min，后者为 0.12mm/min。另一次是 1934 年 4 月 29 日，除了冷锋在城区移动减速外，再加上城市热岛效应，致使城区这次雷暴雨的雨量特别大，竟占到该地全年降水总量的 1/6。

3. *城市凝结核效应*

城市空气中的凝结核比郊区多，这是众所周知的。至于这些凝结核对降水的形成起什么作用，是一个有争议的问题。普诗俄(Pueschel)等对美国洛杉矶炼油厂喷出的废气污染及其对气候的影响进行了研究。他们指出：这些炼油厂排出的废气污染物中有两种物质对降水有明显影响，一种是硝酸盐类，另一种是硫酸盐类，前者粒子比后者大，善于吸收水汽。硝酸盐颗粒半径一般大于 1μm，如果这种微粒多，云层又足够厚的话，则有利于降水的形成。相反，硫酸盐的粒径小于 0.1μm，这种微粒多，有利于云的胶性稳定，不利于降水的形成。

城市化影响降水的机制，以城市热岛效应和城市阻碍效应最为重要。至于城市空气中凝结核丰富对降水的影响，一般认为有促进降水增多的作用。城市降水量增多，很可能是这三者共同作用的结果。

（二）对河流水文过程的影响

由于城市的兴建和发展，大面积的天然植被和土壤被街道、工厂、住宅等建筑物所代替，不透水面积增加，下垫面的滞水性、渗透性、热力状况发生了变化。城市降水后，由于下渗量、蒸发量减小，增加了有效雨量，使地表径流增加，径流系数增大。据研究，北京市郊区大雨的径流系数小于 0.2，而城区大雨径流系数一般为 0.4～0.5，成都市区地表径流系数高达 0.75～0.85，表明地面径流量明显增大。城市化对河道进行改造和治理，如截弯取直，疏浚整治，布设边沟及下水道系统，由此增加了河道汇流的水力效应，汇流速度增大，汇流时间缩短，加上天然河道的调蓄能力减小，使得城区内产汇流过程发生变化，进而导致雨洪径流、洪峰流量增大、峰现时间提前、行洪历时缩短、洪水总量增加、洪水过程线呈现峰高坡陡。据 Espey 等的研究，城市化地区洪峰流量为城市化前的 3 倍，涨峰历时缩短 1/3，暴雨径流量的洪峰流量为城市化前的 2～4 倍，这取决于河道的整治情况和城市的不透水面积的比重及排水设施等。城市化后，由于河漫滩被挤占，河槽过水断面减小，行洪能力削弱，易产生洪灾。如自 20 世纪 60 年代以来，成都市的城市建设迅猛，使城区原有的护城河、金河及 100 余个池塘水域全部消失，加上人为护堤占地使锦江、府河河面大为缩小，多数河段水面宽仅 30～50m，最宽处不到 100m，削减了河道的行洪能力，城区内不透水面积不断增大，使地表下渗率减小，滞洪、蓄洪能力下降，常造成洪涝灾害。据估计，盲目地利用河滩地和不断扩大不透水面积，百年一遇的洪水可成倍增加。

二、城市化带来的水资源危机

（一）用水量剧增，造成水资源短缺

随着城市化的进程，城市规模越来越大，城市人口增长，工业迅速发展，城市需水量急剧增加。城市居民生活用水随着人口增长，生活方式、卫生要求、经济条件的改变，居民用水量将成倍增长。2000 年我国城市化率达到了 36.09%（源于中国百姓蓝皮书），城镇人口按 4.5 亿人计算，每人每日用水量按 150L 计算，用水量约为 247 亿 m^3/a。我国城镇各年生活需水量增长情况（表 4-3）。

表 4-3　我国城镇生活用水量增长状况

增长量	1949 年	1957 年	1965 年	1980 年	1985 年	1987 年	1990 年	2000 年
城市人口/万人	5 765	9 949	13 045	18 495	21 900	23 400	25 600	45 000
生活用水/亿 m^3	6.3	14.2	18.2	49.0	64.0	69.0	84.0	247
年递增率/%	10.6	3.2	6.8	5.5	3.8	6.8	7.2	11.3

资料来源：刘昌明、何希吾，我国 21 世纪上半叶水资源需求分析。

城市工业用水的增长率与工业产值的增长有一定的关系。目前世界各国工业用水的增长情况不尽相同，美、俄、法等国工业用水量约占全部总用水量的 30%～50%，我国目前工业用水量占总用水量的 20.7%（表 4-4）。

表 4-4　中国工业产值和取用水量增长状况

增长量	1985 年	1990 年	1993 年	1995 年
工业产值年增长率/%	9.7	8.7	17.2	11.7
工业产值（1990 年不变价）/亿元	15 747	23 924	38 560	48 137
工业用水量/$10^3 m^3$	743	800	925	1 030
工业用水年增长率/%	10.2	1.5	5.0	5.5
万元产值耗水量/m^3	472	334	240	214

资料来源：刘昌明、何希吾，我国 21 世纪上半叶水资源需求分析。

居民生活用水及工业用水的大量增加，使得许多地区城市供水日趋紧张，并导致了水荒。据 1991 年对我国 434 个城市的调查发现，已经引用外来水后仍严重缺水的城市有 40 个，约占 10%；一般缺水的为 188 个，约占 43%；沿海 14 个开放城市中，有 8 个城市缺水，占 57%以上。北方缺水地区分布有不少大中城市、工矿企

业和能源基地,供需矛盾十分突出。目前我国地表水利用率已达 43%~68%,地下水开发程度已达 40%~84%,许多城市超量开采地下水,使得地下水位下降,地下水资源日趋枯竭,不仅加深了水资源危机,而且使地面沉降漏斗面积不断扩大,造成地面沉降、建筑物倾斜、倒塌、沉陷、地下管道破裂、海水倒灌等恶果。如成都市近年来由于人口剧增,工业不断发展,城市用水量增加,造成水资源紧张,供应不足,便过量开采地下水,从而引起地下水位不断下降,在降落漏斗中心处降深达到 10~15m,导致地面下陷,建筑物开裂。

(二) 城市用水不合理,浪费大

伴随着城市的发展,工业生产规模越来越大,工业需水量增加,浪费亦十分严重。我国工业用水与国外同行业、同类产品相比较,普遍存在产品单位耗水量高、排污量大、水的重复利用率低、用水工艺落后、废污水处理率低等状况。例如,我国造 1t 纸平均排水 400~600t,国外先进水平的排水量仅为 50~200t,二者相差几倍甚至十几倍。我国工业用水循环利用率较低,平均仅为 20%。城市居民生活用水量大,重复利用率低,供水设施造成的冒、滴、漏水损失量也很大,加上人为浪费现象普遍存在,使得水资源更加紧缺。

三、城市化对水环境的影响

城市居民生活废水中所含污染物较多,其中有悬浮物、有机物、无机物、微生物等;工业废水中包括有生产废料、残渣以及部分原料、半成品、副产品,所含污染物种类繁多。这些未经处理或处理不充分的废污水排入流经城市的河流,以及工业废气向大气排放,其中所含的 SO_2、NO_x 等气体形成酸雨下降到地表水体,造成水体污染,水质恶化。目前我国每日排放的废污水量有 1 亿 t 以上,主要是城市工业废水、生活污水(工业废水量与生活污水量的比例,因工业化程度而异,工业化高的城市达 9∶1)。其中有 80%以上未经处理就直接排入水域,造成全国 1/3 以上河流被污染,70%以上城市水域污染严重,尤其在枯水季节,河川基流量减小,河流的稀释能力削弱,水质更差。全国近 50%的重点城市水源地不符合饮用水标准,降低了城市的供水能力。南方城市因水污染所导致的缺水量占这些城市总缺水量的 50%~70%,北方和沿海城市缺水更为严重。我国城市污水总量以每年 6.6%的速度递增,其中,生活污水排放量增长更快。长此以往,随着城市污水排放量的递增,再加上生活、工业垃圾直接倾倒入河,或其中污染物随降雨径流进入水体,污染就更加严重,不但影响了供水水源,还加剧了水资源危机。受污染水域的水质变坏后,水中的鱼虾不能生存,危及城市生态环境。如在 20 世纪 60 年代,珠江三角洲河网区的水质优良,水生生物丰富多样,然而随着经济的发展,城市化水平的不断提高,河网区的水质不断恶化,1999 年的统计表明,珠江三角洲年排污量达到 29.7

亿 t。排污口众多的广州市，河道水质受到工业废水、生活污水的严重污染，水质常年达Ⅳ～Ⅴ类。

第二节　城市洪涝灾害及防洪排涝计算

我国有许多城市地处江河之畔，尤其是在大江大河的下游地区分布更为密集。从历史上看，城市经常遭受到洪涝灾害的威胁和侵害。为更好的防御洪涝灾害，减轻灾害损失，有必要对城市洪涝灾害进行研究。

一、城市洪涝灾害的类型及其特点

（一）城市洪灾的类型及特点

根据城市所处的不同自然地理条件，可将城市洪灾的发生划分为以下 3 种类型：

1. 行洪型

这类洪灾往往发生在山区丘陵地带的城镇，根据洪水来源又可分为两类：

1）山洪爆发型。这类洪灾主要发生在山势陡峭、地形坡度较大的山区城镇，往往具有突发性、不可控制性和短历时性等特点，洪灾的破坏性很强。

2）水库泄洪型。这类洪灾主要发生在位于水库下游的城市，若水库水位因汛期出现高强度暴雨而持续上涨，为了保证水库大坝的安全，水库大量泄洪，当泄洪量超过下游城市河道的正常排洪能力时，即容易导致下游城镇受灾。由于水库泄洪很大程度上受人为控制，因此这类洪灾具有可控制性、可预报性及可防性等特点，其洪灾发生历时虽短，但破坏性很大。

2. 破圩型

这类洪灾主要发生在沿江、沿湖一带的圩区城镇，洪水破圩后具有一次性、破坏性和持续时间长等特点。

3. 漫堤型

这类洪灾多分布于河网地区，因汛期洪水漫出河堤而使城镇受灾，此类洪灾往往具有多发性、断续性等特点。

（二）城市涝灾的类型及特点

因城市下水道系统、泵站抽排水系统等的泄洪排涝能力不足或设施不健全等，使得城区雨水径流无法迅速排除，导致城市内部积水成灾，称之为城市涝灾。由暴雨引起的城市地面积水是一种常见的城市涝灾，它直接导致市区交通中断、工厂停工、房屋进水等，严重影响了城市的正常秩序。因此，城市涝灾相对洪灾来讲，虽然破坏力相对较小，但因其发生的频率较高，同样会带来严重危害。

根据城市受涝区域的分布特点，一般又可将城市涝灾分为以下3种类型：

1）点状形涝灾。城市受涝灾区域呈点状分布，积水区具有范围不大，积水不深但治理分散的特点。

2）片状形涝灾。城市积水点连接成片或大范围积水，均为片状涝灾。一般情况下，这种涝灾是由于城市泵站抽排水系统的排涝能力不足或设施的不健全所致。

3）线状形涝灾。线状形涝灾主要是指由于汛期普降大暴雨，城镇周围地区的河湖出现高水位，且居高不下，对沿河、沿湖城镇形成排水顶托，造成沿河两岸积水成灾。这类涝灾主要集中在河道沿岸，成线状分布。

二、城市洪涝灾害的原因

城市洪涝灾害的原因是多方面的，往往是自然因素和人为因素的组合，主要表现在：

1）从客观上看，城市洪涝灾害的发生主要受气象、地形及河流水文情势等自然因素的制约，这种自然因素和自然现象目前不可能完全被控制。

2）从主观上看，城市化不断发展，城市规模在不断扩大，但城区防洪工程设计不完善、不配套，低标准的穿堤建筑物较多，工程老化，年久失修。有些城市堤防多为砂基砂堤，安全隐患多，防洪标准不高；城市防洪规划是城市发展规划的重要组成部分，是进行城市防洪工程建设的重要依据，然而多数城市的防洪建设没有稳定的资金来源，致使已制定的城市防洪规划不能尽快实施，大部分防洪设施建设进展缓慢；部分城市排水系统老化，排水明沟(渠)、桥涵建筑物阻水严重，市区排水暗管淤积严重，缺少抽排设施，排涝标准低，尤其是在一些开发区，排水设施满足不了城市发展的需要，致使区内涝水无出路；城市建设填塞大量区内池塘、洼地，减少了对洪水的调蓄能力；水土流失或向河道内倾倒生活垃圾，造成市区内河床淤积，减少了泄洪能力；无序的基础设施建设，加强了城市洪水的强度，损害了防洪保障地区的安全，部分城市过量开采地下水，煤矿区开采煤矿等引起地面下沉，降低城市防洪标准；此外，对城市气象水文研究不足，预警预报系统建设缓慢，城市防洪预案中对城市洪涝灾害的成因研究不深入，制定的减灾措施单一，针对性不强，可操作性较差，实施起来更有问题。

三、城市防洪设计计算

（一）我国城市防洪标准

在我国颁布实施的《防洪标准》(GB50201—94)中规定，城市等级和防洪标准依据城市的重要性来划定，其重要性主要又以非农业人口来划分，共分为四等，见表4-5。

表 4-5　城市防护对象的等别和防洪标准

项目	防护对象的等别			
	Ⅰ	Ⅱ	Ⅲ	Ⅳ
重要性	特别重要城市	重要城市	中等城市	一般城市
非农业人口/万人	≥150	150～50	50～20	≤20
防洪标准(重现期)/a	≥200	200～100	100～50	50～20

从表 4-5 中可知,城市防洪标准与保护人口多寡有关,而城市由于河流和地形的特点,往往可以分区设防,分区设防的保护人口就会小于城市的总人口。对于可以分区设防的城市,规范允许可以选用不同的防洪标准。这样,就存在整个城市防洪标准是按分区设防考虑还是整体考虑的问题:如果按分区设防往往会降低整个城市的设防标准,若按整体保护人口考虑则又提高了可以分区设防的设防标准。因此,防洪标准的选择具有很大的灵活性,需要权衡各方面因素,因地制宜,综合考虑,选择适合当地实际情况的防洪标准。

(二) 暴雨洪水计算

城镇防洪工程设计的主要依据是一定频率的洪峰流量。在城市地区,目前广泛使用的是通过暴雨资料来间接推求洪峰流量。以下分别对暴雨、洪峰流量的计算作简单介绍。

1. 暴雨

一般来说,将 24h 降雨量超过 50mm 或 1h 降雨量超过 16mm 的降水称为暴雨。

根据降雨历时的长短可将暴雨分为长历时暴雨和短历时暴雨两类。当暴雨历时大于 24h 时,称为长历时暴雨。这类暴雨常形成大洪水。短历时暴雨是指 24h 以内的任何时段暴雨。短历时暴雨的特点是短而猛,降雨量大,平均强度大,城镇防洪常以这类暴雨作为工程设计的基础资料。

1) 暴雨强度。单位时间内的降雨量称为暴雨强度,通常以 i 表示,一般常见的计算公式有

$$i = \frac{s}{(t+b)^n} \quad \begin{cases} \text{当 } n = 1 \text{ 时}, i = \dfrac{s}{t+b} \\ \text{当 } b = 0 \text{ 时}, i = \dfrac{s}{t^n} \end{cases} \tag{4-1}$$

式中,i 是暴雨强度(mm/min)或(mm/h);t 是降雨历时(min)或(h);n 是暴雨衰减系数;b 是地方常数;s 习惯上称为“雨力”(mm/h)或(mm/min)。

2）设计暴雨。也称为设计暴雨量，是指以某一频率为标准的暴雨量。设计暴雨量的计算公式如下：

$$H_p = S_p \mu^{1-n} \tag{4-2}$$

式中，H_p 是频率为 p 的设计暴雨(mm)；μ 为暴雨递减指数；S_p 为设计雨力(mm/h)，指降雨历时为 1h 以内，以某一频率 p 为标准的暴雨量，$S_p = A + B\lg T$，其中 A、B 为地区参数，可在水利工程的全国或地区等值线图上查得，T 为重现期。

2. 洪峰流量

小汇流面积洪峰流量的计算常采用两种方法：经验公式法和推理公式法。

1）经验公式的一般形式为

$$Q = kF^m \tag{4-3}$$

式中，Q 为洪峰流量(m^3/s)；k 为经验参数，亦称为流量模数；F 为流域面积(km^2)；m 为经验指数，亦称面积指数。

根据上述公式的基本形式，先制定出适合本地区或本省的公式，然后再将它用于本地区缺乏资料的区域，因此称之为地区经验公式。

2）使用推理公式计算洪峰流量是基于两个假定：一是降雨强度在汇流历时内均匀不变；二是汇流面积按线性增长。这两个假定简化了计算过程。

推理公式经过不断的发展已形成了多种形式。在城镇小汇流面积计算中广泛采用的是由铁道部第一设计院、中国科学院地理研究所和铁道部科学研究院西南研究所 3 个单位合力研发的小流域洪峰流量计算公式，其形式为

$$Q_p = 0.278\varphi \frac{S_p P}{t_Q^n} F \tag{4-4}$$

式中，Q_p 为设计洪峰流量(m^3/s)；φ 为径流系数；P 为造峰面积系数；t_Q 为造峰历时(h)，$t_Q = P_1 \tau$；P_1 为造峰历时系数，τ 为汇流历时(h)。

这一公式在推导过程中对汇水面积采用了实际地形参数，因而要比其他采用概化流域地形的推理公式更符合实际。该公式中各系数已有编制好的各种图表供计算查取(详细介绍请参考城市水文学专门书籍)，尤其适用于研究不充分或基本没有研究过的地区。

四、城市雨洪模型

近年来，国外研制了许多水文模型，著名的有 SWMM、STROM、UCURM、IIUDAS 等。这些模型能较好地模拟城市雨水径流过程，为排水系统规划、设计和管理发挥了很大的作用，但各自的优势又不太相同。

美国环保局的暴雨径流管理模型 SWMM(storm water management model)，可以模拟完整的城市降雨径流和污染物运动过程。SWMM 包括若干个计算模块

(图 4-2),各模块具有各自不同的功能,既可单独使用,又可共同运用,因此,比较灵活,便于求解多目标的城市雨洪问题。与其他模型相比,SWMM 既可用于规划阶段也可用于分析设计阶段。在模拟具有复杂下垫面条件的城市地区时,模型将流域离散成多个子流域,根据各个子流域的地表性质,逐个模拟,这样可以很方便地解决多特征的城市流域雨洪模拟问题,为模型在大型城市化地区的应用打下基础。SWMM 不仅可以用于单次事件的模拟,还具有连续模拟的功能,这对城市排水设计具有重要的意义。

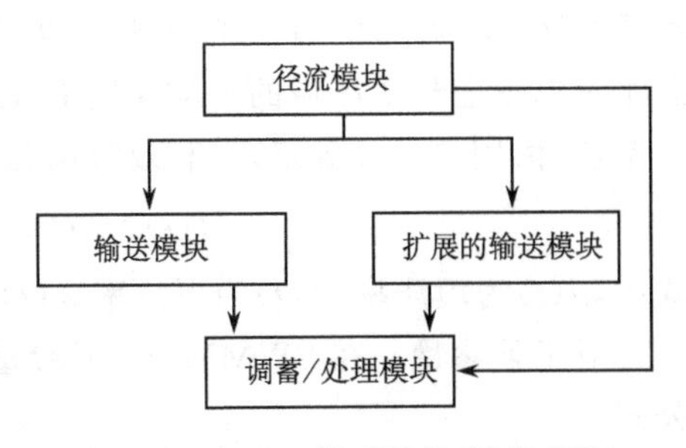

图 4-2　SWMM 模型结构(计算模块)

将美国环保局设计的 SWMM 雨洪模型用于深圳市罗湖小区的实例:

1) 在具备罗湖小区雨洪及流域排水体系详尽资料的前提条件下,首先检验 SWMM 的适用性和确定其中有关的参数(表 4-6)。根据试验区下垫面情况,将罗湖小区按照区内 5 个雨量站的控制范围和管道布设状况,分为 5 个子流域。各子流域的水先汇入到该子流域内的主下水道,由泵站抽排入下游下水道或明渠中,最终到达出口断面罗雨水闸。由于各子流域的计算结果与单个小区流域相近,因此本次模拟计算时采用单个小区流域进行计算,其降雨资料分别采用 990822 暴雨和 990916 暴雨的降雨过程。

表 4-6　罗湖小区地表特性参数

子流域个数	子流域面积/hm²	子流域宽度/m	不透水面积百分比/%	坡度
1	629	3 500	75	
不透水地表糙率	透水地表糙率	不透水区域蓄量/mm	透水区域洼蓄量/mm	0.006
0.014	0.38	0.38	1.62	

2) 净雨推求。SWMM 通常按照下垫面性质把流域划分为 3 类:不透水地表,有洼蓄的不透水地表和透水地表。净雨的推求对不同的地表采用不同的方法:①对于不透水地表,其净雨量就等于降落在该地表上的降雨量;②对于有洼蓄的不透水地表,净雨量等于在降雨量中扣除降雨过程中的填洼量;③对于透水地表,不但要扣除填洼量,还要扣除因下渗引起的初损。上述后两种不同下垫面情况下净雨的推求要分别考虑填洼量和下渗量。

对于填洼量。如果降雨强度超过土壤的下渗率,雨水就会开始填充坑洼。在不透水区,下渗率 $f=0$,从降雨开始就填充坑洼。在 SWMM 中,每个区域的填洼总水量以覆盖整个区域的平均深度 D 表示。在运用模型计算时,通常假定 D 为一个常数(由用户自己确定)。有效降雨强度 $I(t)$ 为

$$I(t)=r(t)-f(t)-d(t) \tag{4-5}$$

式中,$d(t)$ 为填洼率;$f(t)$ 为下渗率;$r(t)$ 为降雨强度。

对于下渗量。在 SWMM 中,下渗量的计算采用 Horton 公式和 Green-Ampt 公式。

3) 地表径流和较小排水管流量演算采用非线性水库公式,联立曼宁方程和连续方程进行求解。

连续方程:

$$\frac{\mathrm{d}v}{\mathrm{d}t}=A\frac{\mathrm{d}d}{\mathrm{d}t}=A\cdot i^{*}-Q \tag{4-6}$$

曼宁方程:

$$Q=W\frac{1.49}{n}(d-d_{p})^{\frac{5}{3}}S^{\frac{1}{2}} \tag{4-7}$$

式中,$v=A\cdot d$,为地表积水量(m^3);d 为水深(m);t 为时间(s);A 为地表面积(m^2);i^{*} 为净雨(m/s);Q 为出流量(m^3/s);W 为子流域宽度(m);n 为曼宁糙率系数;d_p 为地面滞蓄水深(mm);S 为子流域坡度。

在程序中,为了得出未知量 d,求解上面的方程组,得到一非线性微分方程:

$$\begin{aligned}\frac{\mathrm{d}d}{\mathrm{d}t}&=i^{*}-\frac{1.49W}{A\cdot n}(d-d_{p})^{\frac{5}{3}}S^{\frac{1}{2}}\\&=i^{*}+\mathrm{WCON}(d-d_{p})^{\frac{5}{3}}\end{aligned} \tag{4-8}$$

将宽度、坡度和糙率合并成一个参数 WCON,称为流量演算参数。

对于每一个时间步长,用有限差分法求解式(4-8)。为此,方程右边的净入流量和出流量为时段的平均值,以脚标 1 和 2 分别表示一个时段(Δt)水深的初始值和终止值。方程(4-8)变为

$$\frac{d_{2}-d_{1}}{\Delta t}=i^{*}+\mathrm{WCON}\cdot\left[d_{1}+\frac{1}{2}(d_{2}-d_{1})-d_{p}\right]^{\frac{5}{3}} \tag{4-9}$$

采用 Newton-Raphson 迭代法解,得到 d_2。可由式(4-7)求得 Δt 末的瞬时出流。

以上是透水地表的情况,对于不透水地表的求解方法类似,对于有地面滞蓄的不透水地表计算净雨时应取下渗为零,对于无地面滞蓄的不透水地表,取下渗和地表滞蓄水深均为零。

4) 沟渠或排水管流量演算采用运动波和复杂的圣维南方程组进行求解。结点处的水位和流量,可联立贝努利方程和连续方程进行求解。

5) 把子流域集总为一个流域后,重新对流域的地表特性参数进行确定。在此基础上,运用模型进行模拟计算,得到在流域集总情况下两场降雨过程的峰值、径流总量。表 4-7 和表 4-8 是集总前后的计算成果对比。

表 4-7　罗湖小区子流域集总前后径流总量计算成果对比

降雨日期/(年-月-日)	计算径流总量/m³		实测径流总量/m³	相对误差/%	
	一个子流域	五个子流域		一个子流域	五个子流域
1997-08-02	8.91×10^5	9.02×10^5	9.12×10^5	−1.1	−2.3
1998-05-24	5.1×10^5	5.07×10^5	5.26×10^5	−3.04	−3.61

表 4-8　罗湖小区子流域集总前后洪峰流量计算成果对比

降雨日期/(年-月-日)	计算洪峰流量/m³		实测洪峰总量/m³	相对误差/%	
	一个子流域	五个子流域		一个子流域	五个子流域
1997-08-02	29.2	27.29	26.2	10.6	3.4
1998-05-24	33.7	30.23	29.10	15.8	3.88

通过对照分析罗湖小区子流域集总前后的模拟，可以看到无论是在离散还是集总的情况下，洪峰峰值和径流总量的计算结果都与实测值结果相近。可以认为，在实际操作中如果注重的只是区域总的出口断面的暴雨径流过程时，即可将整个区域作为一个子流域集中模拟，即可满足精度要求。

第五章　工农业生产与水文情势

第一节　工(矿)生产对水文环境的影响

一、工(矿)业造成的水环境问题

各种工业企业在生产过程中排出的生产废水、生产污水、生产废液等统称为工业废水。它所含的杂质包括生产废料、残渣以及部分原料、产品、半成品、副产品等,成分极其复杂,含量变化也很大,不同生产条件,甚至不同时间的水质也有很大差别。

工业废水明确分类是很困难的,因为同一种工业可以同时排出数种不同性质的污水,而每一种污水又可以含有不同的杂质和产生不同的污染效应。其中耗氧和有毒污染影响最深。杂质就其本性可分为无机和有机两大类,而耗氧是有机物的特性。因此,按成分可将工业废水分为三大类:①无机物废水,包括冶金、建材、化工无机酸碱生产等产生的废水;②有机物废水,包括食品工业、塑料工业、炼油和石油化工、造纸工业、制革工业等产生的废水;③含有大量有机物,同时含有大量无机物的废水,如焦化厂、氮肥厂、合成橡胶厂、制药厂、皮毛厂、人造纤维厂等排放的废水。

不同工业排放废水的性质差异很大,即使是同一种工业,由于原料、工艺路线、设备条件、操作管理水平的差异,废水的数量和性质也会不同。一般来讲,工业废水有以下几个特点:①污染物浓度大,某些工业废水中含有的悬浮固体或有机物浓度是生活污水的几十倍甚至几百倍;②成分复杂且不易净化,如工业废水多呈酸性或碱性,常含有不同种类的有机物和无机物,有的还含有重金属、氰化物、多氯联苯、放射性物质等有毒污染物;③带有颜色或异味,如有刺激性的气体,或呈现出令人厌恶的外观,易产生泡沫等;④水量和水质变化大,如工业产品的调整或工业原料的变化,会造成水量和水质的变化;⑤某些工业废水的温度高,有的甚至高达40℃以上。

大量工(矿)业废水未经处理就排入河流,造成严重污染和生态环境的不断恶化。1995 年对淮河流域的监测结果表明,工业和城镇排入淮河的废污水量达 43 亿 t/a,占当年地表径流总量的 7%(若以枯水年的径流总量来计,污径比达 20%以上),远远超出了水污染宏观控制指标的限值(4%)。该年淮河三大污染物——化学耗氧物(COD_{Cr})、氨氮和挥发酚的排放总量分别为 195.3 万 t、11.6 万 t 和 1668t。化学耗氧物超标的河流长度,汛期为总河长的 49.9%,非汛期为 66.6%;

其中超Ⅴ类水(丧失任何使用价值的水质指标)的河流长度汛期为总河长的37.6%,非汛期为47.5%。氨氮超标的河流长度,汛期、非汛期分别为总河长的37.5%和70.4%;其中,超Ⅴ类水河长分别为13.8%和23%。挥发酚超标的河流长度,汛期、非汛期分别为15.9%和43.9%;其中,超Ⅴ类水河长分别为2.7%和9.8%。可见污染程度十分严重。

矿业的发展在很大程度上促进了地方经济的发展,但同时,矿床的开发和利用也造成了自然环境的破坏,进而引起严重的水污染问题。矿区污水主要包括矿山向外排放的酸性矿井水、洗(选)矿水、炸药废水、焦化厂废水和矿区生活污水。这些污水大部分未加处理就直接排放,进而造成地表水体严重污染,使原本清澈的河水变得浑浊并富含有毒有害物质。其中,酸性矿井水污染又是最严重的问题之一,任何含硫矿物的矿床,特别是黄铁矿矿床,所排放的废水均含有很高的酸性,能对水体造成很大影响。如我国贵州省凉水井煤矿的酸性矿井水污染问题就比较突出,表5-1是该矿水pH的测定统计值。

表5-1　凉水井各煤组水质pH测定

水平	取样地点	pH	测定时间/(年-月-日)	水源及含水层组	备注
1429	(一)中、下煤组石门	3.0	1979-12-19	中、下煤组各层	汇入平峒
	(二)扩大区石门	6.0	1979-12-19	上煤组各层	
	(三)重平峒	4.4	1979-12-26	上水平总水流	
1324	(四)中、下煤组石门	3.36	1979-12-26	中下煤组各层	汇入水仓
	(五)扩大区石门	6.5	1979-12-26	上煤组各层	
	(六)西二老采区石门	6.5	1979-12-26	上煤组各层	
	(七)总水仓口	6.62	1979-12-26	下水平总水流	

采矿业还不可避免地使土壤遭到干扰和破坏,从而导致侵蚀的发生,使受纳水体中的泥沙含量增加。这种影响在国内外都有很多实例。

豫陕晋接壤区人烟稀少,林草茂密,20世纪80年代后期,国营和个体企业纷纷投入开采金矿,1万km^2余的范围内有开采点3000个,年产黄金30万两,在带来可观的经济效益的同时,直接破坏植被168km^2,侵蚀模数由1030t/(km^2·a)增加到1458t/(km^2·a),暴雨时形成人造泥石流和滑坡。加上该矿区大小选矿厂众多,所产生的废水中含汞、铅等有害物质注入当地水系,致使水资源受到污染并且带毒,既不适宜饮用,也不能灌溉。

黄河中游大型煤田,地处多沙区、暴雨多发带,水土流失本来就非常严重,再加上大规模的开采煤炭,移动大量岩石土体,破坏植被,造成地表、地下土层松动,一遇暴雨极易形成滑坡、崩塌等重力侵蚀，因此，更加加剧了水土流失。

在美国肯塔基州麦克克里郡，研究露天采矿对洪水和水质的影响表明：坎恩流域（矿区）1957～1958年的输沙量为1082t/km²，同一时期，附近的亥尔顿流域（非矿区）的输沙量仅为19t/km²，可见，采矿使河流含沙量增加了数十倍，且泥沙颗粒变粗。而且还发现，采矿活动对河流泥沙的影响可能要在数十年后才显示出来。

图5-1给出了坎恩流域与亥尔顿流域、准格尔（煤田）与其相邻的皇甫川流域（无煤田）的产沙率的对比。可见在同样的径流条件下，采矿业导致水流含沙量和输沙率增大了10倍以上。

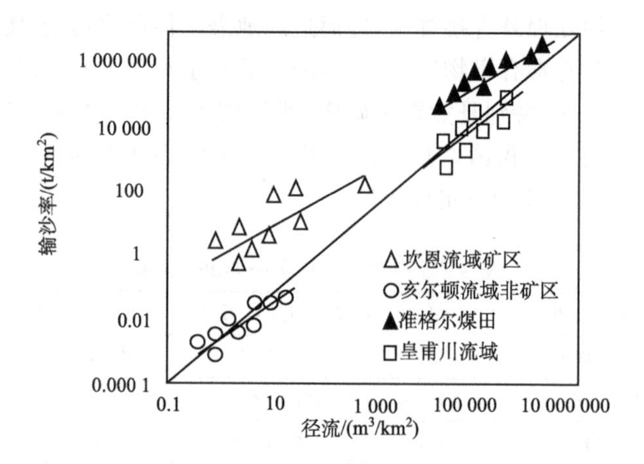

图5-1　开矿与无矿小流域暴雨的输沙率与径流关系

二、采矿业对水量的影响

矿床开采一般有露天开采和地下开采两种方式，还有一些矿床采用混合开采的方式。

（一）露　天　开　采

我国北方许多大型煤矿，如抚顺、阜新、霍林河以及某些（非）金属矿床和建筑材料等，都是用露天方式开采的。这是因为露天开采具有生产力大、效率高、成本低及劳动环境好的优点。随着采矿技术的进步，矿床的露天开采明显地增加。

露天开采中，植被的消除使蒸散量减少；地面的松动或压实改变了自然的下渗条件；土层的破坏使土壤的蓄水量发生了变化；有大量覆盖物的废料堆往往光滑坡陡，缩短了降雨径流的汇流时间等。这些因素的综合影响，导致了河川径流的改变。

露天开采中所采取的各种有利于开采的疏水和导水工程及措施也改变了河川

径流的汇流条件，影响了地表与地下径流的储存和分布状况。对于露天矿区的积水，在有自流排水条件时，部分可利用排水平洞将水导出；在不能进行自流排水的矿山，则需要根据具体的地质条件，同时考虑采矿中各工艺过程（如穿爆、采装等）的影响，适当选择不同的排水方式，如泵站排水或井巷排水方式等，并采用排水沟、储水池、泄水构筑物等将水汇集、调蓄和排泄。

露天开采造成了地貌的严重扰动和自然地表的破坏，深度开挖以及在某些情况下疏干排水降低了地下水位，各种疏导水措施强烈地改变了流域的水文响应。科利尔等对美国肯塔基州 Beaver 河流域的研究工作提供了这种水文影响的代表性例证。他们对一个未被干扰和一个有 10.4％以上露天开采面积的两个小流域进行比较后发现，在 1957～1966 年，两个小流域的径流总量实际相当，但是在径流的分配上却显著不同。进行露天开采的流域明显地增加了洪峰流量，而减少了枯水流量。这种流量的增减变化性质可由流量历时曲线反映出来（图 5-2）。洪峰流量的增加可能是由于地表扰动和压实引起下渗减少而造成的；枯水流量（基流量）的减少则是由于下渗减少和深度开挖引起地下水储存量改变所致。

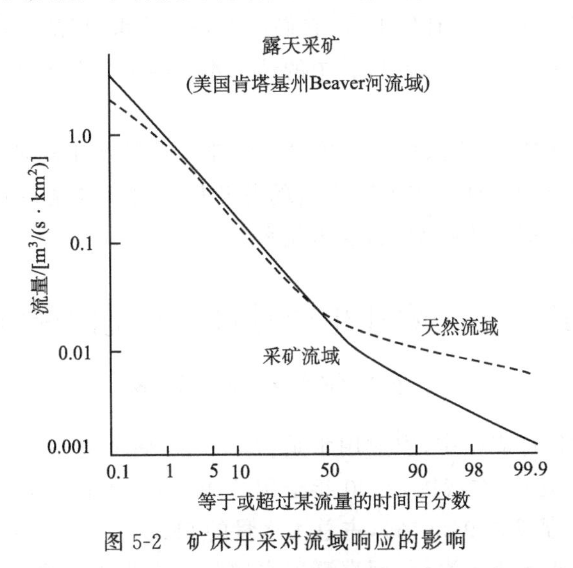

图 5-2　矿床开采对流域响应的影响

然而，露天开采活动并不是都会造成流量的明显变化，尤其是在进行强力抽水疏干开采的情况下，总的径流量可能增加，但表现出更为平均的分配，即洪峰流量减少，枯水流量增加。戈尔福对 Lower Lusatia 的褐煤开采区的研究指出，为了开采必须降低水位，每采 1t 煤就必须抽水 $6.3m^3$。

（二）地下开采

开采埋藏在地下深处的矿床，采用地下开采方式，即利用巷（坑）道系统从地下将矿石开采出来。

在自然状态下，矿床（尤其是在围岩中的）通常充满着一定体积并溶解有某些成分的地下水。当开采矿床时，这些地下水和某些地表水，则可能持续地涌入采矿井巷，通常称之为矿井充水。不同的充水水源和防治措施，都会改变径流的地表和地下分布状况。

矿井充水的来源包括大气降水、地表水、含水层（带）水和老窑水。

1）大气降水入渗量的大小与矿区的气候、地形、岩性和构造等因素有关。当矿井充水水源主要为大气降水入渗时，一般具有区域性和季节性。不同的矿区，因降水量存在区域差异，虽然入渗条件相似，但矿井充水量有很大的差别。由于大气降水具有明显的季节变化，因此受降水影响的矿井的充水量也随季节变化，而且大气降水对矿井充水的影响随开采深度的增加而减弱，一般雨后浅部矿井充水量剧增而深部矿井受影响较小。

2）当矿区附近有河流、湖泊或水库等地表水体分布时，若它们处于透水性较好的沙砾层或岩溶发育地区，则极易下渗，从而成为矿井充水水源。

3）矿床的围岩中常含有地下水，它们可以是孔隙水、裂隙水或岩溶水，当采掘巷道或工作面接近或穿过围岩时，其中的地下水就会进入巷道或工作面，成为矿井充水的直接水源。

4）在一些老矿区的浅部矿层及矿层露头部位大多数有老窑分布，其中一般都积满了水，形成一个个“地下水库”，当新的井巷接近这些老窑及积水巷道时，由于水压高，水量大，水极易直接涌入，成为充水水源。

第二节　农业生产对水文环境的影响

一、农业生产对径流的影响

在全球水的各种应用中，农业用水量占第一位，每年超过 2000km^3（占全世界每年用水量的 75%）。在我国，2000 年全国总用水量 5498 亿 m^3，其中，农业用水 3784 亿 m^3（农田灌溉占 91.6%），占总用水量的 68.8%。

农业用水主要是用于灌溉，而灌溉用水实际上有很大一部分作为消耗而损失掉。用水消耗量是指在输水、用水过程中，通过蒸腾蒸发、土壤吸收、产品带走、居民和牲畜饮用等各种形式消耗掉，而不能回归到地表水体或地下含水层的水量。灌溉消耗量为毛用水量与地表、地下回归水量之差。灌溉 1hm^2 庄稼所需的水量根据各地的气候、土壤与其他自然条件及农作物种类和灌溉方式不同而异。在欧洲一些国家，灌溉 1hm^2 土地要消耗 4000～6000 m^3 水；美国和墨西哥为 7500～8500 m^3；而印度和印度尼西亚则为 9000～10 000 m^3；在我国，2000 年全国农业消耗水量为 2398 亿 m^3，占用水总量的 63.4%。

农作物的蒸散发是极其重要的生理过程，也是一项重要的水文现象。植被叶面的蒸散发能力，与径流和洪水的大小、地下水的动态等都有直接关系。植物把土壤水和地下水散发到大气中，既改变了土壤水和地下水的状况，也改变了小气候的温湿状况，从而影响了水循环。开荒种地、坡地改梯田、扩大灌溉面积以及旱地改水田等农业措施，不同程度地拦蓄和耗用了地面径流，增加了下渗机会，使洪水过程平缓，起到了削减洪峰的作用。而且，引水灌溉，使农田下渗量增加，大量地补充土壤水和地下水，致使水汽蒸发也显著增加，相应地也增加了降水量，从而使流域水文循环发生改变。

河流径流量的减少导致入湖、入海的水量也随之减少。如我国的京津唐地区，随着华北平原工业化和城市化进程加快，需水量和耗水量急剧增加，大量引提水减少了河川径流量，并恶化了水环境。区域内众多河流，多已成为季节性河流，除汛期外，基本处于断流干涸状态，入海水量大幅度减少。20 世纪 90 年代与 50 年代相比，海河流域平均入海水量减少了 72%。天津市因河道径流逐年减少，水体自净能力降低，全市主要河流绝大部分河段的水质为Ⅴ类或超Ⅴ类。素有“华北明珠”之称的白洋淀，自 20 世纪 50 年代以来，已发生干淀 15 次，1983～1988 年连续 6 年干枯。

二、农业生产对水质的影响

人类在农业生产活动中，砍伐森林、开垦草原、扩大耕地，在农耕中大量地使用农药、化肥等一系列化学物质，对河川径流的含沙量、氯化物、氮、磷、硫及其他物质的含量都有不同程度的影响，引起水中化学元素的增多。农药施入土壤后，大部分残存于土壤中，经流水溶解下渗，进入地下水，并通过食物链富集，最终进入人体，影响人的健康。

20 世纪 90 年代，全世界氮肥使用量为 8000 万 t(纯氮)，其中我国用量就达 1726 万 t(纯氮)，占世界总用量的 21.6%。我国耕地平均施用化肥氮量为 224.8kg/hm^2，其中有 17 个省的平均施用量超过了国际公认的上限 225kg/hm^2。据估算，太湖、巢湖、滇池等几个污染较为严重的湖泊中，农田氮素流失对水体氮污染的“贡献率”可达 20%以上。目前，我国每年农药总施用量达 130 万 t 余(成药)，平均每亩施用接近 1kg(1 亩≈667m^2)，高出发达国家一倍，其中大多数是难降解的有机磷农药和剧毒农药。农药施用后在土壤中的残留量一般为 50%～60%，其残留时间由于自身性质的不同而可长可短，如已经停用很久的 DDT 等农药现在在土壤中的检出率仍然很高。据农业部的研究表明，有机磷农药对农牧业产生的污染问题日趋严重，在农作物和土壤生态环境中均可测出残留有机磷农药。特别是对生长期较短的蔬菜、瓜果类食品来说，由于虫害多，施药量大，以及超量使用，造成农药残留超标现象日渐加重。

随着养殖业的迅速发展，我国畜禽粪便产生量接近20亿t，是同期工业固体废弃物的2.7倍。其中有较大的一部分粪便没有被很好地处理和利用，随意排放，造成地表水和地下水污染严重。1997年对太湖地区畜禽粪尿流入水体的污染物指标排放量评价结果显示，磷含量对水质的影响最大，占86.4%；氮含量对水质的影响次之，占12.3%。统计显示，养猪业对水质的污染居首位，尤其是猪所排泄的尿粪，其次是家禽。这些被污染的水用来灌溉时，又进一步加剧了土壤的污染。

研究表明，不同的土地利用类型对径流的化学元素含量影响各异，如北美洲格雷特流域在不同农业生产过程中，其水质元素含量相应不同(表5-2)。

表5-2　格雷特流域不同生产过程的水质(mg/L)

土地利用	悬浮固体	氯化物	铝	总氮	总硫
森林地	1～820	2～20	0.03～1	0.3～1.0	0.02～0.67
谷物地	20～5100	10～50	0.006～5	3.1～4.3	0.2～4.6
城市	200～4800	130～750	0.5～1	1.8～6.2	0.3～4.8

三、农业生产对水土流失的影响

水土流失是指在水流作用下，土壤被侵蚀、搬运和沉淀的整个过程。在自然状态下，纯粹由自然因素引起的地表侵蚀过程非常缓慢，常与土壤形成过程处于相对平衡状态，因此坡地仍能保持完整。这种侵蚀称为自然侵蚀，也称为地质侵蚀。在人类活动的影响下，特别是人类严重地破坏了坡地植被后，再由自然因素引起的地表土壤破坏和土地物质的移动、流失过程加速，即发生水土流失。

水土流失是我国土地资源遭到破坏的最常见的地质灾害，其中以黄土高原地区最为严重。这是因为一方面，我国是个多山国家(山地面积占国土面积的2/3)，又是世界上黄土分布最广的国家。山地丘陵和黄土地区地形起伏，黄土或松散风化壳在缺乏植被保护情况下极易发生侵蚀。我国大部分地区属于季风气候，降水集中，雨季降水量常达年降水量的60%～80%，且多暴雨。易于发生水土流失的地质地貌条件和气候条件是造成我国发生水土流失的主要原因。另一方面，长期以来对土地实行掠夺性开垦，片面追求粮食产量，忽视因地制宜的农林牧综合发展，把只适合林、牧业利用的土地也开辟为农田；滥伐森林，乱挖树根、草坪，致使树木锐减、地表裸露；大量开垦陡坡，以致陡坡越开越贫，越贫越垦，生态系统恶性循环。这些人为的无计划的开垦加重了水土流失。此外，某些基础建设不符合水土保持要求，例如，不合理地修筑公路、建厂、挖煤、采石等，破坏了植被，使边坡稳定性降低，引起滑坡、塌方、泥石流等更严重的地质灾害。

目前我国水土流失总的情况是：点上有治理，面上有扩大，治理赶不上破坏。

全国水土流失面积新中国成立初期为 1.16 亿 hm^2，到 1980 年约治理 4000 万 hm^2。由于治理赶不上破坏，水土流失面积却扩大到 1.5 亿 hm^2，约占国土总面积的 1/6，涉及近千个区县。全国的山地丘陵区有坡耕地约 2700 万 hm^2，其中修有梯田的约 700 万 hm^2，而另外的 2000 万 hm^2 坡地正遭受着不同程度的水土流失。

水土流失的危害表现在以下 5 个方面：

1) 水土流失可使大量肥沃的表层土壤丧失，造成土壤肥力下降。据统计，我国每年流失土壤约 50 亿 t，损失氮、磷、钾元素约 4000 万 t 余。

2) 造成湖泊、水库淤积，河道堵塞。严重的水土流失，使得全国河流中的泥沙含量普遍增高，加速河道的淤积过程，如黄河、辽河下游等地因淤积形成"悬河"，给河流中下游地区带来巨大的威胁；长江上游金沙江和四川盆地的水土流失，已使水中含沙量显著加大，有使长江成为第二条黄河的可能；还有一些河流，如辽宁柳河、贵州三岔河（$47.7kg/m^3$）中的泥沙含量甚至超过了黄河。

3) 在高山深谷，水土流失常引起泥石流灾害，危及工矿交通设施安全。

4) 恶化生态环境。严重的水土流失造成三江（黄河、长江和澜沧江）源区生态环境日益恶化，干旱、雪灾、冰雹、山洪、泥石流等自然灾害频繁发生，给当地人民生命财产和经济建设造成了巨大威胁，而且由于源区涵养水源的能力下降、自然灾害的频繁发生及大量泥沙下泄，致使中下游地区的洪涝等自然灾害加剧，河道、湖泊和水库淤积日趋严重，进而制约了我国经济的可持续发展。

5) 水土流失造成巨大的经济损失。估计全国每年因水土流失造成的损失总计达 96 亿元，约相当于 1992 年全国国民生产总值的 0.4%。如青海省每年从土壤中流失的养分折合成标准化肥，相当于全省每年施用化肥的 2 倍以上，直接经济损失约 2.9 亿元；山东、云南、广东的损失分别也达 10 亿元、6.7 亿元、3.15 亿元，仅这 4 个省每年因水土流失造成的直接经济损失就达 22.75 亿元。

水土流失是由地表径流在坡地上运动造成的，各项防治措施的基本原理是：减少坡面径流量，减缓径流速度，提高土壤吸水能力和坡面抗冲能力，并尽可能抬高侵蚀基准面。在采取防治措施时，应从地表径流形成地段开始，沿径流运动路线，因地制宜，步步设防治理。实行预防和治理相结合，以预防为主；治坡与治沟相结合，以治坡为主；工程措施与生物措施相结合，以生物措施为主。只有采取各种措施集中治理、综合治理、持续治理、才能消除水土流失的危害。

第六章　水利工程建设与水文情势

第一节　水利工程的作用、效益

一、水利工程及其特点

由于陆地上河川径流的时空分布很不均匀，有些地区水资源的年内分配及年际变化比较大，且有连续枯水期和丰水期等特点，这往往与人们生产生活的需求产生一定的矛盾，需要修建各种水利设施来调节和平衡径流，以减少水旱灾害。水利工程就是指按照人们的意志改变天然来水过程的时空再分配，使之适应于人类需求的一种工程措施。一般是在河流的有利地点修建人工湖来蓄存洪水，调节径流，防洪兴利。通常把这种人工湖泊称为水库，把组成水库的水工建筑物群称为水利枢纽。

同其他工程相比，水利工程有许多"与生俱来"的特点：第一，它具有很强的系统性和综合性。单项水利工程是同一流域、同一地区内各项水利工程的有机组成部分，这些工程既相辅相成，又相互制约；而单项水利工程自身也往往是综合性的，各服务目标之间既紧密联系，又相互矛盾。第二，对环境有很大影响。水利工程不仅通过其建设任务对所在地区的经济和社会发生影响，而且对江河、湖泊以及附近地区的自然面貌、生态环境、自然景观，甚至对区域气候，都将产生不同程度的影响。第三，运行条件复杂。水利工程中各种水工建筑物都是在难以确切把握气象、水文、地质等自然条件下进行施工和运行的，它们又都承受水的推力、浮力、渗透力、冲刷力等的作用，工作条件较其他建筑物更为复杂。第四，工程效益的发挥具有随机性。大型水利工程投资大、工期长，对社会、经济和环境有很大影响，既可有显著效益，但若严重失误或失事后，又会造成巨大的损失和灾害。根据每年水文状况不同而产生的显著效益也不同，因而在人们未受到洪水威胁的年份，往往会忽视其存在的必要性。

二、水利工程的作用和效益

（一）防　　洪

到2000年，我国已建成各类水库8.5万座，总蓄水能力5100亿m^3，修筑堤防27万km，初步形成了大江大湖的防洪工程体系，基本控制了常遇洪水，但特大洪水灾害仍时有发生。目前，我国超过70%的固定资产、44%的人口、1/3的耕地、

620个以上的城市都位于主要河流的中下游，受到严重的洪水灾害威胁。同时，随着经济和社会的发展及城市化，洪泛区内的财富和人口仍在持续增加。所有这些，都给水利工程带来越来越艰巨的防洪任务。

长江流域1931年和1935年洪水淹没耕地340万hm^2和150万hm^2，死亡14.5万人和14.2万人；1954年洪水淹没耕地317万hm^2，死亡3万余人，另外1888万人遭受洪水损失；1998年长江流域的特大洪水，淹没面积32.1万km^2，死亡1562人。由于长江干支流的763座大中型水库，具有340亿m^3的蓄水能力，河水位被显著地降低，与1931年、1935年、1954年的洪水相比，减少了大量的耕地淹没和人员伤亡，约700万当地居民免于洪灾，330万km^2的耕地和30余个县市免受淹没，重要的交通设施得到保护，防洪设施的减灾效益约500亿元。尽管如此，这次洪水灾害的直接经济损失仍然超过三峡工程的总投资。

1998年大洪水也发生在嫩江、松花江和闽江。572座大中型水库拦蓄了192亿m^3洪水，使被淹没的耕地大大减少，数百万人免受洪水灾害。

三峡工程和堤防、分滞洪区一起形成了长江流域的防洪工程体系。长江流域的荆江河段是防洪最危险的河段，三峡水库有221.5亿m^3的防洪库容，其运用将使荆江河段的防洪能力由10年一遇提高到100年一遇。即使发生1000年一遇的洪水，三峡工程和分滞洪区的运用，也可使长江两岸的广阔平原免于灾害。

小浪底工程位于黄河干流最后一个峡谷的出口，坝址上游面积占全流域面积的92%，约有91.2%的径流和近100%的泥沙形成于该工程的上游。因此小浪底工程是在流域综合规划中连接中下游、在流域防洪减沙中起极端重要作用的关键工程。小浪底工程拥有防洪库容40.5亿m^3，水沙调节库容10.5亿m^3，其主要任务是防洪(包括防冰塞)、减沙，也有供水、灌溉、发电功能。与其他大型水库(如三门峡等)联合运用，可使下游的防洪标准由60年一遇提高到1000年一遇，并基本免除了冰塞威胁和通过淤沙使下游河床20年不抬高。

(二)供　　水

有限的水资源和巨大的用水需求约束着城市的发展。2000年全国各项供水工程的供水能力5531亿m^3，总用水5498亿m^3。工业用水1139亿m^3，占20.7%；生活用水575亿m^3，占10.5%。表面上看来，工程的供水能力能够满足用水需求，但由于水土资源的不平衡，导致了一些地区用水的短缺，全国600个城市中，400个供水短缺，特别是北方大城市。长江以北地区占国土面积的63.5%，而水资源仅占19%，加上降水年、季变化剧烈，随着社会和经济的发展，水资源的消耗量将持续增加，供需矛盾也将进一步加剧。现在全国总的用水需求约5800亿m^3，而21世纪中期有望控制在8000亿m^3以下，也就是说，在现有水平上还要增加2200亿m^3。因此，修建更多的大坝和水利工程是需要的。

大坝和水库对于附近没有大江大河的城市，特别是大城市，在工业和生活供水方面起着非常重要的作用。北京市是有 1400 万人口的巨大城市，由于附近没有大河又远离海洋，水短缺非常严重，人均水资源量少于 $300m^3$，是全国平均水平的1/8和世界平均水平的 1/30。1949 年以来，我国政府投入大量资金进行基础设施建设，基本建成了一个健全的供水和防洪系统。至 2005 年，北京市附近已建有水库 85 座，总库容 95 亿 m^3。其中密云和官厅是最大的两座水库，库容分别为 44 亿 m^3 和 42 亿 m^3，两水库的水源主要来自北京以外，特别是官厅水库。现在北京市每年用水约 40 亿 m^3，50%以上的生活用水引自密云水库。1997 年以前，官厅水库也是北京市的生活供水水源，但由于水库上游水污染的影响，现在只能为工业供水。随着水污染的加重和上游用水的增长，以及北京市自身用水需求的持续增加，水资源短缺问题越来越严重。为此，南水北调中线工程于 2002 年底开工，计划于 2008 年前利用河北的四座水库向北京供水，2010 年将从长江支流汉江的丹江口水库向北京引水 15 亿 m^3。水源地的水库大坝工程是实现调水的前提条件。

（三）灌　　溉

2000 年全国有效灌溉面积 5470 万 hm^2，其中节水灌溉面积 1870 万 hm^2，已形成了一个健全的灌溉排水工程体系。灌区粮食产量占全国粮食总产量的 2/3。中国可以用世界耕地的 10%养活世界 22%的人口，水利工程（包括水库大坝）为实现这一成就发挥了很重要的作用。在黄河流域的中上游地区，一系列有防洪、灌溉、供水和发电等综合功能的水库沿干流建设，大型工程如青铜峡、三盛公、万家寨，主要是为沿河的宁夏河套区、内蒙古、陕西的灌区供水。沿黄灌区已成为国家农业生产基地。

（四）航　　运

随着大规模的水电工程建设，水库上游区域的航运条件将显著改善。水库建成后，坝址上游水位升高，河流的宽度和深度增加，水流速度降低，某些不利于航行的急流险滩将消失，通航河段的长度、宽度、吨位将增加。而且，通过水库调节径流、削减洪峰，中等水位期将延长，枯水期的流量得到保证。因此，下游通航期延长，航运的保证率增加。

三峡工程的一个主要功能就是改善航运条件。三峡工程完工后，上游河段的危险礁石和急流险滩将消失，航道条件将大大改善。届时，1 万 t 的船队可直达重庆，下游荆江河段的航道条件也将得到改善，工程改善的航道总里程为 570～650 km。这些效益将有利于西南地区和中东部地区的物质文化交流，促进西部大开发战略目标的实现。

统计表明，华中电网（包括湖北、河南、湖南和江西）建设的主要水利枢纽，使库区 2500km 以上的航道得到改善。货运量比葛洲坝、丹江口、五强溪、万安建成前增加了数倍。

（五）发　　电

水库大坝的建设，使得水头提高，为人们利用水的势能提供了便利。随着我国经济的不断发展，对电能的需求也日益增长，水利工程的发电效益表现得更为突出。

即将完工的三峡工程，其装机总容量达 1820 万 kW，平均年发电量达 847 亿 kW·h，这就相当于建设一座年产 5000 万 t 原煤的特大型煤矿或年产 2500 万 t 的特大型油田，相当于 10 座装机容量为 200 万 kW 的大型火力发电厂以及相应的运煤或运油铁路，发电效益十分可观。三峡水电站全部投入运行后，可以把华中、华东、华南电网连成跨区的大电力系统，可取得地区之间的错峰效益、水电站群的补偿调节效益和水火电厂容量交换效益。仅华中、华东两大电网联网，就可取得 300 万～400 万 kW 的错峰效益。同时，还具备了北联华北、西北，西联西南，组成全国联合电力系统的条件。按照华中、华东地区 1990 年每千瓦小时电量创造工农业产值 6 元来计算，三峡水电站每年可为增加工农业产值 5040 亿元提供电力保证。这一产值相当于华中地区四省 1990 年全年的工农业总产值。

第二节　水利工程对水文环境的影响

人们在与陆地表面径流时空分配不均匀的斗争中，通常采取拦河筑坝建水库、跨流域远距离调水等水利工程措施，以调节和调剂水资源不足的季节和地区用水问题。这就使河道中原有的自然水文状态改变成为受人工控制的水文状态，导致水文循环和水量平衡发生重大改变。以下分别就拦河筑坝水文效应、跨流域引水效应、及农田水利措施效应进行简述。

一、筑坝的水文、生态环境效应

修建在河流或山谷中拦蓄水流的挡水建筑物称作坝。按用途可分为蓄水坝和引水坝两种。同时形成水库，抬高水位，调节径流，供灌溉、发电、给水、防洪、航运等需要而修建的坝，称为蓄水坝；仅抬高水位，以达到改善引水、航运条件等用途而修建的坝，称为壅水坝或引水坝。按结构特点可分为重力坝、拱坝、支墩坝、土石坝；按泄水条件分为溢流坝和非溢流坝；按筑坝材料分为当地材料坝（如土坝、堆石坝、土石混合坝等）和非当地材料坝（如混凝土坝、钢筋混凝土坝、木坝、橡胶坝等）。筑坝的水文环境效应可概括为以下 4 点：

（一）增加蒸散发

水库增大了自由水面的面积，进而增加了蒸发损失，在干旱少雨的地区或季节，这种损失就更加显著。例如，尼罗河上修建的阿斯旺大坝所形成的纳塞尔湖，每年大约有5亿m^3的水消耗在蒸发上。

蒸发损失主要与水库平均水面面积和蒸发能力有关，但从水量平衡的角度来看，蒸发损失量也与年径流量有关。对于专门为防洪目的而营造的小水库来说，水量损耗是有利的，这是因为它能够通过蒸发减小洪水期蓄水量，从而增加水库的防洪库容。美国大平原南部的情况就是如此，一些水库在降雨较少的年份，最大蒸发损耗达水库蓄水量的42%，由于年蒸发量远大于年径流量，水库的防洪效益比美国其他任一地区都好。然而，水库引起蒸发量的增大，对于水资源来说是一种损失，蓄水量的减少使得水库用于灌溉、发电、航运等兴利方面的效益就减小。

水库形成辽阔的水域，使陆生生态系统转变成为水生生态系统。新的水生环境有利于各种各样水生植物的生长，以致水草布满湖滨、覆盖水面，目前绝大多数水库都遭受着这种厄运。苏里南的Brokopondo水库在1964年刚建成，就受到水草的侵害，两年之后，50%的水面(大约410km^2)布满了水草。阿斯旺大坝自1964年建成后，到1974年，纳塞尔湖以上80%的河道受到了水草的侵扰，同时水库的苏旦界内约3000km^2的水面也水草丛生。研究表明，水草的蒸腾作用所造成的水量损失，要比开敞水面时多2～3倍，最多可达6倍。

（二）调节径流

水库对径流的影响主要体现在对流量的调节作用，使流量在时间上重新分配，使下游河道内的水流长期和短期变化幅度有所减少。

水库对于河道水流特征的实际影响受到流域地形、集水面积等诸多因素的控制，同时还受到水库的不同功能和运行方式的影响。保证航运和灌溉供水的水库增大枯水径流，防洪水库削减洪峰，水力发电则可能会产生极短期的水流脉动，而且越来越多的水库考虑了综合利用。因此，每座水库对径流的影响都由其特定的设计功能和运行方式所决定。

水库对于洪水流量的调节功能与洪水大小、水库库容以及水库的运行方式有关。一般来说，水库对洪量较小而又频繁发生的洪水的洪峰削减幅度大，而对稀遇的大或特大洪水由于前期往往水量充沛，削减作用小。对于长历时大量降雨形成的大洪水，即使库容较大的水库也往往起不了多少削峰作用，从水库入流和出流的洪水频率分布曲线可得到证明(图6-1)。

水库的调洪方式不同，对径流的调节作用也不相同。滞洪水库的出流孔处不设闸门，其泄流量与出流孔以上水头h的0.5次方成正比，溢洪道溢流可增加总泄

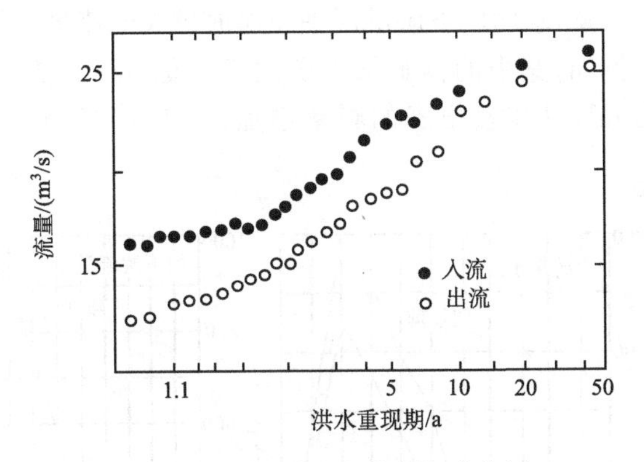

图 6-1　水库对洪水频率的调节作用

流量，使下游河道的洪峰减小，中等流量历时拉长（图 6-2A）。拦蓄水库，一般设有一个到多个带闸门的泄流孔，可以在洪水到来之前，在下游河道宣泄能力允许的情况下尽可能地腾空水库以增加防洪库容，当库容大于所要求控制的最大洪水总量时，就能对下游河道流量进行完全调节，使其基本保持稳定流量（图 6-2B）。对于库容较小的蓄洪水库，只要能做好洪水预报并精心调度，也能有效地调节径流（图 6-2C）。

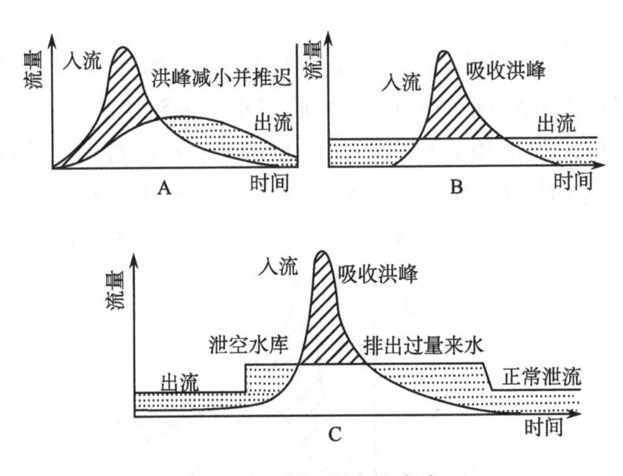

图 6-2　水流调节的基本类型

大型综合利用水库运行方式则比较灵活，可满足复杂的日调节和季调节需要，并且还可使人工调节的泄流的季节变化在年际间有所不同，这样水库在满足防洪、滞洪的同时又能服务于发电、航运、灌溉和娱乐等多方面的目的。例如，澳大利亚的墨累-达令水系，春季和初夏流量大，水流急，秋季则流量小，流速缓慢。修建了总库容为 190 亿 m^3 的 9 个大型综合利用水库以后有效地改变了这种天然状况：

夏秋两季，为满足灌溉，水库向下游洪泛平原泄放较大的流量，冬春两季，水库则存蓄径流（图 6-3）。例如，其中的休姆坝下游大于 5 亿 m^3/月流量出现的时间减少了，而 1 亿～5 亿 m^3/月流量出现的频率增加，2 亿 m^3/月流量出现的时间增加了 22%。

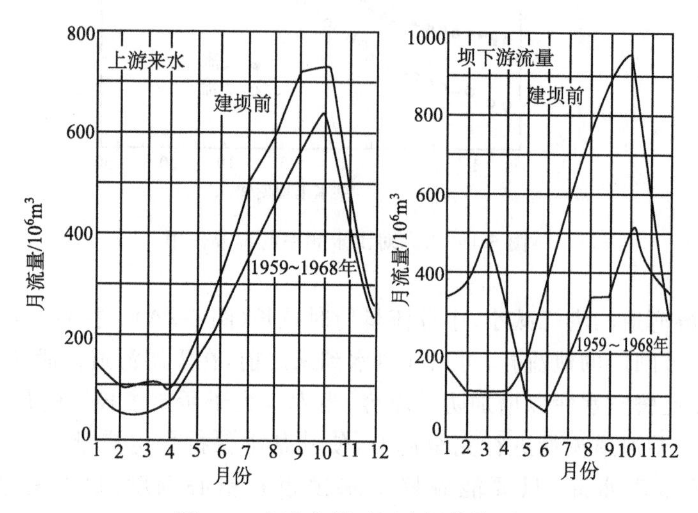

图 6-3　水库大坝对河流调节作用

现在来说明，在一次洪水过程中，水库的入库处、出库处（拦河坝下游）和库区内的流量或水位的变化情况。为了方便，假定水库溢洪道无闸门控制，水库水位在洪水来临之前与溢洪道堰顶高程齐平。图 6-4 表示水库对洪水的调节作用。起初入库洪水流量 Q 逐渐增大，并大于由溢洪道宽度 B 和水库水位所决定的下泄流量 q，水库水位 z 不断上升。随着库水位上升，下泄流量也随之增加。待入库洪峰过

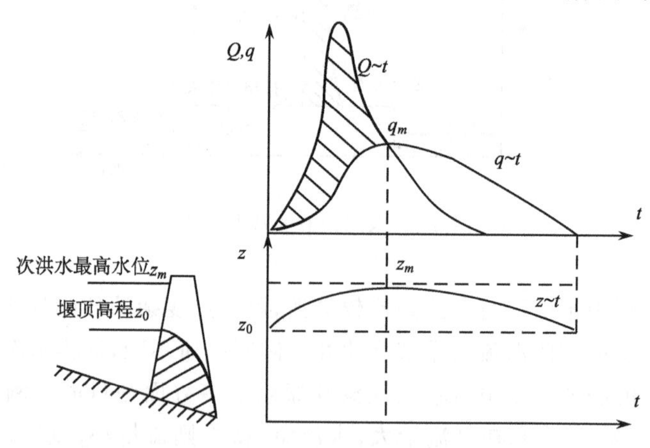

图 6-4　水库的调洪作用

后，虽然入库流量减少，但仍大于出库流量，水库水位继续上升，下泄流量继续增大。一直到 $Q=q_m$ 时，水库水位和下泄流量同时达到最大值。以后由于 $Q<q$，库水位 z 逐渐下降，q 亦随之减小，直到 z 又与溢洪道堰顶高程 z_0 齐平为止。至于洪水来临时水库水位低于 z_0，或在溢洪道设有闸门控制的情况下，Q、q、z 三者随时间的变化，读者试自行思考。

由此可见，洪水经水库调节后，便有一部分水量暂时停蓄在水库中（图 6-4 $Q\sim t$ 和 $q\sim t$ 曲线间的阴影部分），而在以后又慢慢流出来。可见水库使下泄洪峰减低，峰现时间延后，洪水过程历时拉长，这种作用就是水库的调洪作用。水库的调洪作用是水库能起到防洪作用的原因。

（三）泥　　沙

1. 水库淤积

在河流上修建水库，当水流挟带的泥沙进入库区后，因流速降低，泥沙就慢慢沉积下来淤积库底，减少有效库容，缩短水库的寿命。研究表明，库容大的水库拦蓄 95%以上的来沙量时对水库的正常运用将构成威胁。例如，青铜峡水库 1967 年建成蓄水运行后，由于初期运行管理不善，造成 4 年间库容减少 86.9%。宁夏回族自治区自 1958～1975 年间建成的大中型水库，有 30%～70%的库容已被泥沙淤积。水库有效库容的大量损失，导致水库防洪标准降低，保证供水量减少，使水库的综合效益逐年下降。另外，水库的淤积常常引起水库末端淹没、浸没面积扩大。

2. 水库下游河流含沙量

河流中水体的流动必然会携带走一定数量的泥沙，河水的流动速度越快，携带泥沙的能力就越强，这称为水的挟沙能力。水库建成后，泥沙沉淀，河水变清。这样的清水经过大坝下泄后，因为水的势能作用，流速加快，进而会重新携带新的泥沙。清水的形成以及水库的泄流方式对水库下游河道含沙量有很大影响。通过溢洪道表面溢流，水库的分层将导致表层清水下泄，含沙量较高的入库洪水就会随着表层清水的下泄而上升。若水流经大坝底孔下泄，排出水库的则为含沙量较高的浑水。美国南卡罗莱纳州克莱姆森河的伊萨奎阿纳水库，1940 年 8 月一次大洪水后，通过底部闸孔排泄异重流时，悬移质含沙量达 552ppm，而由溢流坝溢出的水流含沙量仅 183ppm。

一般说来，建立在含沙量少的河流上的水库，对下游悬移质影响就较小些；相反，在中等含沙量或含沙量很高的河流上建水库以后，就会对下游悬移质带来明显的影响。英国伊斯特维兹河（未筑坝）连续两年悬移质含沙量比邻近的雷多尔河（筑坝）大 16～17 倍。由于坝下流域来沙一般只占全流域悬移质总来沙量很小的比例，因此河流蓄水对下游悬移质的影响可能延伸相当远的距离。在河流蜿蜒流过宽阔的洪积平原地段情况下，河岸侵蚀可能成为下游河段主要的悬移质泥沙的来源。河流筑坝以后，水库对于水流的调蓄作用，加强了河岸的稳定性，可使河流流域的悬移质产沙量也相应减小。但是，如果水库调度运用使下游流量变幅很大，也可能加剧河岸的侵蚀率，使悬移质含沙量增大。如美国科罗拉多州的奇斯曼水库，出流的悬移质含沙量为2.2～7.4kg/m^3，而在下游40km处则增加到29～36kg/m^3。不仅如此，对于某些含沙量较低的河流来说，这种清水下泄的结果，往往还会加剧下游河床的冲蚀，造成一定的生态损失。例如，美国的格伦峡谷大坝建成后，由于清水下泄，使得下游的河滩、沙洲大面积缩减，不利于水生动、植物的生长。美国的格伦峡谷至今还在为解决清水冲刷河滩的问题而发愁。

而我国的情况则有所不同。众所周知，我国的河流含沙量都很高，日久天长，下游河道往往淤积严重。为了防止洪水泛滥，人们只能不断的加高河堤。由于历史的长期积累，我国黄河的中下游河道，现在都已经是高出地面数米到数十米的地上悬河，稍有意外就可能会造成严重的洪水灾害。在这种情况下，增强河流的挟沙能力就对我国河流生态非常有利。而冲蚀河床现象，其效果却是完全相反。清除河道淤积，改造地上悬河，一直是我国水利部门的重要工作。中国的水利工作者们，都希望能利用水库下泄的清水把河道里淤积的泥沙冲走，而建设大坝、水库就是削减河道淤积的重要措施之一。例如，我们建设小浪底水库的目的之一就是要让黄河下游的河道20年内不再淤积。除此之外，为了让黄河河道的泥沙淤积能够缓解，我们有时还要利用小浪底水库集中大量泄水，以制造人工洪峰对黄河进行调水调沙，清淤下游河道。

（四）生态环境效应

水库水质的变化。拦河筑坝的人类活动改变了河流的水动力特性，影响了河流中污染物质的迁移、扩散和转化，从而导致纳污能力的降低。在某种程度上，流动的河流改善水质的能力并不亚于污水处理厂。污染物在水体中运动不仅是一般意义的稀释，它受物理、化学和生物作用，可以自然减少、消失或无害化。因此，充分利用河流的自净能力，是改善水环境、降低污染程度的重要措施。过度的人工拦蓄，造成北方河流无水断流、南方有水不动，破坏了河流的自净能力。如淮河流域1000km余的河道上，有大小闸坝4000余座，大小水库5000余座，非汛期河道中的水难以流动，水质达标十分困难。

对生物多样性的影响。大坝修建后上游库区将被淹没，同时阻隔了上下游水流之间的自然衔接。大坝的阻隔作用对洄游性鱼类产生影响，隔断了某些逆流产卵的鱼类的洄游通道，影响这些鱼类的繁殖，如果不增设过鱼通道（如鱼道、鱼梯、能过鱼的水轮机等）等就会直接导致生物多样性的减少。这就要求人类在开发利用水能资源的同时，要充分考虑工程建设对生态环境的不利影响。

对湿地生态系统的影响。湿地是地球上一种独特的生态系统，是“陆地和水体间过渡的客体”，其环境调节功能极其重要。但湿地生态系统具有明显的脆弱性，水利设施可能割裂河流——湿地一体的环境结构，其结果是洪泛湿地生态系统的栖息地多样化格局被破坏，各类野生生物的生境被大量压缩，食物链中断，从而导致了生态平衡失调，生物多样性和生物生产力下降以及自然灾害上升等现象的发生。如我国云南洱海湿地，至2000年，由于水利建设、围湖造田、水土流失等人类活动已造成洱海水位低落、鱼类洄游路线受阻和洱海湿地面积萎缩等生态系统不断退化的情况。

此外，水库大坝的修建也常会引起土壤次生盐碱化问题。在修建大坝以前，由于河道畅通，季节性的洪水还能够将这些盐分带入大海，从而保持这一区域的盐分平衡；可是在河道上建坝截流或导流之后，就再也没有办法把整个流域内的盐分淋滤、送入大海，这些盐分要么停留在上游地区，要么滞留在下游地区，造成盐碱化问题，对农业生产构成严重的威胁。

二、跨流域调水的水文效应

跨流域调水工程主要是为了改变水的区域分布，将湿润地区的部分水量调到较干旱缺水的地区，以满足其生产和生活的需要。大规模的调水工程对水循环和水量平衡将带来深刻的影响，首先是改变水循环的路径，此外还会破坏原来已经形成的生态平衡状态。

中国古代的灵渠、大运河等跨流域通水工程，主要用于航运和灌溉，因调水规模不大，故尚未见有明显的副作用。以大规模、多目标、远距离为特点的现代调水工程，在国外是自20世纪中期以后陆续提出来的。据不完全统计，目前世界上已建、在建和拟建的大规模、长距离、跨流域调水工程已达160余项，分布在24个国家。

已建成的大型调水工程有：巴基斯坦1960～1970年兴建的“西水东调”工程，调水量达148亿m^3；美国1961～1971年在加利福尼亚兴建的“北水南调”工程，输水路线长达900km，调水量达52亿m^3；为解决内陆的干旱缺水，澳大利亚在1949～1975年期间修建了第一个调水工程——雪山工程，该工程位于澳大利亚东南部，运行范围包括澳大利亚东南部2000km^2的地域，通过大坝水库和山洞隧道网，从雪山山脉的东坡建库蓄水，将东坡斯诺伊河的一部分多余水量引向西坡的需水地区。工程总投资9亿美元，主要工程包括16座大坝，7座电站，2座抽水站，80km的输水管道和144km的隧道。该工程沿途利用落差（总落差760m）发电供首都堪培拉及墨尔本、悉尼等城市民用和工业用电，总装机374万kW，同时可提供灌溉用水74亿m^3。

我国的南水北调总体规划推荐东线、中线和西线三条调水线路。通过三条调水线路将长江、黄河、淮河和海河四大江河联系起来，构成以“四横三纵”为主体的总体布局，以利于实现我国水资源南北调配、东西互济的合理配置格局。东线工程从长江下游扬州抽引长江水，利用京杭大运河及与其平行的河道逐级提水北送，并连接起调蓄作用的洪泽湖、骆马湖、南四湖、东平湖。出东平湖后分两路输水：一路向北，在位山附近经隧洞穿过黄河；另一路向东，通过胶东地区输水干线，经济南输水到烟台、威海。中线工程从加坝扩容后的丹江口水库陶岔渠首闸引水，沿唐白河流域西侧过长江流域与淮河流域的分水岭方城垭口后，经黄淮海平原西部边缘，在郑州以西孤柏嘴处穿过黄河，继续沿京广铁路西侧北上，可基本自流到北京、天津。西线工程在长江上游通天河、支流雅砻江和大渡河上游筑坝建库，开凿穿过长江与黄河的分水岭巴颜喀拉山的输水隧洞，调长江水入黄河上游。西线工程的供水目标主要是解决涉及青、甘、宁、内蒙古、陕、晋等6省的(自治区)黄河上中游地区和渭河关中平原的缺水问题。结合兴建黄河干流上的骨干水利枢纽工程，还可以向邻近黄河流域的甘肃河西走廊地区供水，必要时也可向黄河下游补水。规划的东线、中线和西线到2050年调水总规模为448亿m^3，其中东线148亿m^3，中线130亿m^3，西线170亿m^3。整个工程将根据实际情况分期实施。

跨流域调水对环境影响的过程，大体可归纳为如下的模式：调水→改变原有的水文情势→自然环境变化→社会经济变化。跨流域调水的水文效应可分为3个影响区来分析。

水量输出区的水文效应：调水将不同程度地导致水源局部地区的气温升高、水温升高、水质恶化、泥沙淤积，诱发水库地震、水生生物发生变迁、淹没文物古迹、破坏自然景观；调水有利于减轻水源下游地区的洪涝灾害，但也会因下游水量的减少而导致下游河道的航深降低，河道冲淤规律变化，生物多样性消失，已有水利工程设施功能降低甚至失效，农业灌溉面积减少；若引水口距河流入海口较近，还会改变河口水位，导致河口泥沙淤积，增加海水(盐水)入侵，引起河口与近海的生态系统变化；若从某流域的支流引水，则可能因该支流汇入干流的水量减少，导致支流受干流河水顶托而排污能力下降，在支流出口处发生水质恶化等。

输水通过区的水文效应：利用天然河道输水和湖泊调蓄，将改变原河流和湖泊的水文、水力特征；大型渠道输水有利于发展航运，改善自然景观；输水沿线水量的增多，可能使水生物和鱼类的数量、种类增多；输水沿线水量的增加，一方面有利于改善沿线的水质环境，另一方面，如果输水沿线存在水污染源且向输水渠道或河道排放，将会导致调水水质受到污染；输水沿线若存在膨胀土、滑坡、断层、地震多发区等不良地质条件，则容易导致渗漏、崩塌甚至诱发局部地震，给沿线的生态环境造成较大破坏。当输水线路经过较强暴雨区时，可能产生调出区与通过区或输入区之间的洪水遭遇，形成更大的洪涝灾害；当输水线路与地表水流向或地下水流向正交时，则可能因阻止了地表水或地下水的出路而导致洪涝碱灾害；输水沿线的输水渗漏，一方面有利于抬高地下水位、缓解输水沿线的供水紧张状况，另一方面也可能导致土壤次生盐碱化；当输水线路经过人口稠密地区时，一方面可为居民增加新水源和风景区，另一方面也会导致大量移民和工矿企业及城镇的搬迁；输水工程施工时，会引起输水沿线的地貌与生态景观改变和环境污染等。

水量输入区的水文效应：大量外水的引入可能会导致地下水位升高，水溶盐积累，蒸发量增加，土壤次生盐渍化和农田小气候变化等。

三、小型农田水利措施的水文效应

农田水利措施主要包括灌溉、排水措施、山区梯田谷坊措施、平原圩区控制措施等，其水文效应也不尽相同。

农田灌溉主要通过修建蓄水塘坝或提水工程、输配水系统等措施，以满足田间灌溉的需水要求。这些蓄、提、引、输水的措施一旦实施运转，就会改变天然河道的流量过程及水量的空间分布。一方面引取河水减少了上游河水来水量；另一方面，引取的水通过输水干、支、斗、农、毛渠及田间渗漏补给地下水，抬高了地下水位，最终再回归下游河道。由于大规模灌溉，不仅抬高潜水位，而且增大了土壤含水量，这就使潜水和土壤水的蒸发量增加，因而使得灌区上空往往温度降低，湿度增加，为降水创造了有利条件。据美国伊利诺伊州水利勘测设计院资料，灌溉能使夏季雨量明显增加。

地表或地下排水的效应，主要是加速地下水消退，降低地下水位，减少潜水蒸发，从而加大地下水对河流的补给量，使水流量增加。同时，排水能减少地面积水和蒸发，改善汇流条件，加速水流汇集，从而增加河川径流量。排水区在流域中所处的位置不同，对洪峰流量的影响也不同：排水工程在流域上游，则加速洪水的汇集，加大洪峰流量，使洪水过程线区域尖瘦；处在流域的下游将可能降低洪峰，拉平洪水过程。排水措施的影响程度主要取决于排水河系的密度和深度。

山区修筑水平梯田、谷坊、鱼鳞坑等，主要是改变坡面和河流的坡降及糙率，拦蓄和延缓了地表径流，增加地表水的下渗，变地表水为潜流，因而延缓洪水过程，同时也起着防止水土流失的作用。

三角洲平原感潮河网区地势低平，为了防洪挡潮及降低地下水，通常修筑圩坝并建立以骨干河道和水闸泵站为主的联圩分片治理的大控制体系。这样大面积圩区被圩堤水闸所包围，内外河关系受人工控制，虽然改善了圩区农业生产条件，但大控制缩小了河网的调蓄容积，增大了外河洪潮威胁，而且内河被控制，水流不畅，往往使内河遭受污染，并日趋严重。

第三节 国内外一些水利工程对水文环境的影响分析

一、三门峡水库对水环境的影响分析

三门峡水利枢纽是新中国在黄河干流上兴建的第一座以防洪为主兼顾防凌、灌溉、供水、发电等任务的大型水利枢纽工程，被誉为“万里黄河第一坝”。该工程位于黄河中游下段，两岸连接豫、晋两省，控制流域面积 68.8 万 km^2，占全河流域面积的 91.5%，控制黄河来水量的 89%，来沙量的 98%。目前枢纽共装有 7 台发电机组，总装机容量为 40 万 kW，设计年发电能力约 14 亿 kW · h。按最初的技术设计指标，水库正常高水位为 360m 高程，相应的水库容积为 647 亿 m^3，可将千年一遇洪水（推算的洪峰流量为 37 000m^3/s）下泄量削减到黄河下游堤防的安全泄量，即 6000m^3/s。上、下游灌溉面积计 433 万 hm^2。调节下游河道水深常年不低于 1m，从邙山到入海口约 800km 的河道可通航 500t 拖轮，通过枢纽的航道轴线位置选择在左岸。库区淹没面积为 3500km^2，其中耕地 21.7 万 hm^2，需迁移人口 87 万。

三门峡水利枢纽于 1957 年 4 月动工修建，1958 年汛后截流，1960 年 9 月基本建成。由于原设计对来沙量和泥沙淤积可能出现的问题估计不足，水库运行后泥沙淤积速度和淤积部位都大大超出设计之外，在水库运行后的一年半时间内，330m 高程以下库容由蓄水前的 59.3 亿 m^3 减少到 43.6 亿 m^3，潼关河床抬高 4.3m。河床的抬高，影响潼关以上黄河干流，致使渭河、北洛河下游都发生严重的淤积，水库泥沙淤积的迅速发展，不但有使水库报废的危险，同时水库淤积末端的迅速上延，又对关中平原和西安产生严重的洪水威胁。此外水库的建设也带来了一系列的环境问题：

1）生态环境退化、生物多样性下降 。库区生态环境退化是人地关系长期失调的结果，人类的工农业生产活动对自然的强烈干预和破坏，造成森林锐减、水土流失、土壤瘠薄、环境污染等一系列生态退化问题，结果使生态环境改变和生境质量下降。工程对生物多样性的主要影响，不在于蓄水对物种的消灭，而在于移民迁建、工地建设与开发活动对生物适生生境的破坏性影响。另外，人类对植被的破坏和对某些动物的直接捕杀，也改变生物间的各种生态联系、能量流动和物质转化途径，使生态平衡和生物多样性遭受破坏。库区生境的变化趋势主要表现在：①陆地范围减少，水域面积增加。这样使得陆生生物的适生生存空间缩小，水生生物的生存空间增加；②自然生态系统减少，人工生态系统增加。随着人口的增长、经济的发展和城市化进程的加速，农渔业生态系统和城镇生态系统将不断取代原有自然生态系统；③陆生生境发生逆向演替，生境质量下降。由于土地过垦、过牧和森林砍伐等人类活动的影响，库区生境已经或正在发生逆向演替，使整个区域生态系统结构和功能失调，生境日趋单一、脆弱或恶化。

2）水质变化。据水库水质监测资料统计，三门峡建库前黄河水质均属Ⅰ类。20世纪70年代以后，库区周围一批煤炭、化工、冶炼等厂矿企业相继兴建，它们排放大量的废污水（据1986年统计，库区每年接纳工业废水5.93亿t），加上其他污染，水库水质发生了变化。根据库区各站实测的水质，黄河龙门站入库水质为Ⅰ类，渭河华县站为Ⅲ类；汾河河津站水质污染严重，为Ⅳ类水；潼关站受渭河、汾河污染影响，降为Ⅱ类水；经过三门峡出库的水，由于水库的稀释和分解作用，净化了水质，达到Ⅰ类标准。进入90年代以后，中小城镇工矿企业蓬勃发展，每年直接向库区排放大量的废污水，加上支流污染物的输入，库区水质迅速恶化。据统计，库区干流段年接纳废污水总量达17.33亿t，其中，渭河9.81亿t，占总水量56.6%；汾河3.86亿t，占22.3%；宏农涧河1.48亿t，占8.5%；青龙涧河0.971亿t，占5.6%；涑水河0.38亿t，占2.2%；通过其他支流或排污口的废污水年入河量为0.84亿t，占4.8%。可以看出，库区废污水主要来源于渭河，其次为汾河、宏农涧河、青龙涧河和涑水河等。据1999年黄河流域水环境质量年报，三门峡水库上游龙门站水质全年大部分时间为Ⅳ、Ⅴ类；潼关河段水质全年有75%以上时段劣于Ⅴ类，主要污染物为镉、铝、非离子氨、亚硝酸盐氮等；三门峡河段水质全年的50%时段劣于Ⅴ类。

3）土地盐渍化、沼泽化。库区原有盐碱地、沼泽地共11万亩余（1亩≈666.7m^2），由于库周围地下水水位抬高的影响，水库运行至今已造成关中平原盐碱地、沼泽地迅速发展到50万亩余，使得粮食大面积减产，对当地农民的生活保障造成了严重的威胁。

三门峡水库是新中国成立后，国家兴建的第一个大型水利工程项目，各方面工作的经验都不足，造成了目前水库运行时凸现出来种种问题，在今后的大型水利工程建设中应引以为鉴。尽可能地减少水利工程建设对生态本来面目的破坏，实现人与自然的和谐相处。

二、埃及阿斯旺高坝对水环境的影响分析

阿斯旺高坝修建在厚达225m的冲积层上，是一座“土心墙沙石坝”，由主坝、溢洪道和水电站三大部分组成，主坝全长3830m、坝基宽980m、坝顶宽40m、坝高111m，是当时世界上最大的大坝工程。建坝后形成一个长约480km、平均宽约12km、深100m以上，面积达6500km^2的人工湖——纳赛尔湖。湖的容量足以装下尼罗河两年的全部水量，总库容为1680亿m^3，是世界第二大人工湖。

阿斯旺高坝一度是埃及人民的骄傲，但是由于该工程在规划设计时，未很好地研究工程对生态环境所带来的影响，因此水库建成后产生了一系列不利的影响，主要表现在以下几个方面：

1）高坝工程造成沿河可耕地的土质肥力持续下降。埃及之所以能长期维持农业生产，处于灌溉文化的独特地位，完全是因为有来自埃塞俄比亚高原和苏丹沼泽地的新鲜淤泥的沉积。但高坝在拦蓄河水的同时，也截住了这些淤泥，致使下游的耕地失去了这些天然肥料而变得贫瘠。埃及农民不得不去购买进口化肥，这不但加剧了土壤退化的恶性循环，还增加了外汇支出和农业成本，使得农业净收入有所下降。

2）由于尼罗河不再泛滥，也就不会有大量河水带走土壤中的盐分，长期灌溉又使地下水位上升，把深层土壤内的盐分带到地表，导致了土壤盐碱化。高坝周围大约有35％的农业耕地受到盐碱化的影响，盐碱地每年增加10％左右，可耕地面积逐年减少，抵消了修建高坝而增加的农田数量。近年来，埃及粮食生产已不能满足自身的需要，50％的食品需要依靠进口。旱季因为水库蓄水，下游水位降低，导致海水倒灌入河口之内，使尼罗河三角洲土地盐渍化，以前盛产的长绒棉从此绝迹。

3)库区以及水库下游的尼罗河水质恶化。由于纳赛尔湖库区沉淀了大量富含微生物的淤泥，浮游生物大量繁殖。同时，大量化肥的残留部分随灌溉水流到尼罗河，导致河水富营养化。此外，土壤盐碱化也使地下水受到污染。

4)高坝建成后，尼罗河下游河道内的流量、流速趋于均匀，水流变清，水质发生变化，有利于水草丛生，在支渠中更加茂盛，这降低了灌渠的运行效率，影响输水能力。同时，水生植物还大量蒸腾水分，进一步减少了水资源可利用量。

5)高坝建成后，下游由于清水效应，从阿斯旺到开罗，河床每年平均被侵蚀掉2cm，预计尼罗河河道要再经过一个多世纪才能形成一条新的、稳定的河道。尼罗河三角洲也深受影响，过去淤泥在河口附近沉积，能阻碍地中海海水回溯，现在出海泥沙量从每年数千万吨下降到二三百万吨。由于排入地中海的水量和沙量大减，破坏了河口原来的平衡关系，海岸线受侵蚀退缩，河口三角洲受到海洋的冲刷而急速内塌，河口附近的港口、工厂有坍入地中海的危险。海岸线遭受着海水的任意侵蚀，平均每年要后退3m，埃及的国土在被悄悄地吞噬。专家估计几十年后，埃及将减少15％的耕地，1000万人将背井离乡。而海水从尼罗河三角洲侵蚀的一部分泥沙，又因海潮倒灌而重新淤积，危及埃及第一大港（亚历山大港）的航道。

6)水库下游的居民深受血吸虫病和疟疾的威胁，发病率急剧上升。尼罗河下游本来流动的河水变成了相对静止的“湖泊”，加之改变灌溉体系后，各种渠道内常有积水，沿岸支流水草丛生，促进了钉螺的繁殖，提供了蚊虫滋生、疾病传播的环境。由钉螺引起的血吸虫病蔓延，库区一带居民的血吸虫病的发病率高达80％以上。

第七章　森林植被与水文情势

第一节　森林水文及其发展

森林和水是生态系统中最活跃,最有影响的两个因素。水在自然界中是万物生命之源,是人类及动植物不可或缺的重要物质,但水对人类既有有利的一面,也有为害的一面。而森林则不仅可为人类提供木材、林产品和能源,而且是维持生态平衡的顶梁柱,是人类赖以生存和发展的良好环境的保卫者。过去人们对于森林的作用往往只看到其提供木材和能源的作用,而对森林涵养水源,保持水土,调剂气候等方面的作用关注较少。大面积采伐森林,随之而来的是水土的流失,地下水位的下降,河川水文情势的恶化,给人们的生产和生活造成了极大的困难和威胁。

面对这一系列大自然对人类的报复和惩罚,世界各国开始开展森林水文方面的研究。美国学者在 20 世纪 40 年代首次提出了森林水文学的概念,并定义“森林水文学是一门专门研究森林植被对有关水文状况影响的学科”,从而使森林水文学成为水文学的分支学科;同时,森林水文学也是陆地水文学与森林生态学交融形成的一门新型交叉学科。它研究森林植被结构和格局对水文生态功能和过程的影响,包括森林植被对水分循环和环境的影响,以及对土壤侵蚀、水的质量和小气候的影响。

早在 1860 年德国学者就进行了土表蒸发的测定,1879 年奥地利学者研究了森林对降水截持和蒸发蒸腾的影响。20 世纪初,瑞士、日本、美国的水文工作者在开展对比流域试验的基础上评价有林地和无林地的水源涵养作用,同时对各种森林类型的个别森林水文现象进行了细致的观测。进入 50 年代,森林水文学开始向两个主要方向发展,一方面部分学者致力于森林水文机制和水文特征的研究,以探讨森林中水分运动规律,包括降水截持、植被物截持、土壤渗透等;另一方面,随着生态学理论的发展部分学者开始从生态系统的角度,研究水分循环及其与生物地球化学循环和能量流动的关系,以及森林环境对水文的影响。从宏观上阐明森林生态系统的基本功能与水文特征的相互关系。这一时期研究的主要特点是:对水分作为载体的各种化学物质输入——→系统内部再分配——→系统输出,这一全过程的水质变化和生物地球化学循环进行定位观测;研究森林生态系统水分循环过程和森林水量平衡的数量关系;评价森林生态系统对水资源的效益和水文生态功能,并以简单因子模拟和预测复杂水文过程以及开展森林经营、流域管理和流域开发等方面的工作。

20世纪60年代，美国生态学家Bormann和Likens提出了森林小集水区技术，开创了森林生态系统研究和森林水文学研究相结合的先河。他们把森林生态系统定义在一个相对封闭的集水区范围，开展综合性生态学、水文学和水文地球化学方面的研究。同时，世界各国广泛开展了流域对比试验研究，从宏观上阐明水的时空变化规律，评价森林的水文作用并确定管理方法和政策。自80年代以来，森林水文学进入到一个新的研究阶段，森林水文作用被划分为3个相互联系的领域，即森林对水文循环的水量、水质和机制的影响，建立基于森林水文物理过程的分布式参数模型，为资源管理和工程建设服务。

我国对森林水文学的研究起步较晚。1924～1926年间，罗德民和李德毅在山东、山西、河南、安徽等地的寺庙林地观测研究不同森林植被对雨季径流和水土保持效应的影响。新中国成立后，有关科研院所和高等学校，结合科研和教学实践，开展了小规模的研究。20世纪60～70年代，由于历史的原因，我国森林水文学的研究处于停滞的状态。70年代末到80年代初，特别是1978年中国科学院召开了陆地生态系统定位研究工作会议，以及1982年林业部在山东泰安召开了森林生态系统定位研究工作座谈会后，我国的森林水文学研究进入了一个新时期，出现了大量的森林水文学研究成果。如四川省林科所在米亚罗山区进行了森林沟与采伐沟的径流量对比试验；1982年雷瑞德研究了秦岭火地塘林区华山松林水源涵养功能；卢俊培等(1982)对海南岛的森林水文效应进行了初步研究。90年代以后，随着我国森林生态定位研究站网体系的健全，森林水文学研究方法的逐步统一和成熟，计算机技术和地理信息系统技术在森林水文学研究中的应用，使我国森林水文学的研究上了一个新台阶，研究已涉及山地雨林、半落叶季雨林、常绿阔叶林、常绿落叶阔叶混交林、山顶矮林、次生落叶阔叶林、落叶松林、油松林、冷杉林、云杉林、华山松林、马尾松林等。另外，由于1998年我国发生了长江、嫩江和松花江特大洪涝灾害，使我国政府对森林水文作用的重要性有了更深刻的认识，增加了在这方面的投入，为我国森林水文学的发展创造了条件。

第二节　森林生态的水文效应

森林水文效应是指森林覆盖对降水、径流、蒸发等水循环要素及河流水情、地下水、水质、泥沙等水文现象的影响。

一、森林对降水量的影响

森林对降水的影响极为复杂，至今还存在着各种不同的看法。例如，法国学者F. 哥里任斯基根据对美国东北部大流域的研究得出结论：大流域上森林覆盖率每增加10%，年降水量将增加3%；根据前苏联学者在林区与无林地区的对比观测，森林不仅能保持水土,而且直接增大降水量,其研究结果认为有了森林,一般年降水量可以增加1%～25%;我国吉林省松江林业局通过对森林区、疏林区及无林区的对比观测指出,森林区的年降水量分别比疏林区和无林区高出约50mm和83mm(表7-1)。

表7-1　森林区、疏林区、无林区降水量对比(mm)

区域	冬	春	夏	秋	全年
森林区	54.2	168.0	469.6	161.2	853.0
疏林区	34.1	152.7	463.4	153.9	804.1
无林区	27.3	133.5	458.8	150.5	770.1

另外一些学者认为森林对降水的影响不大。例如K. 汤普林认为,森林不会影响大尺度的气候,只能通过森林中的树高和林冠对气流的摩阻作用,起到微尺度的气候影响,它最多可使降水增加1%～3%;H. L. 彭曼收集亚、非、欧和北美洲地区14处森林多年实验资料,经分析也认为森林没有明显的增加降水的作用。

第三种观点认为,森林不仅不能增加降水,还可能减少降水。例如,我国著名的气象学者赵九章认为,森林能抑制林区日间地面温度升高,削弱对流,从而可能使降水量减少。另据实际观测,茂密的森林全年截留的水量,可占当地降水量的10%～20%,这些截留水,主要供雨后的蒸发,从流域水循环、水平衡的角度来看,是水量损失,应从降水总量中扣除。

以上3种观点都有一定的根据,亦各有局限性。而且即使是实测资料,也往往要受到地区的典型性、测试条件、测试精度等的影响。总体来说,森林对降水的影响肯定存在,并且与森林面积、林冠的厚度、密度、树种、树龄以及地区气象因子、降水本身的强度、历时等特性有关,至于影响的程度,是增加还是减少,还有待进一步研究。

二、森林对径流量的影响

森林阻滞地表径流的作用很明显。

各气候带的主要森林类型中的测定均表明:森林林冠层能有效地截持一部分降水,特别是凋落物层,其有效吸水量通常为其自重的2～4倍,可达每公顷11～33t;林地土壤结构疏松,有利于水分的下渗,其稳定入渗率通常是农耕地和放牧草地的3～12倍。因此,林地的地表径流很少发生或被显著削弱。在各类森林中测定结果表明,在月降雨量不超过80～90mm的情况下,均未产生地表径流;次降雨量不超过60～65mm(黑龙江省海浪河流域云冷杉林)时,无地表径流产生。

但在森林结构不良时,则出现相反的情况。如广东部分地区受人为干扰的桉树林，表土板结，无草被和凋落物层，其地表径流高出裸地1倍；山西吉县的刺槐林，受人畜干扰，表土紧实，基本无枯落物层，其入渗率只及草地和农田的1/10。

森林采伐后，地表径流明显增加。温带帽儿山蒙古栎林地表径流为13.65mm，采伐后增至34.4mm；热带尖峰岭的山地雨林在日降雨量40mm条件下，地表径流为0.84mm，同时测定择伐迹地地表径流为1.06mm，皆伐迹地则为3.73mm。这也证明了森林存在减少地表径流的明显作用。

森林对河流总径流量的影响长期存在争论。目前国内外文献资料中，存在两种完全对立的意见，有不少资料和分析论证森林减少径流，也有不少数据和分析证明森林可以增加径流。

自1900年瑞士对两个小集水区进行森林作用的研究以来，美、苏、德、日等国相继对此开展研究，或用采伐前后的对比法，或用成对集水区法，或用几十条河流甚至百余条河流的综合分析，但结论不一。大致的趋势是：面积较小的集水区和流域（数十公里以下），森林的存在会减少年径流量，采伐森林通常可使年径流量增加数十毫米至500mm；面积较大的流域（数百或数千公里以上），情况则相反，有林流域的年径流量比无林或少林流域的大，森林覆盖率每增加1%，年径流量增加0.8mm至数毫米。例如，俄罗斯沿海地区40条山区河流10年观测结果经多元回归分析的结论是：森林覆盖率每增加1%，年平均径流量相应增加1.5～1.9mm。

在国内，刘昌明等通过对我国黄土高原林区径流分析得出：在黄河中游黄土高原的森林减少了年径流量，林区径流系数比非林区小34.0%～68.5%。1962年金栋梁通过对长江流域大面积森林区的分析，认为森林覆盖率高的区域比森林覆盖率低的区域，有林地比无林地区域，河川年流量均毫无例外地增加，其增加幅度在21.8%～32.8%。中国林学会森林涵养水源考察组，在华北选择了地质、地貌、气候等条件大致相似的三组对比流域，分析表明，在华北石质山区，森林覆盖率每增加1%，流域年径流深增加0.4～1.1mm。一些学者通过试验也得出了相似的结论。

三、森林对流域蒸散发的影响

林地蒸散发是植被截留蒸发、植物散发和土壤蒸发的总和。由于森林吸收更多的辐射能，加之根系埋深可达1.5～3m，给植物散发提供了更多的水分，故林地总蒸散发量中，植物散发量占比重最大。有人统计每公顷森林，每天要从地下吸收70～100t水，这些水大部分通过茂密的枝叶蒸腾到大气中去。植物蒸散量比海水蒸发量大50%，比土壤蒸发大20%。由于林木遮蔽、气温低、湿度大、风速小、紊动扩散受限制，加之林地土壤有枯枝落叶覆盖，土壤疏松，非毛管性孔隙多，阻滞了土壤水分向大气散发，故林内土壤直接蒸发所占比重最小，它小于同样自然条件下无林地土壤的直接蒸发量，一般只相当于无林地的2/5～4/5。

表 7-2 是浙江姜湾径流实验流域观测计算的林地蒸散发情况。该流域地处温湿地带，树木常绿，集水面积 20.9km^2，满山遍野几乎都是茂密的竹林，其覆盖率为 86.7%，表中资料表明林地蒸散发比土壤蒸发大 1.1～1.8 倍；在半干旱地区的清水河流域，林地蒸散发比无林地大 0.38 倍；在寒冷湿润的小兴安岭林地比无林地大 0.2 倍。总之国内外的许多实验资料都证实同一地区林地蒸散发比无林地土壤蒸发量大。此外，从绝对值来看，温湿的低纬度地带森林对蒸发的影响大，寒冷干燥的高纬度地带影响小，这是因为低纬度地带植物常绿，吸收太阳辐射能多，高纬度地带则反之。

表 7-2　姜湾径流实验流域林地蒸散发量(mm)

项目	1957 年	1958 年	1959 年	1960 年	1961 年	备注
流域平均雨量	1 504	1 572	1 813	1 868	2 070	土壤蒸发器设在没有植物的裸地上
实测总径流深	678	829	980	1 184	1 416	
流域平均蒸发量	826	683	833	684	654	
实测土壤蒸发量	341	398	329	380	359	
林地蒸散发量	900	727	910	731	699	

四、森林对地下水的影响

它与地质、地貌、地下水位等各因素有关。一般认为山区森林下渗水量对地下水补给有利，由于林地的土壤疏松，孔隙多，渗透性强，降水的 50%～80%可以渗入地下，一亩林地至少比一亩无林地多蓄水 20m^3，5 万亩森林所含蓄的水量就相当于一座 100 万 m^3 的小水库，故人们又称森林为“绿色水库”。

五、森林与涵养水源

(一) 削减洪峰

森林能有效地削减和延缓洪峰。森林通过乔、灌、草及枯落物层的截持含蓄、大量蒸腾、土壤渗透、延缓融雪等过程，使地表径流减少，甚至为零，从而起到削减洪水的作用。这一作用的大小，又受到森林类型、林龄结构、林地土壤结构和降水特性等因素的影响。通常，复层异龄的针阔混交林要比单层同龄纯林的作用大；对短时间的次降水过程的作用明显，随降水时间的延长，森林的削洪作用也逐渐减弱，甚至到零。由此可见，森林的削洪作用有一定限度，但不论作用程度如何，各地域的测定分析结果表明，森林有削洪作用是肯定的。

四川嘉陵江、涪江、沱江等流域的洪水过程分析表明，森林削减洪峰量为

10%～20%，最大不超过25%。黄土高原林区与无林区比较，森林的消洪作用更明显。有林区的洪峰流量模数比无林区的要小数十倍，有的小流域甚至小百倍，林区为0.006～0.019，而无林区则达0.104～2.15；洪水历时，在有林区要比无林区延长2～6倍以上；峰现历时，在有林流域要比无林流域滞后3～15倍；洪峰流量的减少可达到71.4%～94.3%。黄土林区拦洪作用如此之大，与林下土层深厚（黄土层平均厚度为50m）且具有很高的渗透性有关。通过松花江水系的两条集水面积相同的漂河（森林覆盖率为零）与陡嘴子河（覆盖率为70%）多年洪水特征比较可知，无森林覆盖的漂河的洪峰流量要比多林的陡嘴子河大2～3倍；对峰现历程的比较表明，尽管无林漂河的比降是多林陡嘴子河的1/2，但多次暴雨径流的峰现历时漂河是几十分钟至1h余，而陡嘴子河则为4～5h。经测算，四川西部亚高山云冷杉林的林地最大拦蓄水分能力可达260～315mm，当连续降水量超过此值时，森林拦洪能力即为零。黑龙江省海浪河流域内有林区（森林覆盖率为75%）与少林区（覆盖率为14%）的次降雨与径流过程比较分析表明，次降雨量不超过60～65mm，即使降雨历时稍长也不会出现地表径流，有林区的洪峰值比少林区的低29.24%～34.40%，而退水过程则要延后20～48h。广东小良地区的水文特征也显示，混交林地的峰现时间要较裸地延后一倍以上；降水最多的8月（295.7mm）混交林地的径流系数（9.0）只有裸地（24.2）的37.2%。

（二）森林能补枯，有时也可能减枯

我国是典型的季风气候国家，绝大部分地区降水的年内季节分配不均，或春旱或夏旱，少雨季节的枯水径流主要靠流域蓄水补给。森林对枯水径流的作用有两类：在降水较多且林地土壤透水性能良好时，渗透强度超过可能的蒸散发强度，森林对枯水径流的正效应可能突出；而在降水较少或不具备良好的渗透条件时，则有可能使蒸散耗水成为主要因素，森林的负效应就突现出来。我国近年来的研究结果证实了这两类效应都存在。如松花江水系20个流域10年监测结果表明，无林流域春季（枯水）径流仅占全年径流的6.5%～7.0%，径流深仅2.65～4.35mm，而有林流域（森林覆盖率为22%～90%）春季（枯水）径流占全年的12.5%～31.9%，径流深达10.83～139.20mm，是无林流域的4～32倍；四川紫坪铺水文站自20世纪30年代以来的观测说明，岷江上游森林集中采伐的结果使枯水季节月均径流明显减少，50年来枯水径流减少了29%～47%，枯水期径流减少程度与采伐强度成正比。

海南岛三大流域（南渡江、万泉河、昌化江）地区从20世纪60年代以来进行了大量森林采伐，森林覆盖率下降了20%～50%，尽管60～70年代的年均降雨量略有增加，但河流年均枯水流量仍然普遍减少（14.93%～37.90%），洪枯比随之扩大，70年代为60年代的1.5～2.0倍。

新疆地区河流的洪枯比也说明了森林的存在有利于增加枯水流量并减少洪水量。发源于天山西部多林山地的伊犁河最低与最高的月均流量比值为1∶7,天山中部少林山地的精河为1∶21,昆仑山无林山地的玉龙喀什河则高达1∶43,这也说明森林冰川综合涵养型远远优于冰川涵养型。

但在有些地区,甚至邻近流域的测定结果也有与上述例子相反的。例如,对松花江水系陡嘴子河的4个中等集水区30年观测数据的对比分析结果表明,在森林覆盖率达40%以上的情况下,比其荒地能增加径流历时64%,减少最大径流量32%,同时也减少总径流量14%,枯水期径流量也随之减少,森林覆盖率每增加1%,枯水期径流减少1.5%~7.5%;松花江水系阿什河上游3个小集水区(集水面积2km^{2}以下)通过50%的带状采伐和皆伐后,采伐区的总径流量增加了1.31%~9.17%,秋汛(多雨季节)径流增加了3.61%~10.71%,而枯水(包括春汛融雪径流)径流则减少了17.51%。

以上实例说明,森林对枯水径流是增还是减,因地区和流域情况而不尽相同。某一流域的结论不宜外推,更不能强调蒸散发耗水而采用砍伐森林来增加枯水流量。

六、森林对水质的影响

从20世纪60年代中期起,水文学家、环境学家、森林生态学家就开始了森林对水质与水环境的影响的研究工作,尽管这种研究的最初目的是研究土壤稳定性问题。这一时期,美国的科韦塔(Coweeta)森林生态水文研究站开始了生态系统物质循环研究,这对其后的森林水质影响研究产生了十分重要的影响。在森林保护水源、防止污染的研究方面,前苏联在莫斯科和高尔基省的联合集水区,进行了森林净化径流作用的研究,研究结果表明,在农田集水区的森林有助于从本质上净化径流水质,排除污染成分和固体径流。滞留效果最好的是磷肥的残余物(进入农田数量的38.5%~80%),其次是氮的化合物(22%~78%),硝酸盐类的氮不能被森林土壤所滞留,利用森林枯枝落叶层的吸滞特性,可有效地滞留固体径流(21%~45%),只要森林面积占农田面积的0.6%~5.3%,就可以完全净化径流中的磷。

森林采伐后会造成森林地表层长期积蓄的有机物质、碱性物质、重金属的不断分解与流失。另据前苏联在几公顷的小流域对几百年生的冷杉、山毛榉天然混交林采用多种方式进行采伐试验的研究结果表明,在皆伐流域,由于溪流的水温上升,生物活动旺盛,其BOD为群状择伐流域的1.11~1.28倍;溪流水中的氮含量也为群状择伐流域的3~4倍;皆伐流域在最大流量时的BOD和最小流量时的氮含量分别为未伐区的1.67倍和2.7倍;而群状择伐流域溪流水质尚未看出有这样的变化。

日本在滋贺县花岗岩地区赤松流域(6hm^2)观测结果表明,降水通过林冠或沿树干流下,然后由溪流流出,在此过程中化学成分的含有量已发生变化。林内降雨和树干径流中的钠、钾、钙、镁、磷、硝态氮等的含量均有所增加,且树干径流增幅较大。地表径流中钠含量有较大的增加,而氨态氮、硝态氮含量有较大的减少。降雨在经过森林流域时,能增加各种化学成分,也能除去某些原有的溶解成分。另外,日本的研究观测证明,随着采伐面积的扩大,林内溪流的水温将会逐渐升高。在日本东京的古生层山地的柳杉林,经过采伐后的第二年夏季,氮(大部分为硝态氮)流出量增加,最大达到 3.5ppm 左右,第三年最大达到 2.5ppm,随着植被的恢复而逐年减少。

美国科韦塔森林生态和水文研究站的研究结果表明,采伐后处于植被自然恢复阶段的流域,与壮龄阔叶林相比,前者的溪流的硝态氮量较多,在部分因虫害而落叶的壮龄阔叶林流域,硝态氮的流失量也有所增加。另据他们对 9 号壮龄阔叶林试验流域的溪流水和雨水的养分含量作了比较,其结果表明,溪流水中的 Ca^{2+}、Mg^{2+}、K^{+}、Na^{+} 在一年中的收支量为负值,分别减少了 2.39kg/hm^2、2.34kg/hm^2、3.30kg/hm^2、5.93kg/hm^2,而 NH_4-N、NO_3-N、PO_{4-}P、Cl^- 为正值,分别增加了 0.47kg/hm^2、2.85kg/hm^2、0.16kg/hm^2、0.28kg/hm^2。

我国中国科学院沈阳生态所在木本植物对土壤汞污染防治功能的研究中得出,木本植物对土壤中汞具有较强的吸收积累作用和较高的耐毒性。当年生的加拿大杨在生长期内对经过 50ppm 汞处理的土壤中汞的吸收积累量高达 6779.11μg/株,为对照的 130 倍;厦门大学在红树幼苗对汞的吸收和净化研究中发现,红树具有吸收汞的功能,同种植物的不同器官对汞的吸收量不同,两种红树的叶、茎和根对汞的吸收量不同,均表现为根含量最高,叶次之,茎最少;北京林业大学在山西吉县对水土保持林水质效应研究表明,以森林为主的流域河流的水质指标优于以农田和荒地为主的流域河流水质;在湖北宜昌对长江三峡花岗岩地区防护林体系水环境影响研究中指出:在长江花岗岩地区,以森林为主的坡面的各种水质指标均优于以农田、荒地为主的坡面水质指标,反映了森林对水质的良好净化作用。森林对河流水质的影响是通过减少土壤侵蚀(如磷的含量变化)和森林对水体的自净作用(如 COD 的含量变化)实现的。

七、滥伐森林的后果

历史上森林覆盖面积曾占陆地面积的 2/3,达 76 亿 hm^2,随着人口剧增,毁林垦荒,砍柴伐薪,森林被大量砍伐。目前,全世界森林每年减少 $18\times10^6\sim20\times10^6hm^2$。据世界粮油组织统计,1950 年以来,全世界森林已经损失了一半。据一些学者预测,到 2010 年森林面积将下降到 21 亿 hm^2;到 2020 年将下降到 $18\times10^8hm^2$,人均木材蓄积量将由 80m^3 下降到 40m^3。

大面积毁林导致洪水泛滥成灾。印度和尼泊尔的森林破坏，很可能是印度和孟加拉国近年来洪水泛滥成灾的主要原因。仅印度每年防治洪水的费用就达1.4亿～7.5亿美元。这种灾难的典型例子还有：1970年印度的阿拉卡曼河泛滥，它是该河首次发生的灾难性洪水，这场灾难使印度的许多村庄被冲走，大量泥沙在下游淤积，破坏了印度北方邦平原上的灌溉系统；1988年5月至9月，孟加拉国遇到百年来最大的一次洪水，淹没了2/3的国土，死亡1842人，50余万人感染疾病；1998年6月至8月我国长江中下游地区的大暴雨造成了历史上罕见的特大洪灾，冲毁了道路、桥梁，淹没了农田、城镇、工厂和村庄，造成直接经济损失达3000亿元。

森林破坏造成了严重的水土流失、土地沙化。哥伦比亚每年损失土壤4亿t；埃塞俄比亚每年损失土壤10亿t；印度每年损失土壤60亿t。我国水土流失情况也很严重，大量泥沙倾入黄河，使黄河的含沙量居世界首位，河水的含沙量达$37kg/m^3$以上。近年来，由于长江上游森林的大量砍伐造成了严重的水土流失，使长江干流和支流（如岷江）的含沙量增加。据长江宜昌站的资料统计，近几年来长江的平均含沙量由过去的$1.16kg/m^3$增加到$1.47kg/m^3$，年输沙量由5.2亿t增加到6.6亿t，增加了27%。森林破坏、水土流失加速了土地沙漠化的进程，目前世界上平均每分钟就有$10hm^2$土地变成沙漠。

森林破坏造成泥沙淤积。由于河流湖泊泥沙淤积，我国的内河通航里程由20世纪60年代的17.2万km减少到现在的10.8万km，减少了37%；泥沙淤积使河床抬高，湖泊水库容积减小而造成水灾，降低湖泊、水库的调蓄能力。我国的四川省每年所淤积的泥沙，相当于报废一座中型水库。

由此可见，毁林的后果会引起严重的水土流失，并导致水旱灾害频繁发生。

总之，森林通过调节径流、涵养水源、保持水土、改良水质以改善人类的生态环境的显著作用，已越来越引起人们的普遍重视，森林水文效应的研究对开发营造森林，对环境质量的控制与改善均有重要的实际意义和理论意义。

第三篇　水环境污染及水质模拟

第八章　河流水质数学模拟

第一节　水质数学模型概述

一、水质数学模型的分类

自1926年美国两位工程师H. W. Soreever和E. B. phelps提出第一个水质模型至今，水质污染数学模型的研究已有80余年的历史，目前已发展起各种各样、适应于不同对象（如河流、海湾、河口、湖泊、水库等）以及综合性的大系统水质数学模型。

基于不同的角度，可得出不同的分类，常用的分类有以下几种：

1）从所模拟的空间对象来分类，可分为河流水质模型，湖泊（或水库）、河口、海湾水质模型，都市面污染源水质模型以及农田径流水质模型等。

2）从模拟的水质组分的种类来分，可分为单一组分水质模型和多组分水质模型。单一组分水质数学模型所模拟的对象一般有可降解有机物、无机盐、悬浮物、浮游植物和水温等，BOD-DO水质模型则是多组分水质数学模型中比较成熟的一种。

3）根据水质模型的水力学条件和排放条件分类，可分为稳态水质模型和非稳态水质模型。水力学条件（如水体的水位、流速等）和排放条件（如污水排放量、排放浓度等）不随时间变化的称为稳态模型，反之则为非稳态模型。

4）从水质模型所描述对象的空间维数分类，可分为零维、一维、二维、三维水质模型。一般中小河流横向和垂向的浓度梯度可忽略不计，其水质常用一维模型来模拟；河口、海湾等水体横向或垂向的浓度梯度存在较明显的差别，适于用二维或三维水质模型来描述其水质变化过程。

5）从反应动力学性质来分类，可分为纯化学反应模型、纯迁移模型（惰性物质）、迁移反应模型和生态模型等。

此外，从系统的角度出发还可将模型分为确定性模型与不确定性模型、线性模型与非线性模型、系统参数时变与非时变模型。

二、水质数学模型的建立及应用过程

（一）水质数学模型的建立

水质数学模型的建立大体可分为目的确立、资料收集、模型建立、参数估计、模

型验证和模型使用六个步骤，图 8-1 简单地描述了建立水质数学模型的基本过程。

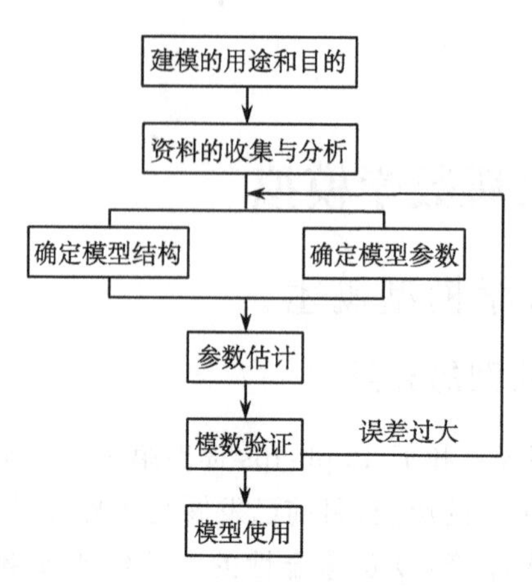

图 8-1　水质数学模型建立与应用流程

1. 资料的收集与分析

建立水质数学模型所需的资料主要包括水文资料、地形资料、水质资料等。

水文资料和地形资料是建立水流模型所必需的。例如，要建立河流水流模型，需要的资料主要有河道地形、坡降、糙率、长度、水位、流量（有时需要丰、平、枯等典型年的水位流量资料）；建立海湾水流模型所需要收集的资料有地形（海底高程）、潮位、流速、流向以及与风相关的资料。

水质数学模型所需要的水质资料一般是常规的水质监测资料，例如，水温、pH、溶解氧、生化需氧量、高锰酸盐指数、氨氮、化学需氧量、石油类、总磷、铜、锌、镉、铅、砷、硒、汞和大肠杆菌等。

另外，还需要对所模拟区域的社会经济情况进行调查，所要调查的资料一般包括人口数量和分布情况、GDP、工业总产值、产业结构、产业布局以及区域的经济发展规划等。

2. 模型的建立

首先根据建模的目的和要求，结合所模拟区域的实际情况，确定要建立的模型是确定性的还是随机的，是集总的还是分散的，是动态的还是稳定的，是一维、二维还是三维的，然后从现行各种水质模型结构中，选择出一种作为初始的（或最终使用的）模型，最后用参数灵敏度分析或模型结构分析等方法进行识别和检验，看它能否较好地描述水质变化规律，如果达不到较理想的效果，就要对模型的部分或整体结构进行调整。

3. 参数的估计

水质模型中大部分重要参数都是未知的，例如，耗氧系数 K_1，大气复氧系数 K_2，BOD 沉降与悬浮系数 K_3，等等。在不同的水力条件、不同的污染排放条件下，这些参数的取值应该是不同的，这就需要模型构建者通过实测水质资料来对模型的参数进行校正，具体地说就是根据模型计算值与实测值的拟合情况，在一个合理的变化范围内，反复地对参数进行调整，直至模型的表现达到人们满意的程度为止。

4. 模型的验证

在把模型的参数率定好以后仍不能马上将其投入实际运用，还需要用实测资料再对模型进行验证，建立起人们对所建模型的信心。

（二）水质数学模型的应用

水质数学模型的应用大致可分为以下3个方面：

1）水质模拟与预测。水质模拟是指利用水质模型，再现评价水域中已经出现的污染状况，它常用于了解现状排污下，评价水域各个位置上的污染状况。水质预测是指利用水质模型，并根据未来排污量数据，展现出评价水域中未来将要出现的污染状况。

2）水环境系统的最优管理。水环境系统的最优管理是指利用水质模型来规定各排污口的排放情况。既要控制污染物的排放量，使得水体中的污染物浓度不会出现违背水质标准的现象，又要充分利用水体的自净能力，减小污水处理费用，还必须根据水流条件来调节排污量的大小，当水流量大时，可适当增加排污量，当水流量小时，则应减少排污量。

水环境系统的管理还包括应付突发事故性排污。遇到这种情况，应利用计算机实时地计算出水域各位置的污染状况，为消除水污染、减轻因污染带来的损失提供对策。

3）水环境系统的最优规划。经济和城市的快速发展，对环境将会产生较大的影响，为维护环境系统的动态平衡，保护自然资源，需要制订出一个科学的、切合实际的环境保护规划，这也是经济和城市发展的需要。水环境系统的最优规划是环境保护规划的重要组成部分，它的内容主要是根据水域的水体功能与水质标准，利用水质模型与费用模型，确定现有排污口与规划排污口的允许排污量，拟定各污水处理厂的最佳位置与容量以及污水处理率的大小。在确定过程中，既要利用水体环境容量这一资源，以减少污水处理负担，降低污水处理费用，又要注意保护水质，谨防过大的排污量损害水体拥有的功能。

第二节　河道水流运动的数学模型

一、明渠非恒定流的数学模型

一般来说，任何天然河流或人工河流的水位、流量、流速等水力要素都是随着时空的变化而变化的，都是三维、非恒定水流。但三维非恒定水流模型在理论上还存在有待完善之处，在实际计算求解中也比较复杂，人们通常将河流运动简化为二维或一维问题来考虑。在很多情况下，人们主要考虑河流的水力要素随时间和距离的变化规律，即把河道视为明渠一维非恒定流来处理。描述明渠一维非恒定流的基本方程最早是由法国科学家圣维南在 1871 年提出的，方程由连续方程和动量方程组成，人们常称之为圣维南方程组。

明渠一维非恒定流导出的基本假设有：

1）河流中水的密度为常数；

2）河流断面的水面线在纵向上是水平的；

3）河流过水断面的压力分布近似静水压力分布规律；

4）河道坡降较小。

（一）连续方程

连续方程的导出是以质量守恒定律为基础的，质量守恒定律在水流问题中可表述为

单元体内水量的变化量＝流入控制体的水量－流出控制体的水量

在河道中取一微段 dx 作为控制体来研究，如图 8-2 所示，该微段中心断面处流量为 Q，过水面积为 A。

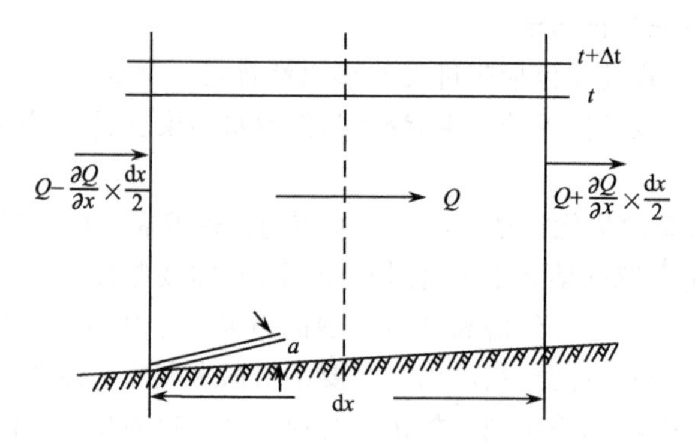

图 8-2 单元控制体图

dt 时段内通过上断面流入该控制体的水的质量为

$$\left(Q-\frac{\partial Q}{\partial x}\times\frac{dx}{2}\right)\cdot\rho\cdot dt$$

由旁侧入流进入控制体的质量为

$$\rho\cdot q dt dx$$

通过下断面流出控制体的水的质量为

$$\left(Q+\frac{\partial Q}{\partial x}\cdot\frac{dx}{2}\right)\cdot\rho\cdot dt$$

故 dt 时段内进出上下游断面水的质量差为

$$\left(Q-\frac{\partial Q}{\partial x}\cdot\frac{\mathrm{d}x}{2}\right)\cdot\rho\cdot\mathrm{d}t-\left(Q+\frac{\partial Q}{\partial x}+\frac{\mathrm{d}x}{2}\right)\cdot\rho\cdot\mathrm{d}t+\rho\cdot q\mathrm{d}t\mathrm{d}x$$

$$=-\frac{\partial Q}{\partial x}\cdot\rho\cdot\mathrm{d}x\mathrm{d}t+\rho\cdot q\mathrm{d}t\mathrm{d}x$$

而该微小时段内控制体中水质量的变化量为

$$\frac{\partial A}{\partial t}\cdot\rho\cdot\mathrm{d}x\mathrm{d}t$$

因此有

$$-\frac{\partial Q}{\partial x}\cdot\rho\cdot\mathrm{d}x\mathrm{d}t+\rho\cdot q\mathrm{d}t\mathrm{d}t=\frac{\partial A}{\partial t}\cdot\rho\cdot\mathrm{d}x\mathrm{d}t$$

经简化后得

$$\frac{\partial Q}{\partial x}+\frac{\partial A}{\partial t}=q \tag{8-1}$$

当河宽 B 随水深 h（或水位 Z）连续变化时，上式可写成

$$\frac{\partial Q}{\partial x}+B\frac{\partial h}{\partial t}=q \tag{8-2}$$

或

$$\frac{\partial Q}{\partial x}+B\frac{\partial Z}{\partial t}=q \tag{8-3}$$

（二）动 量 方 程

明渠一维非恒定流中的动量方程是根据动量守恒定率导出的，在沿水流流动方向上，动量守恒定律可表述为

控制体内动量的变化量＝通过上断面进入控制体的动量－通过下断面流出控制体的动量＋旁侧入流引起的水流方向的动量增量＋作用于控制体的外力的冲量

1. 控制体的动量变化量

$\mathrm{d}t$ 时段内，控制体动量的变化量为

$$\Delta M=\frac{\partial M}{\partial t}\mathrm{d}t=\frac{\partial}{\partial t}(\rho Q\mathrm{d}x)\mathrm{d}t=\rho\mathrm{d}x\mathrm{d}t\frac{\partial Q}{\partial t} \tag{8-4}$$

2. 流入、流出控制断面的动量及旁侧入流引起的动量

单位时段内，通过某一断面的动量为

$$\int_O^A\rho\cdot u^2\mathrm{d}A=\beta\cdot\rho\cdot\bar{u}^2A=\beta\cdot\rho\cdot Q\cdot\bar{u} \tag{8-5}$$

式中，$\bar{u}$ 为断面平均流速（下文中简写为 u）；β 为反映断面流速分布不均匀程度的

一个系数，常称之为动量校正系数，当河流断面流速分布均匀时，$\beta=1.0$。

$\mathrm{d}t$ 时段内从上断面进入控制体的动量为

$$\rho \cdot \left(\beta Qu - \frac{\partial(\beta Qu)}{\partial x} \cdot \frac{\mathrm{d}x}{2}\right)\mathrm{d}t$$

$\mathrm{d}t$ 时段内从下断面流出控制体的动量为

$$\rho \cdot \left(\beta Qu + \frac{\partial(\beta Qu)}{\partial x} \cdot \frac{\mathrm{d}x}{2}\right)\mathrm{d}t$$

$\mathrm{d}t$ 时段内流入与流出控制体的动量差为

$$-\rho \mathrm{d}x \mathrm{d}t \frac{\partial(\beta Qu)}{\partial x} \tag{8-6}$$

由旁侧入流引起的控制体沿水流方向的动量增量为

$$\rho q \cdot \mathrm{d}t\mathrm{d}x \cdot V_x \tag{8-7}$$

式中，V_x 为旁侧入流的流速在水流方向上的分量。

3. 作用于控制体的外力的冲量

在 $\mathrm{d}t$ 时段内，作用在控制体上的外力有 3 种：重力、水压力及摩阻力。

(1)重力沿水流方向的分力 F_g

控制体的重力大小为 $\rho gA\mathrm{d}x$，其沿水流方向的分力大小为

$$F_g = \rho gA\,\mathrm{d}x\sin\alpha$$

式中，α 为河底与水平面的夹角。

由于一般河道底坡很小，所以可以近似地取 $\sin\alpha \approx \tan\alpha = S_0$，其中 S_0 为河底比降，故有：

$$F_g = \rho gA\,\mathrm{d}xS_0 \tag{8-8}$$

(2)水压力 F_p

由假设条件“河流过水断面的压力分布近似静水压力分布规律”，推出作用在控制体两侧的水压力互相抵消，作用在纵向的水压力为

$$F_P = -\rho gA\frac{\partial h}{\partial x}\mathrm{d}x \tag{8-9}$$

(3)摩阻力 F_s

假定在非恒定流的情况下，水流所承受的摩阻损失与恒定流情况下差别不大，仍可用曼宁公式、谢才公式或流量模数公式来表示，即

$$S_f = \frac{n^2 \mid u \mid u}{R^{4/3}} \quad \text{(曼宁公式)}$$

$$S_f = \frac{\mid u \mid u}{C^2R} \quad \text{(谢才公式)}$$

$$S_f = \frac{Q \mid Q \mid}{K^2} \qquad \text{（流量模数公式）}$$

式中，S_f 为摩阻比降；n 为糙率；R 为水力半径；C 为谢才系数；K 为流量模数。

所以摩阻力表示为

$$F_s = -\rho g A \mathrm{d}x \cdot S_f \tag{8-10}$$

根据动量守恒定律，由式(8-4)、式(8-6)、式(8-7)、式(8-8)、式(8-9)、式(8-10)得

$$\rho \mathrm{d}x\mathrm{d}t \frac{\partial Q}{\partial t} = -\rho \mathrm{d}x\mathrm{d}t \frac{\partial(\beta Q u)}{\partial x} + \left[\rho g A \mathrm{d}x S_0 - \rho g A \frac{\partial h}{\partial x}\mathrm{d}x - \rho g A \mathrm{d}x S_f\right]\mathrm{d}t + \rho \cdot q\mathrm{d}x\mathrm{d}t \cdot V_x$$

两边同除以 $\rho \mathrm{d}x\mathrm{d}t$ 并整理得

$$\frac{\partial Q}{\partial t} + \frac{\partial}{\partial x}(\beta Q u) + gA\frac{\partial h}{\partial x} = gA(S_0 - S_f) + qV_x \tag{8-11}$$

式(8-1)和式(8-11)就构成了明渠一维非恒定流的基本方程组：

$$\begin{cases} \dfrac{\partial Q}{\partial x} + \dfrac{\partial A}{\partial t} = q \\ \dfrac{\partial Q}{\partial t} + \dfrac{\partial}{\partial x}(\beta Q u) + gA\dfrac{\partial h}{\partial x} = gA(S_0 - S_f) + qV_x \end{cases}$$

通常可认为 $V_x = 0$。

（三）方程组的其他形式

除了上述表达形式外，圣维南方程组还有其他的表达形式，例如：

1）用水位 Z 和流量 Q 作为因变量：

$$\begin{cases} \dfrac{\partial Q}{\partial x} + B\dfrac{\partial Z}{\partial t} = q \\ \dfrac{\partial Q}{\partial t} + \dfrac{\partial}{\partial x}\left(\dfrac{\beta Q^2}{A}\right) + gA\dfrac{\partial Z}{\partial x} + g\dfrac{\mid Q \mid Q}{c^2 A R} = 0 \end{cases} \tag{8-12}$$

2）用流量 Q 和水深 h 作为因变量：

$$\begin{cases} \dfrac{\partial Q}{\partial x} + B\dfrac{\partial h}{\partial t} = q \\ \dfrac{\partial Q}{\partial t} + \dfrac{\partial}{\partial x}\left(\dfrac{\beta Q^2}{A}\right) + gA\dfrac{\partial h}{\partial x} = gA(S_0 - S_f) \end{cases} \tag{8-13}$$

3）以流速 u 和水位 Z 作为因变量：

$$\begin{cases} \dfrac{\partial Z}{\partial t} + \dfrac{A}{B}\dfrac{\partial u}{\partial x} + u\dfrac{\partial Z}{\partial x} + \dfrac{u}{B}\dfrac{\partial A}{\partial x}\Big|_Z = \dfrac{q}{B} \\ \dfrac{\partial u}{\partial t} + u\dfrac{\partial u}{\partial x} + g\dfrac{\partial Z}{\partial x} = -gS_f - \dfrac{qu}{A} \end{cases} \tag{8-14}$$

式中，$\left.\frac{\partial A}{\partial x}\right|_z$ 表示在水位不变的前提下，过水断面面积随距离的变化率。

(四)具有漫洪滩地河道问题的处理

在推导动量方程时，在式(8-5)中增加了动量校正系数 β，该系数反映了断面流速分布的不均匀程度，在大多数情况下，该系数可取值为 1，但当断面流速分布很不均匀时，该系数的大小就值得考虑了。例如，在河道具有漫洪滩地时，滩地上水流的流速比主河槽中的流速小很多，这时候动量较正系数就不得不考虑了。

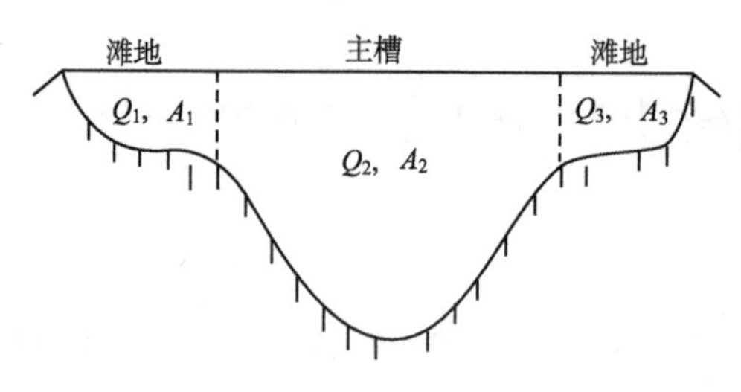

图 8-3 有滩地的过水断面

设整个河流过水断面分成 3 部分，其过水面积分别为 A_1、A_2、A_3，相应的流量分别为 Q_1、Q_2、Q_3，如图 8-3 所示。

断面总的流量：

$$Q = Q_1 + Q_2 + Q_3$$

总的过水面积：

$$A = A_1 + A_2 + A_3$$

断面平均流速：

$$u = \frac{Q}{A} = \frac{Q_1 + Q_2 + Q_3}{A_1 + A_2 + A_3}$$

断面每部分平均流速：

$$u_i = \frac{Q_i}{A_i}(i = 1,2,3)$$

单位时间内通过整个断面的动量为 $\sum_{i=1}^{3} \rho Q_i u_i$，比按照断面平均流速计算的动量 ρQu 大，故修正系数为

$$\beta = \sum_{i=1}^{3} \rho Q_i u_i / \rho Qu = \frac{\sum_{i=1}^{3} Q_i u_i}{Qu} \tag{8-15}$$

假定滩地和主槽中水流的摩阻比降是相同的，则有

$$\sqrt{S_f} = \frac{Q_1}{K_1} = \frac{Q_2}{K_2} = \frac{Q_3}{K_3} = \frac{Q_1 + Q_2 + Q_3}{K_1 + K_2 + K_3} = \frac{Q}{K} \tag{8-16}$$

$$\beta=\frac{\sum_{i=1}^{3}Q_iu_i}{Qu}=\frac{\sum_{i=1}^{3}\frac{Q_i^2}{A_i}}{\frac{Q^2}{A}}=\frac{\sum_{i=1}^{3}\frac{S_f^1K_i^2}{A_i}}{\frac{S_f^1K^2}{A}}=\frac{\sum_{i=1}^{3}A_i}{(\sum_{i=1}^{3}K_i)^2}\sum_{i=1}^{3}\frac{K_i^2}{A_i} \tag{8-17}$$

流量模数 $K=AC\sqrt{I}$，故 K 与 A 都是河流水深及断面位置的函数，不同断面、不同水深的 K 值与 A 值都可以事先通过断面地形资料整理出来，这样在具体计算中就可以通过插值的方法计算出某一断面在某一水位时的 K 值与 A 值，从而求出相应的动量修正系数。

二、基本方程组的数值解

（一）概　　述

上述明渠一维非恒定流的圣维南方程组在数学上尚不能求得解析解，因此只有通过数值解法对时间、空间进行离散，从而求得近似的数值解。数值解法包括有限差分法（FDM）、有限元法（FEM）、控制体积法、有限分析法、边界元法等。其中，有限差分法是最古老、应用最多，也是应用最成熟的方法。

圣维南方程组在数学上属于双曲线型偏微分方程组，此种类型的方程组可化成与它完全等价的常微分方程组——特征线及特征方程组。因此，在用差分方法求解圣维南方程组时，既可以直接使用某一差分格式对其进行离散求解，也可以先把该方程组写成与它等价的特征线及特征方程后再利用差分格式对其进行离散求解。本章只讨论前者。

设基本方程组中的因变量为 f（f 可代表水位、水深、流速或流量等水力要素），则如图 8-4 中 M 点 $\left.\frac{\partial f}{\partial t}\right|_M$、$\left.\frac{\partial f}{\partial x}\right|_M$ 及一般项 $f|_M$ 可表示为

$$\begin{cases} f|_M=\dfrac{\theta_2(f_i^{j+1}+f_{i+1}^{j+1})+(1-\theta_2)(f_i^j+f_{i+1}^j)}{2} \\ \left.\dfrac{\partial f}{\partial x}\right|_M=\dfrac{\theta_1(f_{i+1}^{j+1}-f_i^{j+1})+(1-\theta_1)(f_{i+1}^j-f_i^j)}{\Delta x} \\ \left.\dfrac{\partial f}{\partial t}\right|_M=\dfrac{f_i^{j+1}+f_{i+1}^{j+1}-f_i^j-f_{i+1}^j}{2\Delta t} \end{cases} \tag{8-18}$$

式中，θ_1、θ_2 为系数，$0\leqslant\theta_1\leqslant 1$，$0\leqslant\theta_2\leqslant 1$。

当 θ_1、θ_2 为 0 时，基本方程组中的 $\left.\frac{\partial f}{\partial x}\right|_M$ 及一般项 $f|_M$ 均可直接求出，只有 $\left.\frac{\partial f}{\partial t}\right|_M$ 含有未知函数值，一个差分方程只含一个变量，这种差分格式称为显式差分格式。常见的显式差分格式有蛙跳格式、Lax 格式、交错点格式等，在利用显式差

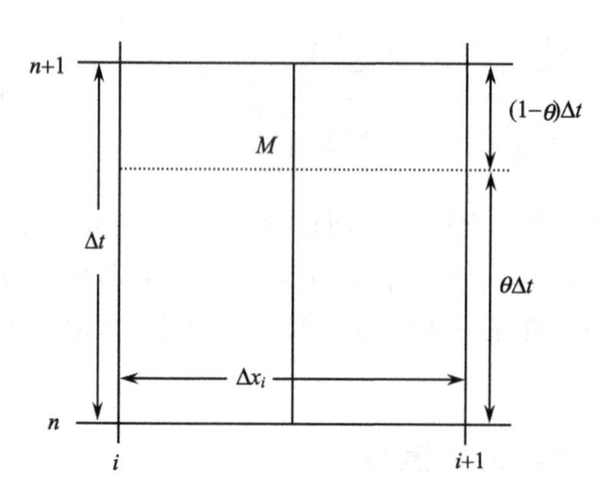

图 8-4　Pressmann 四点偏心格式示意图

分格式进行求解时，时间步长的选择要满足柯朗（Courant）条件，即$\Delta t \leqslant \dfrac{\Delta x}{|u \pm \sqrt{gh_{\max}}|}$。

当$\dfrac{1}{2} \leqslant \theta_1 \leqslant 1$、$\theta_2 = 0$时，差分方程组为线性方程组，此时需要对所有差分点的方程组进行联解方可求得时段末的水力要素值，此种差分格式称为线性隐式差分格式。

当$\dfrac{1}{2} \leqslant \theta_1 \leqslant 1$、$\dfrac{1}{2} \leqslant \theta_2 \leqslant 1$时，差分方程组是非线性的，求解时不仅需要对各差分点进行联解而且还需要迭代，这种差分格式称为一般隐式差分格式。

现在的差分格式种类繁多，本文主要介绍一下目前人们常用的计算一维非恒定流的一种差分格式：Preissmann 隐格式。

（二）Preissmann 隐格式

Preissmann 隐格式如图 8-4 所示，是四点隐格式：

如果针对图中M点建立差分式，则任意函数f及其偏导数的离散形式为

$$f_M = \frac{1}{2}[(1-\theta)(f_i^n + f_{i+1}^n) + \theta(f_i^{n+1} + f_{i+1}^{n+1})]$$

$$\left.\frac{\partial f}{\partial t}\right|_M = \frac{1}{2\Delta t}[(f_i^{n+1} + f_{i+1}^{n+1}) - (f_i^n + f_{i+1}^n)]$$

$$\left.\frac{\partial f}{\partial x}\right|_M = \frac{1}{\Delta x_i}[\theta(f_{i+1}^{n+1} - f_i^{n+1}) + (1-\theta)(f_{i+1}^n - f_i^n)] \quad (0 \leqslant \theta \leqslant 1)$$

使用该离散格式对圣维南方程组离散后得到的是增量表达的非线性方程组，忽略二阶微量后简化为线性方程组。为了方便，人们常用简化四点线性隐格式离散圣维南方程组：

$$f_M = \frac{f_i^n + f_{i+1}^n}{2}$$

$$\left.\frac{\partial f}{\partial t}\right|_M = \frac{1}{2\Delta t}[(f_i^{n+1} + f_{i+1}^{n+1}) - (f_i^n + f_{i+1}^n)]$$

$$\left.\frac{\partial f}{\partial x}\right|_M = \frac{1}{\Delta x_i}[\theta(f_{i+1}^{n+1} - f_i^{n+1}) + (1-\theta)(f_{i+1}^n - f_i^n)] \quad (0 \leqslant \theta \leqslant 1)$$

（三）单一河道水流模型的计算

明渠一维非恒定流的方程组（用水位和流量表示）如下：

$$\begin{cases}\dfrac{\partial Q}{\partial x}+B\dfrac{\partial Z}{\partial t}=q\\[2ex]\dfrac{\partial Q}{\partial t}+\dfrac{\partial}{\partial x}\left(\dfrac{\beta Q^2}{A}\right)+gA\dfrac{\partial Z}{\partial x}+g\dfrac{|Q|Q}{c^2AR}=0\end{cases}$$

用简化四点线性隐格式离散得

$$a_{1i}Z_i^{n+1}-c_{1i}Q_i^{n+1}+a_{1i}Z_{i+1}^{n+1}+c_{1i}Q_{i+1}^{n+1}=E_{1i} \tag{8-19}$$

$$a_{2i}Z_i^{n+1}+c_{2i}Q_i^{n+1}-a_{2i}Z_{i+1}^{n+1}+d_{2i}Q_{i+1}^{n+1}=E_{2i} \tag{8-20}$$

式中，$a_{1i}=1$；$c_{1i}=2\theta\dfrac{\Delta t}{\Delta x_i}\dfrac{1}{B_M}$；$E_{1i}=Z_i^n+Z_{i+1}^n+\dfrac{1-\theta}{\theta}c_{1i}(Q_i^n-Q_{i+1}^n)+2\Delta t\dfrac{q_M}{B_M}$；

$$a_{2i}=2\theta\frac{\Delta t}{\Delta x_i}\left[\left(\frac{Q}{A}\right)^2B-gA\right]_M;c_{2i}=1-4\theta\frac{\Delta t}{\Delta x_i}\left(\frac{Q}{A}\right)_M;d_{2i}=1+4\theta\frac{\Delta t}{\Delta x_i}\left(\frac{Q}{A}\right)_M;$$

$$\begin{aligned}E_{2i}=&\frac{1-\theta}{\theta}a_{2i}(Z_{i+1}^n+Z_i^n)+\left[1-4(1-\theta)\frac{\Delta t}{\Delta x_i}\left(\frac{Q}{A}\right)_M\right]Q_{i+1}^n\\&+2\Delta t\left(\frac{Q}{A}\right)^2\frac{A_{i+1}(Z_M)-A_i(Z_M)}{\Delta x_i}\\&+\left[1+4(1-\theta)\frac{\Delta t}{\Delta x_i}\left(\frac{Q}{A}\right)_M\right]Q_i^n-2\Delta tg\frac{Q_M|Q_M|}{(Ac^2R)_M}\end{aligned}$$

将式(8-19)与式(8-20)按断面序号写出，并加上边界条件（省略上标 $n+1$），得

$$\begin{cases}a_0Z_1+c_0Q_1=E_0 \quad \text{（上游边界条件，式中的 } a_0\text{、}c_0\text{、}E_0\text{ 为已知值）}\\Z_1-c_{11}Q_1+Z_2+c_{11}Q_2=E_{11}\\a_{21}Z_1+c_{21}Q_1-a_{21}Z_2+d_{21}Q_2=E_{21}\\Z_2-c_{12}Q_2+Z_3+c_{12}Q_3=E_{12}\\a_{22}Z_2+c_{22}Q_2-a_{22}Z_3+d_{22}Q_3=E_{22}\\\cdots\cdots\\\cdots\cdots\\Z_{N-1}-c_{1,N-1}Q_{N-1}+Z_N+c_{1,N-1}Q_N=E_{1,N-1}\\a_{2,N-1}Z_{N-1}+c_{2,N-1}Q_{N-1}-a_{2,N-1}Z_N+d_{2,N-1}Q_N=E_{2,N-1}\\a_NZ_N+d_NQ_N=E_N \quad \text{（下游边界条件，式中的 } a_N\text{、}d_N\text{、}E_N\text{ 均是已知值）}\end{cases} \tag{8-21}$$

根据方程组中系数的排列情况，对于不同的边界条件，可设不同的递推关系，用追赶法直接求解。例如，当河流上边界采用流量边界时，上边界条件可写作：

$$Q_1 = P_1 - V_1 Z_1 \qquad (V_1 = 0,\ P_1 \text{ 为已知的上边界流量})$$

将其代入式(8-21),可得到递推系数的表达式:

$$S_{i+1} = \frac{d_{2i} y_3 - y_4}{y_5}, \quad T_{i+1} = \frac{d_{2i} + a_{2i} c_{1i}}{c_{1i} y_5}$$

$$P_{i+1} = y_3 - y_1 S_{i+1}, \quad V_{i+1} = \frac{1}{c_{1i}} - y_1 T_{i+1}$$

其中,$y_1 = V_i + \frac{1}{c_{1i}}$;$y_2 = -a_{2i} + c_{2i} V_i$;$y_3 = \frac{E_{1i}}{c_{1i}} + P_i$;$y_4 = E_{2i} - c_{2i} P_i$;$y_5 = d_{2i} y_1 + y_2$。则有 $Z_i = S_{i+1} - T_{i+1} Z_{i+1}$,$Q_{i+1} = P_{i+1} - V_{i+1} Z_{i+1}$。

如此可得到 $n-1$ 个断面时,得

$$Z_{N-1} = S_N - T_N Z_N$$

$$Q_N = P_N - V_N Z_N \tag{8-22}$$

利用式(8-22)与式(8-21)的最后一个方程联立,解出

$$Z_N = \frac{E_N - d_N P_N}{a_N - d_N V_N}$$

$$Q_N = \frac{P_N a_N - V_N E_N}{a_N - d_N V_N} \tag{8-23}$$

当下边界给定水位时,相当于式(8-21)中最后一个方程的 $d_N = 0$,$a_N = 1$,$Z_N = E_N$,由式(8-23)得 $Q_N = \frac{P_N a_N - V_N E_N}{a_N}$;当下边界给定流量时,相当于式(8-21)中最后一个方程的 $a_N = 0$,$d_N = 1$,$Q_N = E_N$,由式(8-23)得 $Z_N = \frac{E_N - d_N P_N}{d_N V_N}$。

当河流上边界采用水位型边界或水位-流量关系边界时,求解方法大体类似,这里就不一一介绍了。

另外,Preissmann 格式的稳定条件及精度是:

1) $0.5 \leqslant \theta \leqslant 1$,格式无条件稳定;$\theta < 0.5$,格式有条件稳定。

2) 对于任意的 θ 值,精度是一阶的 $O(\Delta x, \Delta t)$,对于 $\theta = 0.5$ 精度是 $O(\Delta x^2, \Delta t^2)$。

3) 由于数值弥散,当 $\sqrt{\frac{gA}{B}} \frac{\Delta t}{\Delta x} \leqslant 1$ 或 $\sqrt{\frac{gA}{B}} \frac{\Delta t}{\Delta x} \gg 1$ 时,相位误差较大。从实用的观点,θ 宜选大于 0.5 的值。

三、树状河网水流计算

如图 8-5 所示的 Y 形河网,一共有 4 个节点,其中①、②、④节点处为计算边

界，称为外节点；节点③称为内节点。假设：外节点①给出的边界条件是流量型边界，外节点②给出的边界条件是水位型边界，外节点④处给出的是水位流量关系。

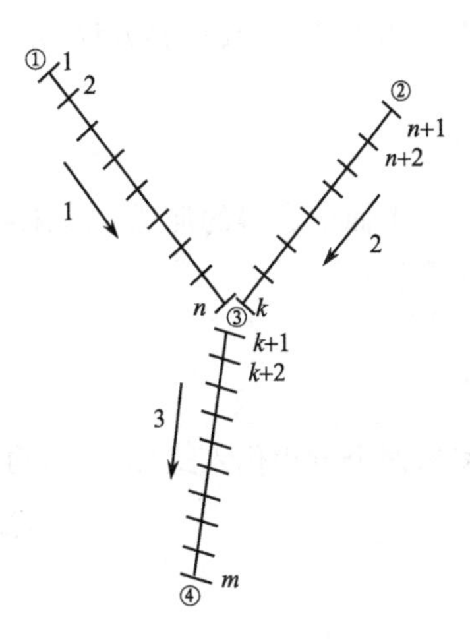

图 8-5　Y 形树状河网求解示意图

利用上述单一河道的计算方法计算出河道 1 各计算断面水位和流量的追赶方程式：

$$Q_1^1 = P_1^1 - V_1^1 Z_1^1 [P_1^1 = Q_1(t) V_1^1 = 0 \text{ 边界条件}] \tag{8-24}$$

$$\begin{cases} Z_1^1 = S_2^1 - T_2^1 Z_2^1 \\ Q_2^1 = P_2^1 - V_2^1 Z_2^1 \\ Z_2^1 = S_3^1 - T_3^1 Z_3^1 \\ Q_3^1 = P_3^1 - V_3^1 Z_3^1 \\ \cdots\ \cdots\ \cdots \quad \cdots\ \cdots \\ \cdots\ \cdots\ \cdots \quad \cdots\ \cdots \\ \cdots\ \cdots\ \cdots \quad \cdots\ \cdots \\ Z_{n-1}^1 = S_n^1 - T_n^1 Z_n^1 \\ Q_n^1 = P_n^1 - V_n^1 Z_n^1 \end{cases} \tag{8-25}$$

式中的追赶系数及水力要素值下标数字代表断面序号，上标表示河道号。

同理，对于河道 2 也可以利用节点②给出的边界条件计算各断面的追赶系数：

$$Z_{n+1}^2 = P_{n+1}^2 - V_{n+1}^2 Q_{n+1}^2 \quad [P_{n+1}^2 = Z_2(t) V_{n+1}^2 = 0 \quad \text{边界条件}] \tag{8-26}$$

$$\begin{cases} Q_{n+1}^2 = S_{n+2}^2 - T_{n+2}^2 Q_{n+2}^2 \\ Z_{n+2}^2 = P_{n+2}^2 - V_{n+2}^2 Z_{n+2}^2 \\ Q_{n+2}^2 = S_{n+3}^2 - T_{n+3}^2 Q_{n+3}^2 \\ Z_{n+3}^2 = P_{n+3}^2 - V_{n+3}^2 Q_{n+3}^2 \\ \cdots\cdots\ \cdots\cdots \\ \cdots\cdots\ \cdots\cdots \\ \cdots\cdots\ \cdots\cdots \\ Q_{k-1}^2 = S_k^2 - T_k^2 Q_k^2 \\ Z_k^2 = P_k^2 - V_k^2 Q_k^2 \end{cases} \tag{8-27}$$

这时河道 1、2 各断面的追赶系数是分别独立地计算，直到各自的末断面为止。节

点③为内节点，其相容方程为

$$Z_n^1 = Z_k^2 = Z_{k+1}^3 \tag{8-28}$$

$$Q_n^1 + Q_k^2 = Q_{k+1}^3 \tag{8-29}$$

上面已求得的河道1、2末断面的追赶方程，即式(8-25)和式(8-27)的最后一个方程：

$$Q_n^1 = P_n^1 - V_n^1 Z_n^1$$

$$Z_k^2 = P_k^2 - V_k^2 Q_k^2$$

将这两个方程代入式(8-29)，再利用关系式(8-28)消去 Z_n^1 和 Z_k^2，经整理后得

$$Q_{k+1}^3 = P_{k+1}^3 - V_{k+1}^3 Z_{k+1}^3 \tag{8-30}$$

$$\begin{cases} P_{k+1}^3 = P_n^1 + P_k^2 \\ V_{k+1}^3 = V_n^1 + \dfrac{1}{V_k^2} \end{cases} \tag{8-31}$$

式(8-30)是河道3各断面的追赶方程式，其追赶系数可由式(8-31)计算。利用单一河道的递推公式可以计算河道3各断面的追赶系数，与节点④的边界条件联立可求得 Q_m^3 和 Z_m^3，再逐步回代求出各断面的水位、流量。

第三节　一维水质数学模型

一、一维水质数学模型的建立

如前所述，水质数学模型是对水体中污染物随空间和时间迁移转化规律的定量描述。模型的正确建立依赖于对污染物在水体中迁移转化过程的认识以及定量表达这些过程的能力。对于污染物的迁移转化过程的描述已在本书第一篇中有所介绍，在此不再重复。本节将根据污染物的迁移转化规律，建立描述污染物质在河流中迁移转化的数学模型。

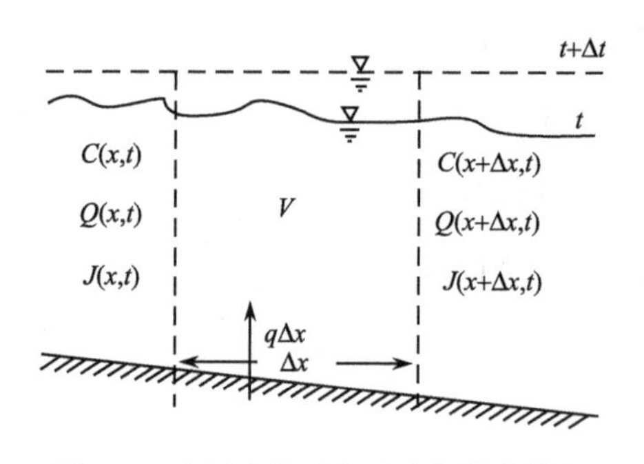

图 8-6　水团内物质的迁移与转化情况

设如图8-6所示的控制体上下断面间的距离为 Δx，控制体的体积为 V；上断面的面积为 A，流量为 Q，浓度为 C，污染物的弥散通量为 J；单位长度的旁侧入流量为 q；S 为控制体中单位体积、单位时间内增加的污染物质量。由质量守恒定律得

控制体中污染物质量的变化量＝因对流流入、流出上下断面的污染物的质量差＋因弥散流入、流出上下断面的污染物的质量差＋源漏项

在 t 至 $t+\Delta t$ 时段内，控制体中污染物质量的变化量为

$$C(x,t+\Delta t)\cdot A(x,t+\Delta t)\cdot \Delta x - C(x,t)\cdot A(x,t)\cdot \Delta x$$

因对流流入、流出上下断面的污染物的质量差为

$$C(x)\cdot Q(x,t)\cdot \Delta t - C(x+\Delta x)\cdot Q(x+\Delta x,t)\cdot \Delta t$$

因弥散流入、流出上下断面的污染物的质量差为

$$J(x)\cdot A(x,t)\cdot \Delta t - J(x+\Delta x)\cdot A(x+\Delta x,t)\cdot \Delta t$$

源漏项为

$$S\cdot A\cdot \Delta x\cdot \Delta t$$

因此，质量守恒方程式为

$$\begin{aligned}&C(x,t+\Delta t)\cdot A(x,t+\Delta t)\cdot \Delta x - C(x,t)\cdot A(x,t)\cdot \Delta x\\&= C(x,t)\cdot A(x,t)\cdot \Delta t - C(x+\Delta x,t)\cdot A(x+\Delta x,t)\cdot \Delta t\\&+ J(x,t)\cdot A(x,t)\cdot \Delta t - J(x+\Delta x,t)\cdot A(x+\Delta x,t)\cdot \Delta t + S\cdot A\cdot \Delta x\cdot \Delta t\end{aligned}$$

等式两边同除 Δx、Δt 后，并令 Δx、$\Delta t\to 0$，得

$$\frac{\partial(AC)}{\partial t} = -\frac{\partial(QC)}{\partial x} - \frac{\partial(JA)}{\partial x} + SA$$

由 $J=-D_x\frac{\partial C}{\partial x}$（$D_x$ 为弥散系数）得

$$\frac{\partial(AC)}{\partial t} + \frac{\partial(QC)}{\partial x} = \frac{\partial}{\partial x}\left(D_x A\frac{\partial C}{\partial X}\right) + SA \tag{8-32}$$

而

$$\frac{\partial(AC)}{\partial t} = C\frac{\partial A}{\partial t} + A\frac{\partial C}{\partial t}$$

$$\frac{\partial(QC)}{\partial x} = C\frac{\partial Q}{\partial x} + Q\frac{\partial C}{\partial x}$$

又由水流连续方程知

$$\frac{\partial Q}{\partial x} + \frac{\partial A}{\partial t} = q$$

所以可将式(8-32)写为

$$\frac{\partial C}{\partial t} + u\frac{\partial C}{\partial x} = \frac{1\partial}{A\partial x}\left(D_x A\frac{\partial C}{\partial X}\right) + S - \frac{qC}{A} \tag{8-33}$$

式中，u 为断面平均流速。

当所计算的河段水流稳定，A、D_x 沿程变化不大，且无旁侧入流时，上式又可进一步简化为

$$\frac{\partial C}{\partial t}+u\frac{\partial C}{\partial x}=D_x\frac{\partial^2 C}{\partial X^2}+S \tag{8-34}$$

式(8-34)为一维对流扩散方程，式中的源漏项 S 主要考虑污染物质在水中的降解、衰减、恢复以及底泥、旁侧入流等的影响。若源漏项只考虑污染物的降解、衰减、恢复，而不考虑底泥、旁侧入流等影响，即 $S=-KC$(K 为污染物的衰减系数)，则式(8-34)可变为

$$\frac{\partial C}{\partial t}+u\frac{\partial C}{\partial x}=D_x\frac{\partial^2 C}{\partial X^2}-KC \tag{8-35}$$

式(8-35)常被称为一维动态水质模型。

二、一维水质模型的求解

(一) 一维动态水质模型的解析解

一般情况下，式(8-35)无法求出解析解，但在一些特殊情况下，如瞬时排污的情形等，其解析解也可求出。

如在河道的上边界断面上，把质量为 m 的污染物瞬时投入流量稳定为 Q 的河流中，并在该断面上迅速均匀的与河水混合，此时，上边界断面的浓度为 $\frac{m}{Q}\delta(t)$，$\delta(t)$ 称为 δ 函数，其基本性质为

1) $d(t)=\infty$，当 $t=0$ 时；

2) $d(t)=0$，当 $t\neq 0$ 时；

3) $\int_{-\infty}^{\infty}\delta(t)=1$，$\int_{-\infty}^{\infty}f(t)\delta(t)=f(0)$

对于式(8-35)，在上边界条件为瞬时排污情形时[即 $C(0,t)=\delta(t)m/Q$]，而无穷远处的下边界条件及初始条件均为零时[即 $C(\infty,t)=0,C(x,0)=0$]，通过拉普拉斯变换及其逆变换，可求得该式的解析解：

$$C(x,t)=\frac{m}{A\sqrt{4\pi D_x t}}\exp\left[-\frac{(x-ut)^2}{4D_x t}\right]\exp(-Kt) \tag{8-36}$$

对于难降解(或不衰减)的污染物质，上式变为

$$C(x,t)=\frac{m}{A\sqrt{4\pi D_x t}}\exp\left[-\frac{(x-ut)^2}{4D_x t}\right] \tag{8-37}$$

(二) 一维对流扩散方程的差分格式

在很多情况下，一维水质模型的求解需要采用数值方法，其中经常使用的是差

分法，下面介绍几种常用于求解一维对流扩散方程的差分格式：

一维对流扩散方程(8-34)可写为

$$\frac{\partial C}{\partial t}+u\frac{\partial C}{\partial x}=E\frac{\partial^2 C}{\partial x^2}+M+N \tag{8-38}$$

式中，E 为扩散系数；M 为内源项，主要考虑污染物的降解、恢复等作用；N 为外源项，主要考虑底泥、旁侧入流等影响。

1. 中心差分格式

将中心差分格式用于式(8-38)，得

$$\frac{1}{\Delta t}(C_i^{n+1}-C_i^n)+\frac{u}{2\Delta x}(C_{i+1}^n-C_{i-1}^n)-\frac{E}{\Delta x^2}\delta^2 C_i^n-M_i^n-N_i^n=0 \tag{8-39}$$

式中，$\delta^2 C_i^n=C_{i-1}^n-2C_i^n+C_{i+1}^n$。

2. 特征差分显式

应用特征差分显式于式(8-38)，得

$$\frac{1}{\Delta t}(C_i^{n+1}-C_i^n)+\frac{u}{\Delta x}\begin{cases}(C_i^n-C_{i-1}^n) & u\geqslant 0\\(C_{i+1}^n-C_i^n) & u<0\end{cases}-\frac{E}{\Delta x^2}\delta^2 C_i^n-M_i^n-N_i^n=0 \tag{8-40}$$

3. 全隐式

用全隐式离散式(8-38)，得

$$\frac{1}{\Delta t}(C_i^{n+1}-C_i^n)+\frac{u}{2\Delta x}(C_{i+1}^{n+1}-C_{i-1}^{n+1})-\frac{E}{\Delta x^2}\delta^2 C_i^{n+1}-M_i^{n+1}-N_i^{n+1}=0 \tag{8-41}$$

该式的截断误差为 $O(\Delta t+\Delta x^2)$。

（三）差分方程的求解

计算河段的断面划分如图 8-7 所示，当给定上、下边界条件 C_1^n、C_m^n（$n=1,2,\cdots$）与初始条件 C_i^0（$i=1,2,\cdots,m$）后，便可根据上述给出的差分格式，逐时层（即按 $n=1,2,\cdots$ 的次序）地计算出断面 2 至断面 $m-1$ 的 C_i^n 值。

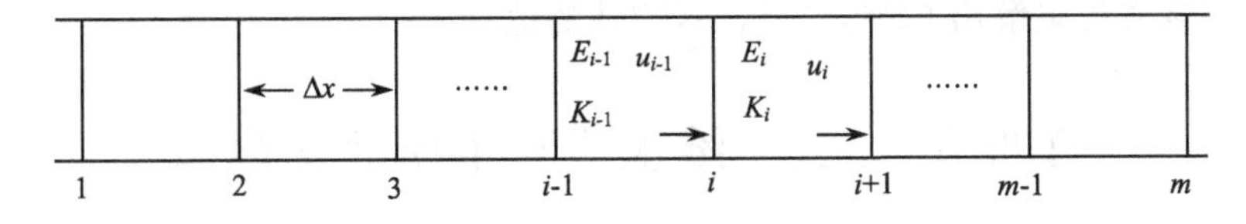

图 8-7 河道断面的划分

1) 对于显格式来说，$n+1$ 时层上的 C_i^{n+1} 是逐点逐点地计算出来的，如中心差分格式，当考虑 $M_i^n=-KC_{i-1}^n$ 时，其计算公式可由式(8-39)导出：

$$C_i^{n+1}=C_i^n-\frac{\bar{u}_i\Delta t}{2\Delta x}(C_{i+1}^n-C_{i-1}^n)+\frac{\bar{E}_i\Delta t}{\Delta x^2}(C_{i-1}^n-2C_i^n+C_{i+1}^n)$$

$$-K_iC_{i-1}^n\Delta t+N_i^n\Delta t \tag{8-42}$$

2) 对于隐格式来说，$n+1$ 时层上的 C_i^{n+1} 的计算需要求解一个线性方程组，以全隐式为例，当考虑 $M_i^n=-K_iC_{i-1}^n$，对式(8-41)整理，得

$$\left(-\frac{\bar{E}_i}{\Delta x^2}-\frac{\bar{u}_i}{2\Delta x}+\bar{K}_i\right)C_{i-1}^n+\left(\frac{1}{\Delta t}+\frac{2\bar{E}_i}{\Delta x^2}\right)C_i^{n+1}+\left(\frac{\bar{u}_i}{2\Delta x}-\frac{\bar{E}_i}{\Delta x^2}\right)C_{i+1}^{n+1}$$

$$=\frac{C_i^n}{\Delta t}+N_i^{n+1} \tag{8-43}$$

上两式中的函数 $\bar{f}=\frac{1}{2}(f_i-f_{i-1})$。

令：

$$\alpha_{i-1}=-\frac{\bar{E}_i}{\Delta x^2}-\frac{\bar{u}_i}{2\Delta x}+\bar{K}_i;\quad \beta_i=\frac{\bar{u}_i}{\Delta t}+\frac{\bar{E}_i}{\Delta x^2};$$

$$\gamma_i=\frac{\bar{u}_i}{2\Delta x^2}-\frac{\bar{E}_i}{\Delta x};\quad \varphi_i=\frac{C_i^n}{\Delta t}+N_i^n$$

由式(8-43)得

$$a_{i-1}C_{i-1}^{n+1}+\beta_iC_i^{n+1}+\gamma_iC_{i+1}^{n+1}=\varphi_i \tag{8-44}$$

展开，得

$$i=2,\ a_1C_1^{n+1}+\beta_2C_2^{n+1}+\gamma_2C_3^{n+1}=\varphi_2$$

$$i=3,\ a_2C_2^{n+1}+\beta_3C_3^{n+1}+\gamma_3C_4^{n+1}=\varphi_3$$

$$\cdots\cdots$$

$$i=m-2,a_{m-3}C_{m-3}^{n+1}+\beta_{m-2}C_{m-2}^{n+1}+\gamma_{m-2}C_{m-1}^{n+1}=\varphi_{m-2}$$

$$i=m-1,a_{m-2}C_{m-2}^{n+1}+\beta_{m-1}C_{m-1}^{n+1}+\gamma_{m-1}C_m^{n+1}=\varphi_{m-1}$$

该方程组共有 $m-2$ 个方程，未知数 $C_2^{n+1},C_3^{n+1},\cdots,C_{m-1}^{n+1}$ 的个数也是 $m-2$ 个，因此可由该方程组解出 $C_2^{n+1},C_3^{n+1},\cdots,C_{m-1}^{n+1}$ 的值。

第四节　二、三维水流与水质数学模拟

对于宽度较大的河流、河口、海湾等水域，水体的横向流动常常不能忽略，这时一维的水流及水质模型就不能很好的反映实际情况，需要使用二、三维水流及水质模型来模拟水体的水流、水质变化过程。

一、二维水流与水质模型的推导

（一）二维非恒定流方程

如图 8-8 所示的控制体，x、y 方向上的长度分别为 Δx、Δy；高度为 H，控制体中心水位为 z；x、y 方向上的流速均匀分布，大小分别为 u、v。

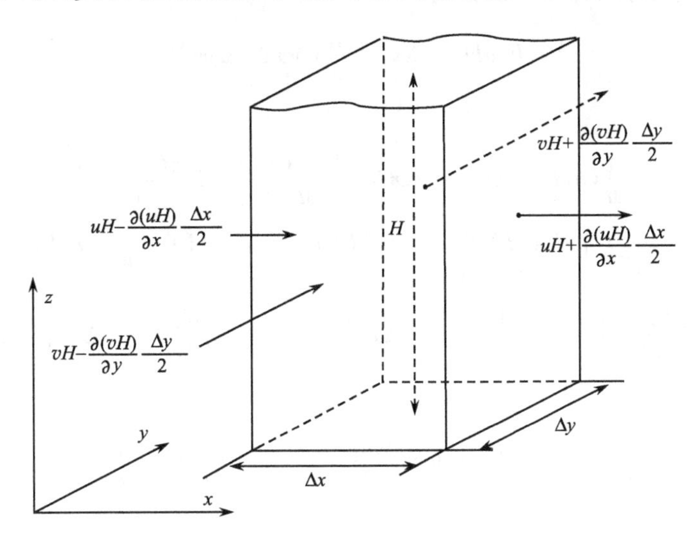

图 8-8　柱体中的水量平衡

在 Δt 时间内，在 x 方向上流入与流出控制体的水流的质量差为

$$\left[\rho u H-\frac{\partial(\rho u H)}{\partial x}\frac{\Delta x}{2}\right]\Delta y\Delta t-\left[\rho u H+\frac{\partial(\rho u H)}{\partial x}\frac{\Delta x}{2}\right]\Delta y\Delta t=-\frac{\partial(\rho u H)}{\partial x}\Delta x\Delta y\Delta t$$

在 y 方向上流入与流出控制体的水流的质量差为

$$\left[\rho v H-\frac{\partial(\rho v H)}{\partial y}\frac{\Delta y}{2}\right]\Delta x\Delta t-\left[\rho v H+\frac{\partial(\rho v H)}{\partial y}\frac{\Delta y}{2}\right]\Delta x\Delta t=-\frac{\partial(\rho v H)}{\partial y}\frac{\Delta y}{2}\Big]\Delta x\Delta y\Delta t$$

而在相同时段内，控制体中水流质量的变化量为

$$\rho\frac{\partial H}{\partial t}\Delta x\Delta y\Delta t$$

由质量守恒定律知，在 Δt 时段内，进入、流出控制体的水的质量差等于控制体内水质量的增加值，即

$$-\frac{\partial(\rho u H)}{\partial x}\Delta x\Delta y\Delta t-\frac{\partial(\rho v H)}{\partial x}\Delta x\Delta y\Delta t=\rho\frac{\partial H}{\partial t}\Delta x\Delta y\Delta t$$

假定控制体中水的密度随时间、空间的变化可以忽略不计，则

$$\frac{\partial H}{\partial t}+\frac{\partial(uH)}{\partial t}+\frac{\partial(vH)}{\partial t}=0 \tag{8-45}$$

式(8-45)为二维非恒定流的连续方程。

设 F_x、F_y 分别是 x、y 方向上作用于单位质量水团上的外力，水的密度(ρ)为常数。则根据力学定律：作用在物体上的外力之和等于该物体的动量变化量，因此对图 8-8 所示的控制体，在 x 方向上：

$$F_x\rho H\Delta x\Delta y=\frac{\mathrm{d}}{\mathrm{d}t}(\rho H\Delta x\Delta yu)$$

而

$$\frac{\mathrm{d}}{\mathrm{d}t}(uH\Delta x\Delta y)=\Delta x\Delta y\frac{\mathrm{d}(uH)}{\mathrm{d}t}+uH\frac{\mathrm{d}(\Delta x\Delta y)}{\mathrm{d}t}$$

$$\frac{\mathrm{d}(uH)}{\mathrm{d}t}=\frac{\partial(uH)}{\partial t}+\frac{\partial(uH)}{\partial t}\frac{\mathrm{d}x}{\mathrm{d}t}+\frac{\partial(uH)}{\partial t}\frac{\mathrm{d}y}{\mathrm{d}t}=\frac{\partial(uH)}{\partial t}+u\frac{\partial(uH)}{\partial x}+v\frac{\partial(uH)}{\partial y}$$

$$\frac{\mathrm{d}(\Delta x\Delta y)}{\mathrm{d}t}=\Delta y\frac{\mathrm{d}(\Delta x)}{\mathrm{d}t}+\Delta x\frac{\mathrm{d}(\Delta y)}{\mathrm{d}t}=\Delta y\frac{\partial u}{\partial x}\Delta x+\Delta y\frac{\partial v}{\partial y}\Delta x$$

得到

$$\frac{\partial(uH)}{\partial t}+u\frac{\partial(uH)}{\partial x}+v\frac{\partial(uH)}{\partial y}+uH\left(\frac{\partial u}{\partial x}+\frac{\partial v}{\partial y}\right)=HF_x$$

又由

$$\begin{aligned}&\frac{\partial(uH)}{\partial t}+u\frac{\partial(uH)}{\partial x}+v\frac{\partial(uH)}{\partial y}+uH\left(\frac{\partial u}{\partial x}+\frac{\partial v}{\partial y}\right)\\
&=H\frac{\partial u}{\partial t}+u\frac{\partial H}{\partial t}+u\frac{\partial(uH)}{\partial x}+uv\frac{\partial H}{\partial y}+vH\frac{\partial u}{\partial y}+uH\frac{\partial u}{\partial x}+uH\frac{\partial v}{\partial y}\\
&=H\frac{\partial u}{\partial t}+u\frac{\partial H}{\partial t}+u\frac{\partial(uH)}{\partial x}+u\left(v\frac{\partial H}{\partial y}+H\frac{\partial v}{\partial y}\right)+vH\frac{\partial u}{\partial y}+uH\frac{\partial u}{\partial x}\\
&=H\frac{\partial u}{\partial t}+u\frac{\partial H}{\partial t}+u\frac{\partial(uH)}{\partial x}+u\frac{\partial(vH)}{\partial y}+vH\frac{\partial u}{\partial y}+uH\frac{\partial u}{\partial x}\\
&=H\frac{\partial u}{\partial t}+u\left[\frac{\partial H}{\partial t}+\frac{\partial(uH)}{\partial t}+\frac{\partial(vH)}{\partial t}\right]+uH\frac{\partial u}{\partial x}+vH\frac{\partial u}{\partial y}\end{aligned}$$

根据式(8-45)：

$$\frac{\partial H}{\partial t}+\frac{\partial(uH)}{\partial t}+\frac{\partial(vH)}{\partial t}=0$$

所以得

$$H\frac{\partial u}{\partial t}+uH\frac{\partial u}{x}+vH\frac{\partial u}{y}=HF_x$$

即

$$\frac{\partial u}{\partial t}+u\frac{\partial u}{\partial y}+v\frac{\partial u}{\partial y}=F_x$$

作用于控制体上的外力，主要是压力和阻力。对单位质量的水团而言，其压力为$-g\frac{\partial z}{\partial x}$。阻力为$-gu\frac{\sqrt{u^2+v^2}}{c^2H}$。因此得$x$方向的动力方程为

$$\frac{\partial u}{\partial t}+u\frac{\partial u}{\partial x}+v\frac{\partial u}{\partial y}=-g\frac{\partial z}{\partial x}-gu\frac{\sqrt{u^2+v^2}}{c^2H} \tag{8-46}$$

同理，可得y方向的动力方程为

$$\frac{\partial v}{\partial t}+u\frac{\partial v}{\partial x}+v\frac{\partial v}{\partial y}=-g\frac{\partial z}{\partial y}-gv\frac{\sqrt{u^2+v^2}}{c^2H} \tag{8-47}$$

在用二维模型对水流进行模拟时，有时候还需要考虑柯氏力(由于地球自转而产生的作用力)、风力以及水流黏滞力等，二维非恒定流方程常写成如下形式：

$$\frac{\partial H}{\partial t}+\frac{\partial (uH)}{\partial x}+\frac{\partial (vH)}{\partial x}=0 \tag{8-48}$$

$$\frac{\partial u}{\partial t}+u\frac{\partial u}{\partial x}+v\frac{\partial u}{\partial y}=fv-g\frac{\partial z}{\partial x}-gu\frac{\sqrt{u^2+v^2}}{c^2H}+\xi_x\nabla^2u+\frac{\tau_z}{\rho H} \tag{8-49}$$

$$\frac{\partial v}{\partial t}+u\frac{\partial v}{\partial x}+v\frac{\partial v}{\partial y}=fu-g\frac{\partial z}{\partial y}-\frac{gv\sqrt{u^2+v^2}}{c^2H}+\xi_x\nabla^2v+\frac{\tau_z}{\rho H} \tag{8-50}$$

式中，f为柯氏力常数($f=2\Omega\sin\varphi$，Ω为地转角速度，φ为纬度角)；ξ_x，ξ_y分别是x、y方向上的涡动黏滞系数；$\nabla^2=\frac{\partial^2}{\partial x^2}+\frac{\partial^2}{\partial y^2}$；$\tau_x$、$\tau_y$分别是$x$、$y$方向上的风切应力，其表达形式为

$$\tau_x=c_a\rho_a w_x\sqrt{w_x^2+w_y^2},\ \tau_y=c_a\rho_a w_y\sqrt{w_x^2+w_y^2}$$

式中，c_a为风力阻力系数；ρ_a为空气密度；w_x、w_y分别为x、y方向上的风速。

(二) 二维水质模型方程

仍以图8-8中的控制体为研究对象，假设在t时刻控制体内某种污染物质的平均浓度为C，则经过Δt时间，控制体内该种污染物质的质量变化量为$\frac{\partial (CH)}{\partial t}\Delta t\Delta x\Delta y$。

由于对流作用引起控制体内该污染物的质量变化量为

在x方向上：$\left[uHC-\frac{\partial (uHC)}{\partial x}\frac{\Delta x}{2}\right]\Delta y\Delta t-\left[uHC+\frac{\partial (uHC)}{\partial x}\frac{\Delta x}{2}\right]\Delta y\Delta t$

在y方向上：$\left[vHC-\frac{\partial (vHC)}{\partial y}\frac{\Delta y}{2}\right]\Delta x\Delta t-\left[vHC+\frac{\partial (vHC)}{\partial y}\frac{\Delta y}{2}\right]\Delta x\Delta t$

由于扩散和弥散作用引起的控制体中污染物质增加或减少的质量为

$$S = \Delta x \Delta y H \Delta t$$

式中，S 为控制体中单位时间、单位体积内增加或减少的污染物质质量。

由质量守恒定律得

$$\frac{\partial(HC)}{\partial t}\Delta x\Delta y\Delta t = -\frac{\partial(uHC)}{\partial x}\Delta x\Delta y\Delta t - \frac{\partial(vHC)}{\partial y}\Delta x\Delta y\Delta t - \frac{\partial(J_x H)}{\partial x}\Delta x\Delta y\Delta t - \frac{\partial(J_y H)}{\partial y}\Delta x\Delta y\Delta t + SH\Delta x\Delta y\Delta t$$

又由 Fick 定律知扩散通量 J_x、J_y 的表达式为

$$J_x = -E_x\frac{\partial C}{\partial x},\ J_y = -E_y\frac{\partial C}{\partial y}$$

于是得二维水质模型的方程表达式如下：

$$\frac{\partial(HC)}{\partial t} + \frac{\partial(uHC)}{\partial x} + \frac{\partial(vHC)}{\partial y} = \frac{\partial}{\partial x}\left(E_x H\frac{\partial C}{\partial x}\right) + \frac{\partial}{\partial y}\left(E_y H\frac{\partial C}{\partial y}\right) + SH \tag{8-51}$$

式中，E_x、E_y 分别为 x、y 方向上的混合系数，它们反映了扩散与弥散的共同作用。同一维对流扩散方程一样，S 也可分为内源（或内漏）和外源两部分。

由于

$$\begin{aligned}
&\frac{\partial(HC)}{\partial t} + \frac{\partial(uHC)}{\partial x} + \frac{\partial(vHC)}{\partial y} \\
&= H\frac{\partial C}{\partial t} + C\frac{\partial H}{\partial t} + C\frac{\partial(uH)}{\partial x} + uH\frac{\partial C}{\partial x} + C\frac{\partial(vH)}{\partial y} + vH\frac{\partial C}{\partial y} \\
&= H\frac{\partial C}{\partial t} + C\left[\frac{\partial H}{\partial t} + \frac{\partial(uH)}{\partial x} + \frac{\partial(vH)}{\partial y}\right] + uH\frac{\partial C}{\partial x} + vH\frac{\partial C}{\partial y} \\
&= H\frac{\partial C}{\partial t} + uH\frac{\partial C}{\partial x} + vH\frac{\partial C}{\partial y}
\end{aligned}$$

因此式(8-51)可化为

$$\frac{\partial C}{\partial t} + u\frac{\partial C}{\partial x} + v\frac{\partial C}{\partial y} = \frac{1}{H}\left[\frac{\partial}{\partial x}\left(E_x H\frac{\partial C}{\partial x}\right) + \frac{\partial}{\partial y}\left(E_y H\frac{\partial C}{\partial y}\right)\right] + S \tag{8-52}$$

二、二维水流模型的求解

在求解二维水流方程时，人们多使用有限差分方法（如 ADI 法、破开算子方法等）或有限元法，详细的求解方法，请读者参考专门介绍水流模型的书籍。在此，仅简单介绍一下 ADI 法的求解思路。

ADI 是英文 Alternating Direction Methods 的简称，ADI 法也被称为交替方

向隐式法，该方法为 Leedertre 首创，是一个隐显式结合的方法。

ADI 法主要技术路线如下：设 Δt、Δx、Δy 分别为时间步长和 x、y 方向上的空间步长，n、i 和 j 分别为时层数和 x、y 的步长数，在 $x\sim y$ 平面上采用交错网格（图 8-9），并给定个变量（z,u,v,h,c）的计算点。在时间上将 Δt 分成两个半步长，计算采用隐、显格式交替方向进行（图 8-10），即在 $n\Delta t\rightarrow(n+1/2)\Delta t$ 半步长上，用隐格式离散连续方程和 x 方向上的动力方程，并用追赶法求得 $(n+1/2)\Delta t$ 时层上的 z 和 u，对 y 方向上的动力方程则用显格式离散，并求得 $(n+1/2)\Delta t$ 时层上的 v；然后在 $(n+1/2)\Delta t\rightarrow(n+1)\Delta t$ 半步长上，用隐格式离散连续方程和 y 方向上动力方程，并用追赶法求得 $(n+1)\Delta t$ 时层上的 z 和 v，对 x 方向上的动力方程则用显格式离散，并求得 $(n+1)\Delta t$ 时层上的 u。

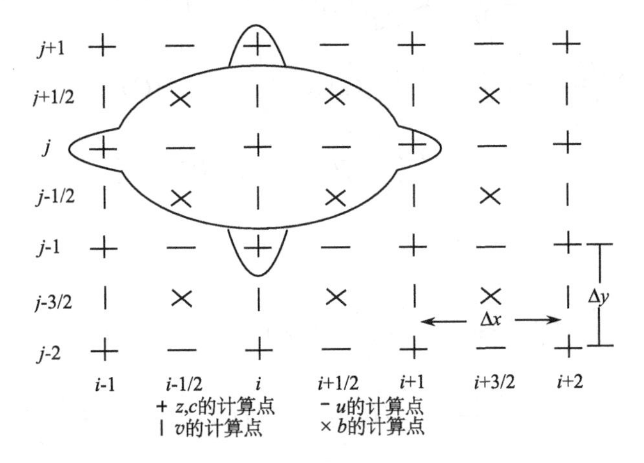

图 8-9　ADI 法的差分网格

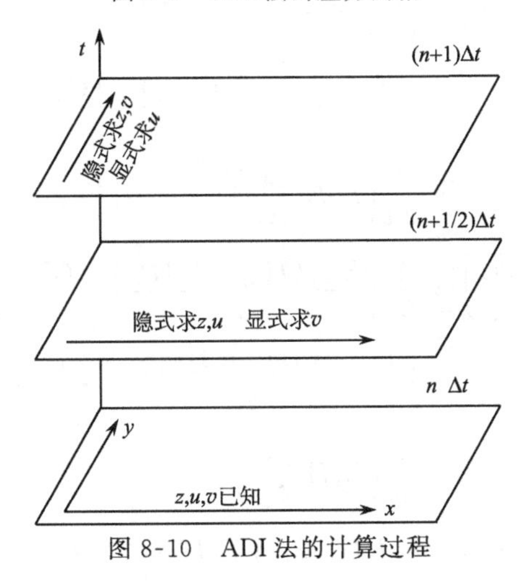

图 8-10　ADI 法的计算过程

三、二维水质模型方程的差分解法

在二维水质模型的差分解法中，本书对特征显式差分格式作一个简单介绍。

式(8-51)中的源漏项 S 可写为 $S=-KC+S_0$，其中 K 表示衰减系数，S_0 的表示外源影响。因此式(8-51)可写为

$$\frac{\partial(HC)}{\partial t}+\frac{\partial(uHC)}{\partial x}+\frac{\partial(vHC)}{\partial y}=\frac{\partial}{\partial x}\left(E_xH\frac{\partial C}{\partial x}\right)+\frac{\partial}{\partial y}\left(E_yH\frac{\partial C}{\partial y}\right)-KHC+S_0H \tag{8-53}$$

式(8-53)中各项的差分表达式为

$$\frac{\partial(HC)}{\partial t}\approx\frac{1}{\Delta t}\left[(HC)_{i,j}^{n+1}-(HC)_{i,j}^{n}\right]$$

$$\begin{aligned}\frac{\partial(uHC)}{\partial x}&\approx\frac{1}{\Delta t}\left\{\frac{1-\gamma_1}{2}\left[(uHC)_{i+1,j}^{n}-(uHC)_{i,j}^{n}\right]\right.\\&\quad\left.+\frac{1+\gamma_1}{2}\left[(uHC)_{i,j}^{n}-(uHC)_{i-1,j}^{n}\right]\right\}\\&=\frac{\Delta(uHC)^n}{\Delta x}\end{aligned}$$

$$\begin{aligned}\frac{\partial(vHC)}{\partial y}&\approx\frac{1}{\Delta y}\left\{\frac{1-\gamma_2}{2}\left[(vHC)_{i,j+1}^{n}-(vHC)_{i,j}^{n}\right]\right.\\&\quad\left.+\frac{1+\gamma_2}{2}\left[(vHC)_{i,j}^{n}-(vHC)_{i,j-1}^{n}\right]\right\}=\frac{\Delta(vHC)^n}{\Delta y}\end{aligned}$$

$$\begin{aligned}\frac{\partial}{\partial x}\left(E_xH\frac{\partial C}{\partial x}\right)&\approx\frac{1}{\Delta x}\left[\frac{E_{xi,j}(H_{i+1,j}^{n}+H_{i,j}^{n})}{2}\cdot\frac{(C_{i+1,j}^{n}-C_{i,j}^{n})}{\Delta x}\right.\\&\quad\left.-\frac{E_{xi-1,j}(C_{i,j}^{n}+C_{i-1,j}^{n})}{2}\cdot\frac{(C_{i,j}^{n}-C_{i-1,j}^{n})}{\Delta x}\right]\\&=\frac{1}{\Delta x}\left(E_xH\frac{\Delta C}{\Delta x}\right)^n\end{aligned}$$

$$\begin{aligned}\frac{\partial}{\partial y}\left(E_yH\frac{\partial C}{\partial y}\right)&\approx\frac{1}{\Delta y}\left[\frac{E_{yi,j}(H_{i,j+1}^{n}+H_{i,j}^{n})}{2}\cdot\frac{(C_{i,j+1}^{n}-C_{i,j}^{n})}{\Delta y}\right.\\&\quad\left.-\frac{E_{yi,j-1}(H_{i,j}^{n}+H_{i-1,j-1}^{n})}{2}\cdot\frac{(C_{i,j}^{n}-C_{i,j-1}^{n})}{\Delta y}\right]\\&=\frac{1}{\Delta y}\left(E_yH\frac{\Delta C}{\Delta y}\right)^n\end{aligned}$$

$$KHC\approx KH_{i,j}^{n}C_{i,j}^{n};\ S_0H\approx S_{0i,j}^{n}H_{i,j}^{n}$$

将以上各项的差分表达式代入式(8-53)，得

$$
\begin{aligned}
C_{i,j}^{n+1} = & \frac{H_{i,j}^{n}}{H_{i,j}^{n+1}C_{i,j}^{n}} - \frac{\Delta t}{(\Delta x H_{i,j}^{n+1})} \cdot \Delta(uHC)^{n} - \frac{\Delta t}{(\Delta y H_{i,j}^{n+1})} \cdot \Delta(vHC)^{n} \\
& + \frac{\Delta t}{H_{i,j}^{n+1}}\left[\frac{1}{\Delta x}\left(E_x H \frac{\Delta C}{\Delta x}\right)^{n} + \frac{1}{\Delta y}\left(E_y H \frac{\Delta C}{\Delta y}\right)^{n}\right] \\
& - \frac{H_{i,j}^{n}\Delta t}{H_{i,j}^{n+1}}(KC_{i,j}^{n} - S_{0i,j}^{n})
\end{aligned} \tag{8-54}
$$

式中，当 $u_{i,j}>0$ 时，$\gamma_1=1$；当 $u_{i,j}<0$ 时，$\gamma_1=-1$。

当 $v_{i,j}>0$ 时，$\gamma_2=1$；当 $v_{i,j}<0$ 时，$\gamma_2=-1$。

式(8-54)中的外源项的表达式为

$$
S_{0i,j}^{n} = \frac{W_{i,j}^{n}}{\Delta x \Delta y H_{i,j}^{n}} \tag{8-55}
$$

式中，$W_{i,j}^{n}$ 为网格(i,j)处的排污口在 $n\Delta t$ 时刻的排放强度；初始条件可按 $C_{i,j}^{0}=0$ 给定。

在闭边界上，浓度通量规定为零；在开边界上，当水流流出边界时，边界处的浓度值用纯对流方程 $\frac{\partial C}{\partial t}+U_n\frac{\partial C}{\partial L}=0$（$U_n$ 为与边界垂直的法向流速，代表 u 或 v，L 代表 x 和 y）的差分形式计算，当水流流入计算边界时，边界上的浓度值由实测值或规划值给定，或近似按前一个时刻的边界浓度值的某个百分比取值，具体视水质计算的目的而定。

四、三维水流与水质模型

（一）三维水流模型方程

假定水体各处的密度相同，垂向压力服从静水压强分布，则直角坐标系下的三维水流运动方程为

$$
\frac{\partial \zeta}{\partial t} + \frac{\partial}{\partial x}\int_{-h}^{\zeta} u\,\mathrm{d}z + \frac{\partial}{\partial x}\int_{-h}^{\zeta} v\,\mathrm{d}z = 0 \tag{8-56}
$$

$$
\frac{\partial u}{\partial x} + \frac{\partial v}{\partial y} + \frac{\partial w}{\partial z} = 0 \tag{8-57}
$$

$$
\frac{\partial u}{\partial t} + u\frac{\partial u}{\partial x} + v\frac{\partial u}{\partial y} + w\frac{\partial u}{\partial z} = fv - g\frac{\partial \zeta}{\partial x} + \xi_x \Delta^2 u + \frac{1}{\rho}\frac{\partial \tau_x}{\partial z} \tag{8-58}
$$

$$
\frac{\partial v}{\partial t} + u\frac{\partial v}{\partial y} + v\frac{\partial v}{\partial y} + w\frac{\partial v}{\partial z} = fu - g\frac{\partial \zeta}{\partial y} + \xi_y \Delta^2 v + \frac{1}{\rho}\frac{\partial \tau_y}{\partial z} \tag{8-59}
$$

式中，ζ 为水位；u、v、w 分别是 x、y、z 坐标轴上的流速分量；t_x、t_y 分别为 x、y 方向上的切应力项；其余符号意义同式(8-48)至式(8-50)。

（二）三维水质模型方程

描述污染物质在三维水体中的迁移扩散方程为

$$\frac{\partial C}{\partial t}+\frac{\partial(uC)}{\partial x}+\frac{\partial(vC)}{\partial y}+\frac{\partial(wC)}{\partial z}$$

$$=\frac{\partial}{\partial x}\left(E_x\frac{\partial C}{\partial x}\right)+\frac{\partial}{\partial y}\left(E_y\frac{\partial C}{\partial y}\right)+\frac{\partial}{\partial z}\left(E_z\frac{\partial C}{\partial z}\right)-KC+S \tag{8-60}$$

式中，C 为时空点(t,x,y,z)上的浓度值；E_x、E_y、E_z 分别是 x、y、z 方向上的扩散系数；K 为衰减系数；S 为源漏项。

第五节　水质模型参数的确定

在建立、应用水质模型对水体中污染物质的迁移转化过程进行模拟时，确定水质模型中的水力学参数以及一些与污染物本身特性有关的参数对模型的合理性、准确性是很重要的，本节就简单介绍一下水质模型中几个常用参数的确定方法。

一、弥散系数 D_x

人们在用一维水流、水质模型来模拟天然河流的水流水质时，将河流断面的流速、水质的浓度当作均匀分布的，这与实际情况不符，因此需要引进纵向弥散系数 D_x。弥散系数 D_x 的计算方法主要有以下几种：

（一）积　分　法

Fischer 提出的计算公式为

$$D_x=-\frac{1}{A}\int_0^B q\mathrm{d}y\int_0^y\frac{1}{E_yH(y)}\mathrm{d}y\int_0^y q'(y)\mathrm{d}y \tag{8-61}$$

式中，$H(y)$为水深；E_y 为横向扩散系数；$q'(y)=q-\frac{1}{B}\int_0^B q\mathrm{d}y$ 为单宽流量与平均流量的偏差值；B 为河宽；y 为河宽方向上的坐标；A 为断面面积。

为了方便计算，常用下式来代替式(8-61)：

$$D_x=-\frac{1}{A}\sum_{k=2}^{n}q'_k\Delta y_k\left[\sum_{j=2}^{n}\frac{\Delta y_j}{E_{yj}H_j}\left(\sum_{i=1}^{j-1}q'_i\Delta y_i\right)\right] \tag{8-62}$$

式中，n 为横断面上的分段数，第 i 段宽度为段宽度为 Δy_i；第 i 段上单宽流量的偏差值为 q'_i。

（二）经验公式法

Elder 公式：

$$D_x = aHu_* = aH\sqrt{gHJ} \tag{8-63}$$

Fischer 公式：

$$D_x = \frac{0.011u^2B^2}{Hu_*} = \frac{0.011u^2B^2}{H\sqrt{gHJ}} \tag{8-64}$$

式中，u 为断面平均流速(m/s)；u_* 为摩阻流速；J 为水力坡降；H 为断面平均水深(m)；a 为经验系数，取值 5.93；g 为重力加速度。

（三）示　踪　法

该方法的主要思路是通过测量示踪剂的变化速率来确定弥散系数 D_x。

当示踪剂按中心瞬时点源投放时，河流下游断面上示踪剂的平均浓度应为

$$C(x,t) = \frac{m/A}{\sqrt{4\pi D_x t}}\exp\left[-\frac{(x-ut)^2}{4D_x t}\right]$$

结合实测资料，利用上式可通过矩量法、线性拟和法、正态分布法等数学方法求得 D_x 值，详情请参考有关书籍，在此不一一说明。

二、BOD 的衰减系数 K_1

这里主要介绍一下通过 S-P 模型来求 K_1 的方法。

S-P 模型形式为

$$\begin{cases} u\dfrac{\mathrm{d}L}{\mathrm{d}x} = -K_1L \\ u\dfrac{\mathrm{d}O}{\mathrm{d}x} = -K_1L + K_2(O_s - O) \end{cases}$$

临界氧亏 D_c 在 $u\dfrac{\mathrm{d}D_c}{\mathrm{d}X_c} = K_1L_c - K_2D_c = 0$ 时为

$$D_c = \frac{K_1}{K_2}L = \frac{K_1}{K_2}L_0\mathrm{e}^{-K_1\frac{x_c}{u}}$$

$$\ln D_c = \ln K_1 + \ln\frac{L_0}{K_2} - K_1\frac{x_c}{u} \tag{8-65}$$

式中，K_2 为复氧系数，可通过下面的方法确定；D_c 和 x_c 可通过氧垂曲线求得；L_0 为初始时刻的 BOD 值。因此，可以利用式(8-65)通过试算法求得 K_1 的值。

三、大气复氧系数 K_2

计算 K_2 的经验公式形式为

$$K_2 = c\frac{u^m}{H^m}$$

式中，u、H 分别为河道的平均流速与平均水深；c、m、n 为系数。

其他求 K_2 值的方法还有示踪剂法，包括放射性同位素示踪法以及低分子烃类示踪法等。

第六节　应用实例

本节以深圳河一维水环境模型的建立为例，对如何应用上述五节知识解决水环境问题做简单介绍。

一、研究河段概况

深圳河在珠江口东侧，位于东经 114°～114°12′55″，北纬 22°27′～22°39′之间。发源于深圳的牛尾岭，干流长约 37km，由东北向西南流入深圳湾，是深圳与香港的界河，流域面积 312.5km^2，其中深圳占 188.2 km^2，香港占 124.3 km^2。深圳的布吉河、福田河以及香港的梧桐河、双鱼河、平原河是深圳河的主要支流。深圳河干流自三岔河口以下到出海口原长约为 16.8km，经过深圳市几次的河道整治后河长为约 13.4km，河道平均比降 0.2‰。河底宽度 15～80m 不等，河口处河底宽度达 130m。

目前，深圳河自身的生态环境平衡已经遭受破坏，河流水质逐年下降，已经无法满足作为城市景观河流的要求。整个深圳河自上而下，水质由清变浊：进入莲塘工业区前的莲塘河上游段水质清澈，水生生物比较丰富，但进入莲塘工业区后水质逐渐恶化；平原河以下河段水质已经变黑，时有臭味发出，鱼类等水生动物基本消失；三岔河口处罗芳村的大量污水直接排入深圳水库的排洪渠进入深圳河，沿途汇入香港境内梧桐河、深圳境内布吉河、福田河、皇岗河所排放的污水，至深圳河口处，水已经变得像墨汁一样浊黑而黏稠，水面漂浮着各种污物，空气中弥漫着臭味；随着河水不断向深圳湾扩散，水面颜色逐渐由黑色变成墨绿色，深圳湾近岸海域海水也遭到严重污染。

二、水质模型建立

根据实测的水文及污染物资料应用一维水流、水质模型模拟污染物的输移情况(图 8-11)。

深圳河模型研究从三岔口至深圳河口的感潮河段，划分为 99 个断面，其中三岔口至罗湖桥距离约 4km，划分为 4 个断面，罗湖桥以下至深圳河口距离约 9.4 km，划分为 95 个断面。模型连续方程和动量方程的离散采用 Preissmann 四点偏心格式，污染物(本例中选取 BOD_5 为污染物排放计算对象)迁移转化方程采用迎风加权格式，离散后的方程用追赶法求解。

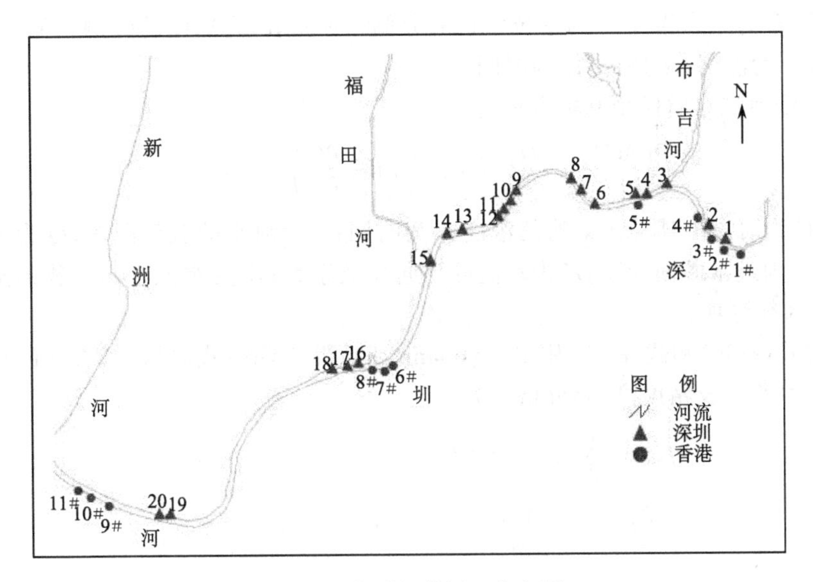

图 8-11　深圳河排污口分布图
资料来源：深圳河污染源调查报告

深圳河各排污口 BOD_5 排放强度如表 8-1 所示。

表 8-1　深圳河 BOD_5 监测数据(mg/L)

监测点位	布吉河口(3)	鹿丹村Ⅱ(5)	鹿丹村Ⅲ(6)	滨河污水处理厂出口(7)	滨江新村(8)	下步庙Ⅰ(9)	下步庙Ⅲ(11)	下步庙Ⅳ(12)
浓度	68.41	131.41	89.16	5.59	388.16	139.16	127.66	137.39
监测点位	砖码头Ⅱ(14)	福田河口(15)	渔农村Ⅰ(16)	渔农村Ⅱ(17)	渔农村Ⅲ(18)	保税区Ⅰ(19)	保税区Ⅱ(20)	
浓度	150.73	33.33	156.16	73.26	96.66	95.56	93.76	

（一）方程的离散

明渠一维非恒定流方程用圣维南方程组(Saint-Venant)来描述：

$$\frac{\partial Q}{\partial x}+B\frac{\partial Z}{\partial t}=q+q' \tag{8-66}$$

$$\frac{\partial Q}{\partial t}+2\frac{Q}{A}\frac{\partial Q}{\partial x}+\left[gA-B\left(\frac{Q}{A}\right)^2\right]\frac{\partial Z}{\partial x}-\left(\frac{Q}{A}\right)^2\frac{\partial A}{\partial x}\bigg|_z+\frac{gQ\mid Q\mid}{Ac^2R}=0 \tag{8-67}$$

式中，Q 为流量；Z 为水位；A 为过水断面面积；B 为河道水面宽度；c 为谢才系数；n

为糙率；R 为水力半径；q 为单位河长的旁侧入流量；q' 为集中的旁侧入流量（支流流量）；x 为沿河长的距离；t 为时间。

一维河流水质模型基本方程为

$$\frac{\partial(AC)}{\partial t}+\frac{\partial(QC)}{\partial x}=\frac{\partial}{\partial x}\left(EA\frac{\partial C}{\partial x}\right)-KAC+S_1 \tag{8-68}$$

式中，C 为河段中某种污染物的浓度；t 为时间；x 为河水的流动距离；Q 为河流的流量；A 为过水断面面积；E 为水流的纵向离散系数；K 为水流中污染物的降解系数；S_1 为线源项。

对式(8-66)和式(8-67)用 Preissmann 四点偏心隐格式离散，其方法的显著优点是计算稳定及精度高，差分格式为

$$f_M=\frac{1}{2}[(1-\theta)(f_i^n+f_{i+1}^n)+\theta(f_i^{n+1}+f_{i+1}^{n+1})]$$

$$\left.\frac{\partial f}{\partial t}\right|_M=\frac{1}{2\Delta t}[(f_i^{n+1}+f_{i+1}^{n+1})-(f_i^n+f_{i+1}^n)]$$

$$\left.\frac{\partial f}{\partial x}\right|_M=\frac{1}{\Delta x_i}[\theta(f_{i+1}^{n+1}-f_i^{n+1})+(1-\theta)(f_{i+1}^n-f_i^n)]\quad(0\leqslant\theta\leqslant 1)$$

对方程(8-68)用特征显格式离散，得

$$\frac{(AC)_i^{n+1}-(AC)_i^n}{\Delta t}+\begin{cases}\dfrac{(QC)_i^n-(QC)_{i-1}^n}{\Delta x_{i-1}} & Q_i\geqslant 0\\[2ex] \dfrac{(QC)_{i+1}^n-(QC)_i^n}{\Delta x_i} & Q_i\leqslant 0\end{cases}$$

$$=\frac{2}{\Delta x_i+\Delta x_{i-1}}\left\{\frac{[(EA)_{i+1}^n-(EA)_i^n](C_{i+1}^n-C_i^n)}{2\Delta x_i}-\frac{[(EA)_i^n-(EA)_{i-1}^n](C_i^n-C_{i-1}^n)}{2\Delta x_{i-1}}\right\}$$

$$-\begin{cases}K(AC)_{i-1}^n & Q_i\geqslant 0\\ K(AC)_{i+1}^n & Q_i\leqslant 0\end{cases}+S_{1i}^n$$

若 $\overline{F}_i^n=\dfrac{F_i^n+F_{i-1}^n}{2}$，$\Delta F_i^n=F_i^n+F_{i-1}^n$ 得

$$C_i^{n+1}=\frac{A_i^n}{A_i^{n+1}}C_i^n+\frac{\Delta t}{A_i^{n+1}\Delta x_i}\left[(\overline{EA})_{i+1}^n\frac{\Delta C_{i+1}^n}{\Delta x_i}-(\overline{EA})_i^n\frac{\Delta C_i^n}{\Delta x_{i-1}}\right]$$

$$+\frac{\Delta t}{A_i^{n+1}}S_{1i}^n-\frac{\Delta t}{A_i^{n+1}}\begin{cases}\dfrac{\Delta(QC)_i^n}{\Delta x_{i-1}}+K(AC)_{i-1}^n & Q_i\geqslant 0\\[2ex] \dfrac{\Delta(QC)_{i+1}^n}{\Delta x_i}+K(AC)_{i+1}^n & Q_i\leqslant 0\end{cases}$$

（二）模型初始条件及边界条件

各断面水位、流量初始值可根据实测数据得到，但一般很少有这样的数据，故

通常的做法是各断面的水位初值根据首、末断面的水位值内插得到，而各区段的流量可根据相邻断面的水位值，用谢才公式计算得到。有时更简单的做法是让流量初值为某个常数，但这样给出的初值肯定有误差，可是如果格式稳定，这种误差会随着计算的进程而逐渐消失。

本例中水流模型、水质模型的初始条件均取为零，重复计算几个潮周期后模型的计算结果趋于合理。

水流模型的上边界为实测流量过程，下边界采用深圳河口站实测的典型大潮的潮位过程资料。典型的大潮潮位过程取 1996 年 5 月 5 日 18 时至 5 月 6 日 23 时的实测资料。

水质模型的上边界取零，下边界用纯对流方程来控制。

模型参数的估值，根据以往有关深圳河水流、水质模型计算的结果，确定河道糙率取值范围为 0.02～0.035，BOD_5 降解系数取值为 0.15～0.4d^{-1}，弥散系数 E 取值 0.3d^{-1}。计算的时间步长为 180s。

（三）计算结果

根据上述情况用 Fortran 语言编写程序，程序输入数据存放在一系列文本文件中。为检验程序的正确性，使用该水质模型计算了枯水期，深圳河口站分别为典型大、中、小潮时，布吉河口断面 BOD_5 的变化过程（图 8-12）。计算结果表明在一个潮周期内，枯水期布吉河口断面 BOD_5 的变化范围在 25～45mg/L 之间，与近几年的枯水期布吉河口断面的实测数值（表 8-2）基本吻合，因此认为该模型可以用于深圳河水质的模拟。

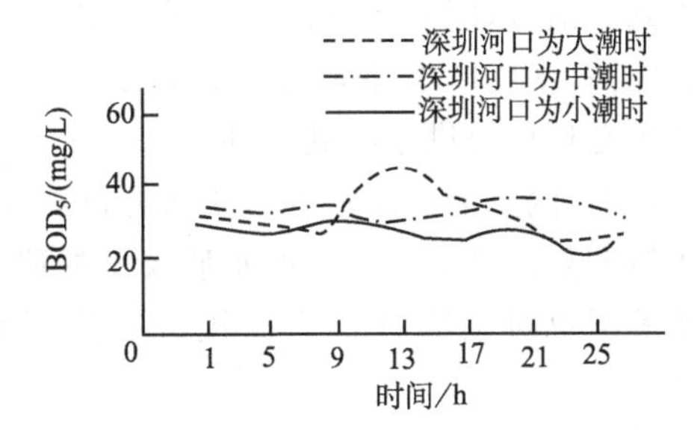

图 8-12　枯季布吉河口 BOD_5 的变化过程

表 8-2　近几年枯水期布吉河口断面 BOD_5 的实测值

年份	1997	1998	1999	2000	2001
BOD_5/(mg/L)	44.1	42.02	33.84	39.5	21.95

第九章　湖泊(水库)水质数学模拟

第一节　湖泊(水库)水质模型概述

对湖泊和水库的水质模型的研究远不如对河流水质模型研究的系统和深入，其主要原因是由于湖泊和水库中的水生生态体系要比河流的生态系统复杂。也就是说，湖泊、水库水体中各水质因素间的相互关系比河流水体系中的诸因素复杂，各水质参数间的相互制约使得湖泊、水库的水质模型复杂化。另一方面，河流的研究(非潮汐河流)主要考虑纵向(沿水体流动方向)的水质随时间(或距离)变化，一般情况下，一个一维的模型就可满足其要求。而湖泊水库，至少要考虑两个方向(垂直和横向)上的水质变化。同时，气象、气候的变化对研究湖泊水质模型带来一定的困难。

随着工农业生产的发展，科学技术的进步以及研究水平的不断提高，人们逐步认识到湖泊、水库对人类进步和发展的重要性。特别是计算机科学的迅速发展，为研究湖泊、水库的水环境质量变化提供了有效的计算工具，为详细、系统地研究湖泊的生态环境提供了有利条件。

目前，国际上对湖泊的水质研究已有相当水平。如美国与加拿大两国相接壤的密执安附近的五大湖泊的水质模型的研究；日本琵琶湖的富营养化研究；德国、瑞典等国也对湖泊进行了比较系统的研究，并取得明显成效，水质有了大幅度提高。

我国对湖泊、水库的水质模型研究有 10 余年的历史，研究工作进展较快，原来受污染或出现富营养化趋势的一些湖泊和水库，通过环境科学工作者的努力，提出了防治污染的一系列措施，水质有了明显的改善。如辽宁的大伙房水库、杭州西湖、武汉东湖、无锡太湖以及北京的密云、官厅水库，水质均有不同程度的提高。

最早的湖泊水质模型研究要算湖泊的温度模型了。1929 年 McEwen 首先用温度模型来估计热迁移系数。1954 年 Ertel 提出热扩散模型，湖泊的热扩散与时间、深度有关。1957 年 Hutchinson 在研究中，定量地阐述了湖泊的水循环对物理、化学和生物过程的影响。自 20 世纪 60 年代后，从湖泊的温度模型逐渐发展到其他类型的模型研究，1976 年 Baca 和 Arnett 用一个有限元技术来解湖泊的水质平衡方程，并发展了一维的生态模型，其中包括热能平衡。

在湖泊(水库)中，两个最突出的水质问题是下层厌氧状态的发生和富营养化。富营养化过程的加速主要是由于人类的生产、生活活动而引起的。大量使用化肥和家庭洗涤剂造成氯、磷等营养物质大量进入水体,加剧了这一过程的发生。如果我们想了解富营养化机理并制订出延缓这一过程的规划,首先必须了解营养物的循环过程。通常,磷是影响藻类生长的关键性物质,因此必须控制磷的流入量,有许多方法可以达到这一目的,例如用石灰处理流水就可以适当地改善水体中的营养物平衡。但是这些使湖泊"返老还童"的方法往往需要耗费大量的投资,因此迫切需要一些可靠的手段来评价上述方法用于湖泊(水库)时所收到的效果。湖泊(水库)的富营养化模型研究可为制定水质污染控制措施提供有效的方法。

综上所述,在湖泊和水库中,首先考虑的两个问题是温度的分布和湖泊的富营养化。为了适应我国环境科学研究工作者对湖泊和水库的水质规划和管理的需要,使湖泊、水库水质模型能为区域(包括湖泊)环境规划服务,使读者在从事湖泊水质规划时对湖泊水质模型有个初步了解,在本章中我们将简要介绍湖泊(水库)的温度模型和富营养化模型的一些基本技术。

第二节 湖泊(水库)温度模型

一、湖泊(水库)的温度分布

对于所有的深湖(水库),几乎都发生热分层现象。如果在较深的湖泊和水库中,储蓄水量比年流过量大得多,那么在一年的大部分时间里,这些湖泊中的等温线是水平的,而且在夏末和秋季形成稳定的分层。形成热分层的基本原因有以下几个方面:①水的低热传导性;②辐射热和光的穿透深度有限;③在春末夏初河流流入湖泊的水比湖泊或水库表层水的温度高,这些温度稍高的入流水就在整个湖泊(水库)表面扩散。此外,除了对流热,事实上所有的热都是以辐射能的形式通过水表面而进入湖泊、水库的。这些辐射能的绝大部分被表面的水所吸收,因而靠近表面的水比在较深层的水变热得要快,而这层较热的水又总是停留在表面上吸收更多的热量,并形成一种稳定的状态。然而,蒸发作用总是使表层水冷却并形成对流流动,尤其在夜晚,反向的热辐射和热传导损失将加剧表面冷却,因而加剧对流现象。每当由于表面冷却而形成一个随机性或不稳定的温度密度梯度时,施加于水表面的风压力就会引起混合过程。这些过程导致温暖的自由循环的湍流层的形成,我们通常称它为湖面温水层;在湖面温水层下面的那层水里,存在着较大的温度梯度,我们称这一层为斜温层;在斜温层下面有一个较冷的、相对不受干扰的水层,称为低温层。图 9-1 表示了一个水库在一年内典型的温度分布的变化。从图中可见,早春时,水库中的水温接近等温状态;春季向夏季热分层明显发展了;在冬季又恢复到初始的状态。

随着这种现象遍及整个湖泊,发生水库的垂直混合,热分层就被破坏,这种过程称为回转过程。在热分层情况下,由于湖面温水层使湖底水层与大气隔离,因此

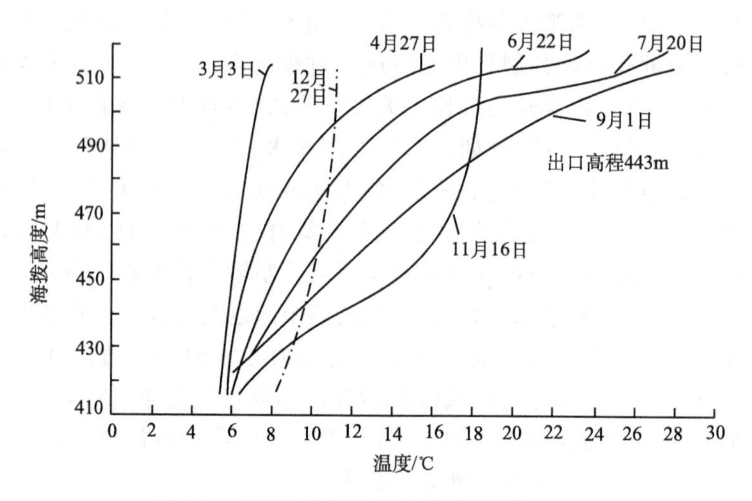

图 9-1　水库水温的季节变化(谢永明,1996)

在较下层的水里不能发生复氧作用,这就导致厌氧条件和水质下降。厌氧分解会产生讨厌的味道和臭气,偶尔还会产生毒性现象。在发生回转过程期间,由于底层水和其余部分水的混合,在一个较短时期内可以使所有湖水受到污染。更进一步说,这些质量差的水的下泄还会使下游水质恶化。因此,为了控制水质,必须掌握湖泊(水库)中蓄水的温度剖面。而且为了合理地设计泄水口工程与系统地探讨水质管理问题,还必须预报湖泊(水库)的温度分布剖面。下面我们所要介绍的温度模型是一个具有预报能力的水库温度模型,这是因为它所需要的数据都是水库建造以前可以得到的数据。对于一个现有的湖泊(水库)而言,我们能用这个模型来预报在各种气象条件下,或由于人为地改变入流量情况下可能发生的变化。

二、建立湖泊(水库)模型的主要假设

因为只有在垂直方向上存在温度梯度,所以我们能用一维模型来描述湖泊的温度分布:

$$\frac{\partial T}{\partial t}+\frac{1}{A}\frac{\partial}{\partial Z}(Q_v T) = \frac{1}{A}\frac{\partial}{\partial Z}\left(AE_m\frac{\partial T}{\partial Z}\right)+\frac{\tilde{q}_{\text{in}}T_{\text{in}}}{A}-\frac{\tilde{q}_{\text{out}}T_{\text{out}}}{A}-\frac{1}{\rho C_v A}\frac{\partial}{\partial Z}(A\varphi_v) \tag{9-1}$$

式中,T 为湖泊或水库水平体积单元的平均温度(℃);t 为时间(s);Z 为垂直坐标(m);Q_v 为垂直方向的流量(m^3/s);E_m 为分子扩散系数;q_{in}、q_{out} 分别为流入与流出的流量分布[$m^3/(s\cdot m)$];T_{in}、T_{out} 为流入、流出的水温(℃);A 为湖或水库的水平截面面积(m^2);C_u 为水的比热(J/kg·℃);φ_v 为垂直方向的辐射量(cal/m^2)。

式(9-1)里右端的第一项是假定太阳辐射沿垂直方向传播的,并在相应截断深处的横断面上均匀分布,同时水库岸壁是绝热的。在整个热平衡计算过程中,密度 ρ、比热 C_v 和分子扩散系数 E_v 可以认为是常数。在边界处的热交换(无论是输入还是输出)都应当作为边界条件来处理。由于假设水库的岸壁和底部是绝热的,所以除了入流与泄水外,水库与外界的热交换只在水面上进行,可用式(9-2)来确定水面上的热交换,并把它全部作为表面层热交换的附加项:

$$\phi_0^s = \frac{\beta I + G - S - \phi_e - \phi_c}{\rho C_v \Delta Z_s} \tag{9-2}$$

式中,ϕ_0^s 为水表面总的热交换;I 为太阳短波辐射;β 为太阳短波辐射的入射系数;G 为大气卡波辐射;S 为水表面发射的长波辐射;ϕ_e 为蒸发热;ϕ_c 为对流热;ρ 为水的密度;C_u 为水的比热;ΔZ_s 为湖泊、水库表面层厚度。

流入和流出的流量分布可按以下公式计算:

$$\bar{q}_{\text{in}}(Z) = b(Z) u_{\text{in}}(Z) \cdot \Delta Z$$

$$\bar{q}_{\text{out}}(Z) = b(Z) u_{\text{out}}(Z) \cdot \Delta Z$$

式中,u_{in}、u_{out}是流入、流出单元的流速;b 是横断面宽度。根据连续性原理,它应满足下列方程:

$$\frac{\partial Q_v}{\partial Z} = b(u_{\text{in}} - u_{\text{out}}) \tag{9-3}$$

因此,方程(9-1)可简化为

$$\frac{\partial T}{\partial t} + V\frac{\partial T}{\partial Z} = \frac{1}{A}\frac{\partial}{\partial Z}\left(AE_m \frac{\partial T}{\partial z}\right) + \frac{bu_{\text{in}}(T_{\text{in}} - T)}{A} - \frac{1}{\rho C_v A}\frac{\partial}{\partial Z}(A\phi_v) \tag{9-4}$$

本节介绍的 MIT 水库模型就是用数值方法(有限差分法)来求解方程(9-4)而获得的。

在方程(9-1)中没有包括湍流混合作用,这是因为只有在湖面温水层区域,当温度分布不稳定而引起密度分布不稳定时,才发生湍流混合引起的热迁移。对于实际计算来说,每当在湖面温水层中的温度分布导致一个不稳定的密度梯度时,我们就要对温度进行平均。这种平均一直进行到由温度引起的不稳定密度消失为止的深度上。前面描述的混合作用比分子扩散作用强得多,但是为了保证数值计算的稳定性,在 MIT 模型中仍然保留了分子扩散项,在其他一些模型中,有时用涡流扩散项来描述湍流混合。

三、MIT 模型的数值计算方法

(一) 温度模型的差分方程

MIT 温度模型使用一个显式差分体系,把基本方程(9-4)离散化,即把湖泊、水库分成许多水平的体积元(图 9-2),其中的一个体积元如图 9-3 所示。对于第 i 层(即第 j 个体积单元),我们可以把 t_{j+1}时间的温度分布 T_{j+1}写为

$$T_i^{j+1} = T_i^j + \Delta T_i \tag{9-5}$$

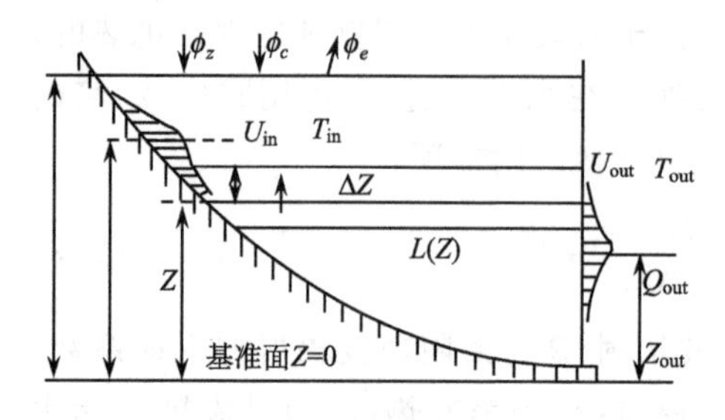

图 9-2　湖泊(水库)的断面示意
(谢永明,1996)

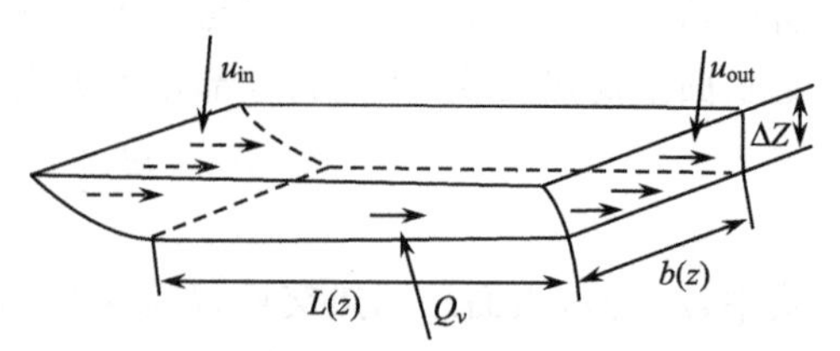

图 9-3　湖泊(水库)的一个体积单元
(谢永明,1996)

式中,ΔT_i 是 t_i 时的温度分布 T 的函数;i 是下标,表示层的序号;j 是表示离散的时间间隔号。通过围绕一个体积单元的水量和热量平衡来导出这个差分体系,由底部向上依次对体积单元进行编号。水量平衡提供给我们垂直方向的流速 V_z 和水表面的高度。在有了这些数值之后,就能够通过质量平衡来确定温度分布(图 9-4 和图 9-5)。按水量平衡,可用下式从底层开始连续给出 V_j 值:

$$V_{j+1} = \frac{1}{A_{i,j-1}}[V_j A_{j,j+1} + B_j \Delta Z(u_{in} - u_{out})] \tag{9-6}$$

式中,B_j 是体积单元的侧面宽度;V_j 是第 j 层的垂直流速;关于 u_{in}和 u_{out}的计算方法将在下一小节中详细讨论。如果对每一层都假设有相同的平均面积(ΔZ 取足够小时,可以认为上述假设成立),那么就会使温度分布的计算结果大大偏离实测值,所以,在实际应用中,A_j 对于不同层取不同的值是很重要的。式中的 $A_{j,j+1}$表示两层之间的平均值(图 9-4),$A_{j,j+1}=1/2(A_j+A_{j+1})$。对于底部的体积单元,$V_j=0$;而顶部的体积单元,$V_{j+1}=0$。为了满足水量平衡,表面层的厚度必须是个变量,可用下列计算公式求得。根据质量平衡方程:

$$\Delta Z_s B_s (u_{in}^s - u_{out}^s) = V_s A_{s,s-1} \tag{9-7}$$

$$\Delta Z_s = \frac{V_s A_{s,s-1}}{B_s (u_{in}^s - u_{out}^s)} \tag{9-8}$$

式中,ΔZ_s 是表面层厚度;B_s 是表面层宽度;$A_{s,s-1}=1/2(A_s+A_{s-1})$是表层面积。

一种较好的确定表面层厚度的方法是认为表面层厚度 ΔZ_s 是起始表面高度和时间间隔 Δt 内总的流入量和流出量的函数,这样可以使其引入误差比较小。我们允许表面层厚度在 0.25ΔZ 和 1.25ΔZ 之间变化。如果 ΔZ_s 比 1.25ΔZ 还大,那么就必须重新分层,使得 0.25ΔZ<ΔZ_s<1.25ΔZ;如果 ΔZ 小于 0.25ΔZ,就把表

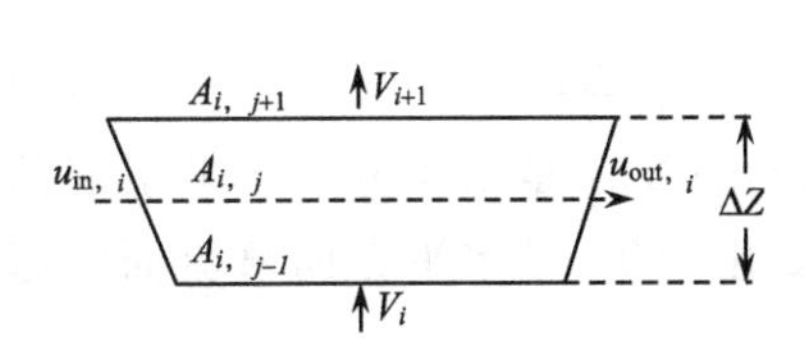

图 9-4　体积元的水量平衡
(谢永明,1996)

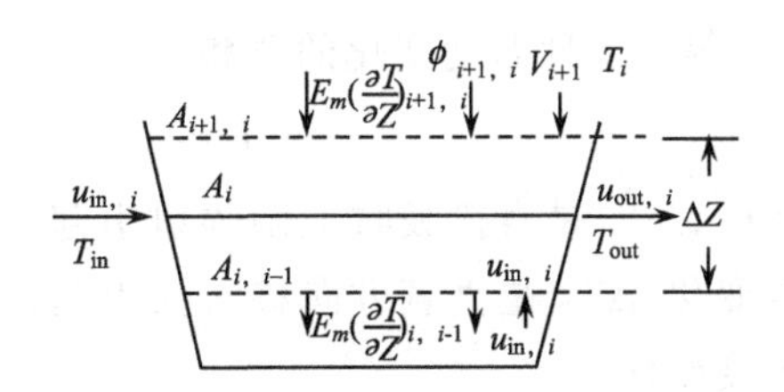

图 9-5　控制体积单元的热平衡
(谢永明,1996)

面层同下一层合并成新的表面层(用旧的表面层温度作为新的表面层温度)。引入上述这些限制是因为表面层太薄会导致不符合实际的高表面温度,而使辐射热损失过大。

(二) u_{in},u_{out}的确定

一个温度为 T_{in}的入流量进入到温度接近于 T_{in}的第 i 层里,在 MIT 温度模型中,假定入流量是在与其密度相对应的高度附近的正态分布:

$$u_{in}(Z) = u_{in}(\max)\exp\left(-\frac{(Z-Z_{in})^2}{2\sigma_{in}^2}\right) \tag{9-9}$$

令 u_{in}等于流入河流的深度,根据水量平衡可得到 $u_{in}(\max)$:

$$Q_{in} = \int_{z_B}^{z_s} B(Z)u_{in}(Z)\mathrm{d}Z \tag{9-10}$$

式中,Q_{in}为总的入流量。

MIT 模型还要选择入口处的混合。假定靠挟带来混合入流量(混合比 $\gamma=1$),同时还假设水在与新的混合后的温度相对应的高度进入。这个模型对于混合比的变化要比对弥散系数的变化更敏感。对于出流流速具有类似的假设,它在泄水口高度附近呈正态分布(图 9-2)。

$$u_{out}(Z) = u_{out}(\max)\exp\left(-\frac{(Z-Z_{out})^2}{2\sigma_{out}^2}\right) \tag{9-11}$$

式中,$\sigma_{out}=\frac{\delta}{2}\frac{1}{1.96}$,其中:$\delta$ 是出流速度场的水层厚度,该值由 Huber 和 Harleman 提出。

$$\delta = 4.8\left(\frac{\tilde{q}^2}{g\varepsilon}\right)^{1/4} \tag{9-12}$$

式中,$\tilde{q}$ 是分布出流量,即单位宽度的出流量(m^3/d);ε 是标准化的密度梯度;g 是重力加速度。若有多个排水口,就要叠加它们的速度剖面。

(三) 用热量平衡计算温度变化

由于使用了一个显式体系,在体积元 j 中,ΔT 时间间隔内的总的温度增量

ΔT 等于 4 种温度变化的总和：

$$\Delta T = \Delta T_1 + \Delta T_2 + \Delta T_3 + \Delta T_4 \quad (9\text{-}13)$$

式中，ΔT_1 是直接吸收太阳辐射引起的温度变化；ΔT_2 是由于分子扩散引起的温度变化；ΔT_3 是垂直方向移流而引起的温度变化；ΔT_4 是水平方向移流而引起的温度变化。

$$\Delta T_1 = \frac{1}{\rho C_v A_j \Delta Z}(\phi_{j+1,j}A_{j+1,j} - \phi_{j,j-1}A_{j,j-1})\Delta T$$

其中，$F(Z)$是传输到 Z 处的太阳辐射，由下式计算：

$$\phi(Z) = \phi_n(1-\beta)\exp[1-\eta(Z_s - Z)]$$

式中，Z_s 是水表面层厚度；ϕ_n 是净入射的太阳辐射（总入射减去反射量，$\phi_n = I - R_1$）；β 是 ϕ_n 在表面层被吸收的部分（0.4～0.5）；η 是消光系数（对于不同的湖泊取不同的值，每米 0.1～2.0）；具有双下标的变量值是相应两个格点的平均值。

$$\Delta T_2 = \frac{E_m}{A_j \Delta Z}\left(\frac{T_{j+1} - T_j}{\Delta Z}A_{j+1,j} - \frac{T_j - T_{j-1}}{\Delta Z}A_{j,j-1}\right)\Delta t$$

$$\Delta T_3 = \begin{cases} \dfrac{1}{A_j \Delta Z}(V_j T_{j-1} A_{j,j-1} - V_{j+1} T_j A_{j+1,j})\Delta t & V_j, V_{j+1} > 0 \\ \dfrac{1}{A_j \Delta Z}(V_j T_j A_{j,j-1} - V_{j+1} T_{j+1} A_{j+1,j})\Delta t & V_j, V_{j+1} < 0 \\ \dfrac{1}{A_j \Delta Z}(V_j T_{j-1} A_{j,j-1} - V_{j+1} T_{j+1} A_{j+1,j})\Delta t & V_j > 0, V_{j+1} < 0 \\ \dfrac{1}{A_j \Delta Z}(V_j T_j A_{j,j-1} - V_{j+1} T_{j+1} A_{j+1,j})\Delta t & V_j < 0, V_{j+1} > 0 \end{cases}$$

$$\Delta T_4 = \frac{1}{A_j \Delta Z}(u_{\text{in},j} T_{\text{in}} - u_{\text{out},j} T_j) B_j \Delta Z \Delta t$$

由水量平衡方程(9-10)得出全部垂直方向的流速 V_j，用同样方法可求得底部体积单元的温度增量 ΔT。当我们考虑表面层的热平衡时，在热平衡计算前应首先计算新的水面高度，然后，除了与其他层类似地计算 ΔT_1、ΔT_2、ΔT_3 和 ΔT_4 外，还要计算辐射吸收项 ΔT_5，表面热损失项 ΔT_6，这时总的温度变化方程为

$$\Delta T = \Delta T_1 + \Delta T_2 + \Delta T_3 + \Delta T_4 + \Delta T_5 - \Delta T_6 \quad (9\text{-}14)$$

式中

$$\Delta T_1 = \frac{1}{\rho C_v \overline{A} \Delta Z_s}(\phi_s A_s - \phi_{s,s-1} A_{s,s-1})\Delta t,$$

$$\overline{A} = \frac{1}{2}(A_s + A_{s,s-1}), \quad \phi_s = \phi_n(1-\beta)\exp(-\eta(Z_s - Z)),$$

$$\Delta T_2 = \frac{E_m}{\overline{A} \Delta Z_s}\left(\frac{T_s - T_{s-1}}{\Delta Z}A_{s,s-1}\right)\Delta t,$$

$$\Delta T_{3、4} = \frac{1}{A\Delta Z_s}(V_s T_{s-1} A_{s,s-1} + u_{in}^s B_s \Delta Z_s T_{in} - u_{out}^s B_s \Delta Z_s I_s)\Delta t,$$

$$\Delta T_5 = \frac{1}{\rho C_v A \Delta Z_s}(\beta\phi_n A_s)\Delta t,$$

$$\Delta T_6 = \frac{1}{\rho C_v A \Delta Z_s}(\phi_o A_s)\Delta t,$$

$$\phi_o = \phi_\gamma + \phi_e + \phi_c \tag{9-15}$$

式中,ϕ_0 是总热流量,由总热流世方程计其;ϕ_γ 是辐射热;ϕ_e 是蒸发热;ϕ_c 是对流热。下面分别讨论 ϕ_γ、ϕ_e、ϕ_c 三种热量的计算方法。

(四) ϕ_γ、ϕ_e 和 ϕ_c 的计算

1. 辐射热

我们知道水表面的辐射能交换受 5 个因素的影响:

$$\phi_\gamma = I_s - R_1 + G - R_2 - S_L \tag{9-16}$$

式中,I_s 为太阳的短波辐射(假定是已知的);R_1 为 I_s 的反射部分,大约为 50%;$G=\sigma(0.848-0.249\times10^{-0.069E_1})(T_1-273)^4(1+0.17W^2)$;$\sigma=4.19\times10^{-8}$J/(s·m^2·℃^{4});$E_1$ 为蒸汽压;W 为云速比($0\leqslant W\leqslant1$);T_1 为空气温度(℃);R_2 为 G 的反射部分;S_L 为由水表面发射的长波辐射,$S_L=0.97s(T十273)^4$。

假设 E_1、T_1、I_s 和 W 是已知的数据(E_1 和 T_1 可用水表面 2m 处的观测值来近似),不难求出 ϕ_γ(对于较窄的水面,上述公式必须加以修正)。

2. 蒸发热

蒸发热是湖泊或水库水表面输出的主要来源。由蒸发而产生的热流量可以用下式计算:

$$\phi_e = (C_1 + C_2 V_w^{C_3})(E_1 - E(T)) \tag{9-17}$$

式中,C_1、C_2、C_3 为经验系数;V_w 是水面上方 2m 处的风速(m/s);$E(T)$是水温等于 T 时的饱和蒸汽压,可用下式近似计算:

$$E(T) = 0.75\exp[54.721 - 6788.6/(T+273) - 5.0016\ln(T+273)]$$

或

$$E(T)=\exp[-5411 / (T+273)+21.32]$$

一般地,我们选择常系数 $C_1=0$;$C_2=11.64$W/(m^2·mmHg)$=3.08$J/(h·cm^2·mmHg);(1mmHg$=1.333\ 22\times10^2$Pa)$C_3=0.5$。也有人用线性表达式来表示蒸发热流量 ϕ_e 的,即取$C_3=1$。

3. 对流热

在研究水体中对流热 ϕ_c 时,可用 Bowen 假设来近似地计算对流热。

$$\phi_c = \frac{(\phi_e/C_b)(T-T_A)}{E(T-E_L)} \tag{9-18}$$

式中，$C_b=2.03$℃/mmHg。

将蒸发热流量 ϕ_e 代入方程(9-18)中，得

$$\phi_c=(C_1+C_2V_\omega^{C_3})(T-T_A)/C_b \tag{9-19}$$

这样，将 ϕ_γ、ϕ_e 和 ϕ_c 分别代入方程(9-15)就可计算得到总的热量 ϕ_0。

计算了 T_i^{j+1} 后就要考虑到可能发生的对流混合。每当密度梯度是正值时(当水温大于40℃时，正的密度梯度相当于负的温度梯度值)，都应考虑对流混合，这个混合过程受能量平衡控制：

$$\int_{Z_{\max}}^{Z_s}(T(Z)-T_{\text{in}})A(Z)\mathrm{d}Z=0 \tag{9-20}$$

式中，$Z_{\max}$为混合层底部的高度(m)；T_{in}是时间为 t 时的混合层水温(℃)。

在计算机程序中，从顶层开始一层一层地检查温度值，如果表层温度比下一层低，就混合最上面的两层，然后将混合后的温度与下一层比较，假如仍比原来的第三层水温低，就要再一次进行混合，以此类推直到混合层下面那层水温不再高于混合层才停止。

这里介绍的显式差分体系如同河流模型中的显式差分体系一样，也有数值弥散的问题，但是，如果把它和湍流混合相比的话，数值弥散在此的影响是很小的，因而认为它不影响结果的可靠性。在一个显式差分体系中还必须考虑其稳定性问题。其稳定性条件是

$$E_m\frac{\Delta t}{\Delta Z^2}\leqslant\frac{1}{2},\quad V\frac{\Delta t}{\Delta Z}\leqslant 1$$

在实际计算中，首先应依据湖泊或水库的深度来选择 ΔZ。建议至少把湖泊或水库分成20层，然后通过上述条件求得 $\Delta t_{\max}$，$V_{\max}$可按下式取值：

$$V_{\max}=\frac{Q_{\text{out}}}{A_{\text{out}}} \tag{9-21}$$

式中，Q_{out}为出水口排放量(m^3/d)；$V_{\max}$为单元的最大体积(m^3)；A_{out}为出水口处的截面面积(m^2)。

一旦知道了 $\Delta t_{\max}$，就可以根据输入数据和取样的时间间隔选择适当的 Δt 值(一般取 $\Delta t=1$d)。

对于较大的湖泊(水库)还必须考虑由风而引起的混合作用。其方法之一是利用风的摩擦力和由混合而引起的位能变化之间的能量平衡。另一种方法是在扩散项中引入一个由大风引起的扩散系数。

四、MIT 模型的差分计算举例

由热平衡方程来计算湖泊(水库)的温度垂直分布，可用一个显式差分体系。

$$T_{j+1}=T_j+\Delta T$$

$$\Delta T=\Delta T_1+\Delta T_2+\Delta T_3+\Delta T_4$$

式中各量的计算公式如前所述。

其初始值为

$A_0=10^5\text{m}^2$, $A_j=A_{j+1}=10^5\text{m}^2$, $T_0=15℃$, $\rho=1$, $C_v=1$, $\Delta Z=5\text{m}$, $\Delta t=0.001/\text{d}$, $\phi=5$, $\beta=0.45$, $\eta=0.2$, $Z_s=75\text{m}$, $E=20\text{m}^2/\text{d}$, $V_j=V_{j+1}=V_n=100\text{m}^3/\text{d}$, $B_j=1000\text{m}$, $\varepsilon=0.005$, $u_{\text{in,max}}=0.5\text{m/s}$, $U_{\text{out,max}}=0.5\text{m/s}$, $q_{\text{in}}=q_{\text{out}}=100$。

计算结果见图 9-6 和表 9-1。

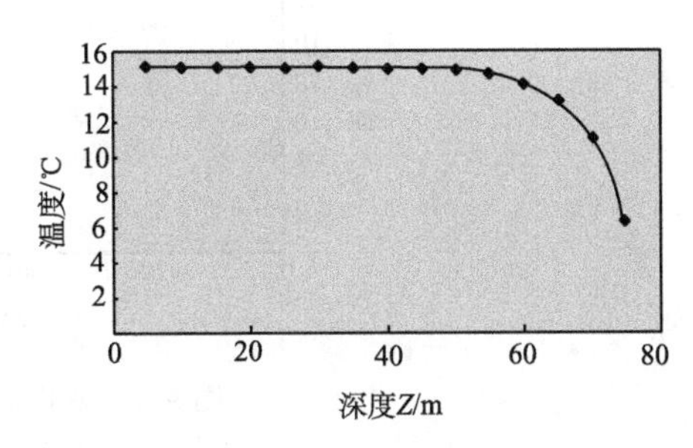

图 9-6　差分计算 MIT 模型的温度分布（谢永明，1996）

表 9-1　差分法计算温度

层	1	2	3	4	5	6	7	8	9
深度/m	5	10	15	20	25	30	35	40	45
温度 T/℃	15.00	15	15	14.99	14.99	14.99	14.98	14.97	14.93
层	10	11	12	13	14	15			
深度/m	50	55	60	65	70	75			
温度 T/℃	14.83	14.62	14.16	13.14	10.95	6.22			

资料来源：谢永明，1996。

当考虑表面层的热平衡时，应当计算辐射吸收项 ΔT_5 和表面热损失项 ΔT_6。此时，有

$$\Delta T=\Delta T_1+\Delta T_2+\Delta T_3+\Delta T_4+\Delta T_5+\Delta T_6$$

式中各量的计算公式如前所述。

$I_s=30.81\text{J}/(\text{cm}^2\cdot\text{h})$, $E_L=10\text{mmHg}$, $T_A=18℃$, $V_w=2\text{m/s}$, $T=T_{\text{in}}=15℃$, $W=0$。

计算结果见表 9-2 和图 9-7。

表 9-2　水库垂直温度分布

层	1	2	3	4	5	6	7	8	9
深度/m	5	10	15	20	25	30	35	40	45
温度 T/℃	15	15	15	15	15	14.999	14.999	14.996	14.99
层	10	11	12	13	14	15	16	17	18
深度/m	50	55	60	65	70	75	80	85	90
温度 T/℃	14.977	14.945	14.875	14.72	14.378	13.635	12.026	8.568	1.174

资料来源：谢永明，1996。

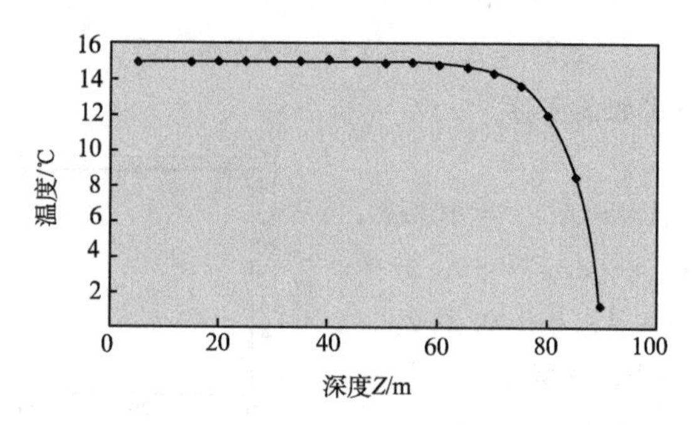

图 9-7　水库的垂直温度分布
(谢永明,1996)

第三节　湖泊(水库)富营养化模型

一、Vollenweider 模型

描述湖泊、水库富营养化过程的第一个模型是由 Vollenweider 提出的。这个模型假设湖泊是完全混合的,而且富营养化状态只与湖泊营养物负荷有关。在这种条件下,可以得到一个关于磷的长期平衡:

$$\frac{\mathrm{d}P_T}{\mathrm{d}t} = \frac{W}{V} - \left(\alpha P_T - \frac{Q_0}{V}P_T\right) \tag{9-22}$$

磷的表面负荷 L_P 与磷的年流量 W 有关:

$$L_P = \mathrm{W/A}$$

在稳定条件下 $\frac{\mathrm{d}P_T}{\mathrm{d}t}=0$,于是得到

$$P_T = \frac{W}{V(\alpha + Q_0/V)} = \frac{L_P}{f\alpha + f/t_r} \tag{9-23}$$

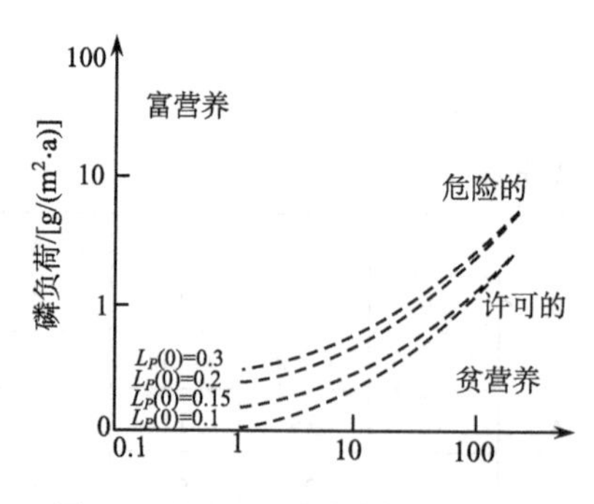

图 9-8　Vollenweider 模型示意图
(谢永明,1996)

式中,P_T 为总磷浓度($\mathrm{kg/m^3}$);W 为磷年流入量(kg/a);a 为磷沉降率(1/a);V 为湖泊(水库)总体积($\mathrm{m^3}$);f 为湖泊(水库)平均深度(m);A 为湖泊(水库)水表面面积($\mathrm{m^2}$);Q_0 为输出流量($\mathrm{m^3/a}$);t 为时间(a);t_r 是入流水在湖泊或水库中的停留时间,$t_r = V/Q_0$。

一般地,天然湖泊中的 t_r 要比水库的 t_r 大,根据许多湖泊测定的数据,Vollenweider 从经验出发确定了 $\frac{f}{t_r} \ll 1$ 时的基本表面负

荷量 $L_P(0)$。这时用式(9-23),我们就能画出实际可能遇到的全部$\frac{f}{t_r}$值的负荷曲线(图 9-8)。图中最小面积为危险负荷线,它是富营养湖泊和贫营养湖泊分界线,它的值是允许负荷线的两倍。一旦知道了 f 和 t_r 值,根据所确定的水质目标(是贫营养湖泊还是富营养湖泊),我们就能预测该湖泊或水库的最大负荷量。

二、Baca-Arnett 模型

Baca-Arnett 所提出的模型是一个更全面、更详细的湖泊水质模型,在他们的模型中,湖泊或水库先分成若干段,然后又把每一段在深度方向上分成若干层。这样在每一段里就可以用一个一维(深度方向)模型来描述水质的分布,而从整个湖泊、水库来看,仍然相当于用一个二维的模型来描述(图 9-9)。在以下的讨论中我们只考虑其中一段。

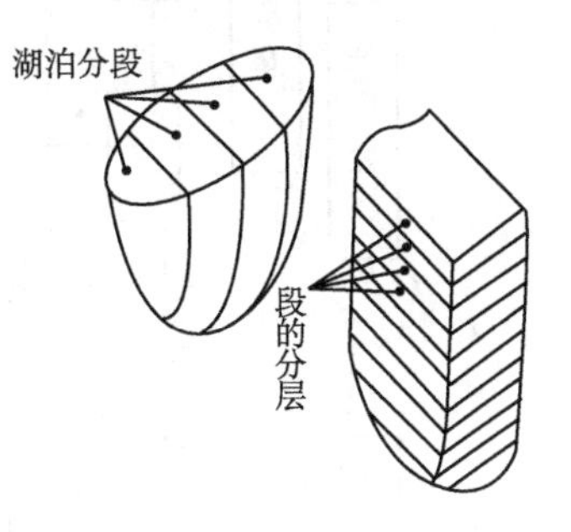

图 9-9　深湖的断面模型
(谢永明,1996)

在 Baca-Arnett 模型中,一共包括 12 个水质参数:①藻类;②浮游动物;③有机磷;④无机磷;⑤有机氮;⑥氨氮;⑦亚硝酸盐氮;⑧硝酸盐氮;⑨碳物质生化需氧量(BODc);⑩溶解氧(DO);⑪总溶解固体;⑫悬浮物。上述的每一个水质参数都可以用下面的迁移方程来描述:

$$\frac{\partial C}{\partial t}+(K_0-R_s)\frac{\partial C}{\partial Z}=\frac{1}{A}\frac{\partial}{\partial Z}\left(AD_x\frac{\partial C}{\partial Z}\right)+S/A+\frac{1}{A}(q_{\text{in}}C_{\text{in}}-q_{\text{out}}C_{\text{out}}) \tag{9-24}$$

12 个水质参数之间的相互联系则如图 9-10 所示。图中所表示的水生生态系统以藻类的动态行为为中心,描述其与浮游动物之间的营养关系、与营养物循环的直接与间接的关系。在方程(9-24)中,方程左边的 $R_s\frac{\partial C}{\partial Z}$是用于描述某一水质参数的沉降率(其中 R_s 为沉降速率),而不再包括在内部源漏项 S 之中,内部源漏项则可以看成是对时间的全微分,即

$$\frac{\mathrm{S}}{\mathrm{A}}=\frac{\mathrm{d}C}{\mathrm{d}t} \tag{9-25}$$

对于每一个参数,其 $\mathrm{d}C/\mathrm{d}t$ 的形式是不同的,下面我们分别给出它们的具体表达式。

1. 浮游植物(藻类)C_A

$$\frac{\mathrm{d}C}{\mathrm{d}t}=\mu C_A-(R_d+R_z\cdot Z)C_A \tag{9-26}$$

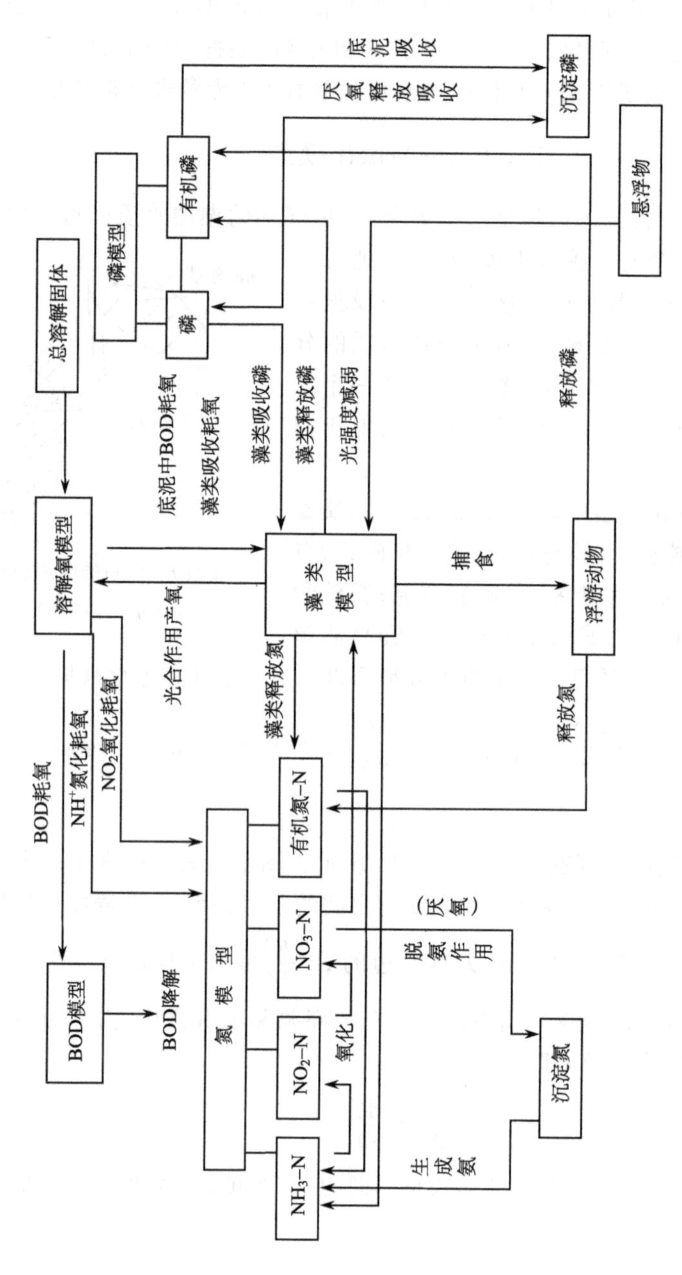

图 9-10　Baca-Arnett 模型考虑的过程(谢永明,1996)

式中,C_A 是藻类浓度,以藻类的生物量计,用所含碳的量来表示(mgC/L);μ 为藻类的比生长率(1/d);R_d 为藻类的比死亡率(1/d);R_z 为浮游动物食藻率[1/(mg C/L)·d];Z 为浮游动物的浓度(mg C/L)。

2. 浮游动物 Z

$$\frac{\mathrm{d}Z}{\mathrm{d}t} = \mu_r Z - (R_z + C_z)Z \tag{9-27}$$

式中,Z 为浮游动物浓度,以浮游动物的生物量计,用所含碳的量表示(mg C/L);u_r 为浮游动物的比生长率(1/d),等于 $\mu_{r\max}\frac{C_A}{K_z + C_A}$;$K_z$ 为 Minchaelis-Menten 常数(mg C/L);$\mu_{\max}$为浮游动物的最大比生长率(1/d);R_z 为浮游动物的比死亡率(包括氧化与分解);C_z 为较高级生物对浮游动物的吞食率(1/d)。

在磷的模型中,根据磷的存在形态可分为 3 类:溶解态的无机磷 P_1;游离态的有机磷 P_2;以及沉淀态的磷 P_3。不同形态磷的浓度按磷的量来计,单位是 mg/L。

3. 无机磷 P_1

$$\frac{\mathrm{d}P_1}{\mathrm{d}t} = -\mu C_A A_{rr} + (I_3 P_3 - I_1 P_1) + I_2 P_2 \tag{9-28}$$

式中,A_{rr}为藻类含磷量(mg P/mg C);I_1 为底泥的吸收率(1/d);I_2 为有机磷降解率(1/d);I_3 为底泥释放率(1/d)。

式(9-28)中的($I_3P_3 - I_1P_1$)部分只发生在湖泊底层,(I_3P_3)只发生在厌氧条件下(后面相同),式中的($-I_1P_1$)则表示底部沉淀物的吸收。通常无机磷的减少是由植物吸收和沉淀引起的,而它的增加则是由于有机磷 P_2 的降解而引起的,厌氧条件下的沉淀物释放 I_3P_3 也是无机磷的一个来源,其中 P_3 假定是已知的。

4. 有机磷 P_2

$$\frac{\mathrm{d}P_2}{\mathrm{d}t} = R_d C_A A_{rr} + R_z Z A_{rz} - \{I_4 P_2\} - I_2 P_2 \tag{9-29}$$

式中,A_{rz}为浮游动物的含磷量(mg P/mg C);I_4 为底泥捕集速率(1/d);其余同前。

藻类与浮游动物的腐败是有机磷的来源。而有机磷的减少则是由于降解为无机磷和底泥的捕集。

在氮模型中,共考虑了 5 种状态的氮,即有机氮 N_1;氨氮 N_2;亚硝酸盐氮 N_3;硝酸盐氮 N_4 和沉淀态氮 N_5。其中 N_5 假定为外部给定值。不同状态的氮浓度按氮的量来表示,单位是(mg/L)。

5. 有机氮 N_1

$$\frac{\mathrm{d}N_1}{\mathrm{d}t} = -J_4 N_1 + R_d C_A A_{Nr} + R_z Z A_{NZ} - J_6 N_1 \tag{9-30}$$

藻类与浮游动物的腐败是有机氮的来源,而有机氮的减少则是由于有机氮降解为无机氮（$-J_4N_1$）以及底层的吸收（$-J_6N_1$）；A_{Nr} 是藻类的氮碳含量比(mg/mg)；A_{NZ} 是浮游动物的氮碳含量比(mg/mg)；J_4 是氮的有机降解速率常数(1/d)；J_6 是底泥对有机氮的吸收速率常数(1/d)。

6. 氨氮 N_2

$$\frac{\mathrm{d}N_2}{\mathrm{d}t}=-J_1N_2-\mu C_A A_{Nr}\frac{N_2}{N_2+N_4}+J_4N_1+J_5N_5 \tag{9-31}$$

式中，J_1 为硝化速率常数(1/d)；J_5 为底层氮的分解速率(1/d)。

氨氮的减少是由于硝化作用($-J_1N_2$)和藻类的吸收，浮游植物能像吸收硝酸盐氮一样直接吸收氨氮。为了得到由于藻类吸收而引起的每一种形态氮的减少量，我们用浮游植物的生长率乘上它们的氮碳含量比，再乘上一个加权系数。该加权系数是浮游植物所吸收的两种形态氮在总氮量中所占的比例。因此，氨氮模型中有一项($\mu C_A A_{Nr}\frac{N_2}{N_2+N_4}$)，在硝酸盐氮方程中也有此项。氨氮的来源是有机氮的降解(J_4N_1)和底层氮的分解(J_5N_5)。

7. 亚硝酸盐氮 N_3

$$\frac{\mathrm{d}N_3}{\mathrm{d}t}=J_1N_2-J_2N_3 \tag{9-32}$$

氨氮的硝化是亚硝酸盐氮的来源(J_1N_2)，亚硝酸氮的减少则是由于它本身的氧化，结果生成硝盐酸氮。式中 J_2 是亚硝酸盐氮的硝化速率常数(1/d)。

8. 硝酸盐氮 N_4

$$\frac{\mathrm{d}N_4}{\mathrm{d}t}=J_2N_3-\mu C_A A_{Nr}\frac{N_4}{N_2+N_4}-J_3N_4 \tag{9-33}$$

硝化作用是硝酸盐氮的来源，而它的减少则是由于浮游植物的吸收和厌氮条件下的反硝化作用($J_3\mathrm{N}_4$)，J_3 是反硝化速率常数(1/d)。

9. 碳生化需氧量 L

$$\frac{\mathrm{d}L}{\mathrm{d}t}=-K_1L \tag{9-34}$$

式中，L 为 BOD 浓度(mg/L)；K_1 为 BOD 降解速率常数(1/d)。

10. 溶解氧 DO

在溶解氧模型中，分别考虑了水温、悬浮与溶解的有机物的氧化、底泥耗氧、湖泊或水库表面的复氧、藻类光合作用产氧、呼吸和分解耗氧等的影响。

$$\frac{\mathrm{d}C}{\mathrm{d}t}=-K_1L-r_1J_1\mathrm{N}_2-r_2J_2\mathrm{N}_3-\frac{L_t}{\Delta Z}+K_2(C_q-C)+r_3C_A(\mu-R_d) \tag{9-35}$$

式中，r_1 为氨氮的化学当量常数(mg O/mg N)，我们在这里取 $r_1=3.5$；r_2 为亚硝酸盐的化学当量常数，$r_2=1.5$；r_3 为藻类的化学当量常数(mg O/mg C)，$r_3=1.6$；

K_2 为复氧系数$(1/d)$；L_t 为底泥的耗氧率$[g/(m^2 \cdot d)]$；$L_t=S_c \cdot \Delta Z$，S_c 为由于底泥而减少的溶解氧速度$[mg/(L \cdot d)]$，ΔZ 是底泥水厚度(m)；C_q 为饱和溶解氧浓度(mg/L)。

其中 K_2 可由一个线性经验公式来计算，它是一个风速和水温的函数。为了描述湖泊的复氧作用，通常先确定表面复氧系数 K_L。

$$K_L = a_1 + a_2 V_w \tag{9-36}$$

式中，a_1 是经验系数，一般取(0.005～0.01)1/d；a_2 是经验系数，一般取 $10^{-6}\sim 10^{-5}m^{-1}$；$V_w$ 为风速(m/d)。

而水体的复氧系数 K_2 与水表面复氧系数 K_L 有如下的关系式：

$$K_2 = \frac{K_L}{f} \tag{9-37}$$

式中，f 为湖泊混合层的平均深度(m)；

除此以外，还有一些关于 K_2 的经验公式，其中下面的公式效果是比较好的一个。

$$K_2 = \frac{D_1}{(200 - 60\sqrt{V_\omega}) \times 10^{-6}} \tag{9-38}$$

式中，D_1 是氧分子扩散系数(m^2/s)，等于 0.000 176m^2/d(20℃)

11. 悬浮物 S_{sp}

对于悬浮物，只考虑其迁移(对流扩散)和沉降，这些因素在迁移方程的其他项中都考虑了，因此，$\frac{dS_{sp}}{dt}=0$。悬浮物的浓度关系到浑浊度，在湖水透光性计算中会用到浑浊度，悬浮物浓度高会阻碍光合作用的进行。

12. 总溶解固体 S_d

用总溶解固体衡量湖水的盐度，把总溶解固体当作不衰减的物质，即$\frac{dS_d}{dt}=0$。

从以上讨论可以看出，包括水温在内的 13 项水质参数方程均有下列形式：

$$\frac{\partial X_i}{\partial t} + \bar{u}\frac{\partial X_i}{\partial Z} - D\frac{\partial^2 X_i}{\partial Z^2} + \lambda_i - Q_i = 0 \tag{9-39}$$

$$(i = 1,2,\cdots,13)$$

该方程的边界条件为

$$\left.\frac{\partial X_i}{\partial Z}\right|_{\text{表面层}} = \left.\frac{\partial X_i}{\partial Z}\right|_{\text{底层}} = 0 \tag{9-40}$$

这表明在湖泊的水表面和底部没有发生向外的物质迁移。这 13 个方程是互相关联的，其中 λ_i 和 Q_i 都是该相应方程中欲求变量 x_i 的函数，求解以上方程组可采用 Galerkin 法。如果采用数值解法来求解这 13 个方程，对于每个时间步长都要依次解13个方程。首先解湖泊温度方程，然后依次是：悬浮物、藻类、浮游动物、无机磷、有机磷、氨氮、亚硝酸盐氮、硝酸盐氮、有机氮、溶解氧、BOD_c 和总溶解固体方程。在某些方程中有非线性项，处理方法是：用前一个时间算出的数值使这些项成为线性化。在每计算一个时间步长后，湖面温水层内所有水质参数都应像温度模型一样进行逆温层混合，直至不再出现逆温层为止。允许其浓度与入流进行混合，这时方程中一切与温度有关的系数都应进行校正，然后再进行下一个时间步长的计算。

Baca-Arnett 模型曾应用于美国华盛顿湖和曼多它湖，都得到了很好的结果。这个模型也可应用于完全混合的湖泊中，这就相当于将所有关于 Z 的偏导数都取为零。

如果我们从能量平衡原理来考虑 Baca-Arnett 模型中的温度项，湖泊的温度模型同样也可以从基本能量守恒方程开始来讨论，即

$$\frac{\partial T}{\partial t}+\mathrm{U}\frac{\partial T}{\partial Z}=\frac{1}{A}\frac{\partial}{\partial Z}\left(AD_x\frac{\partial T}{\partial Z}\right)+\frac{1}{A}(\tilde{q}_{\mathrm{in}}T_{\mathrm{in}}-\tilde{q}_{\mathrm{out}}T_{\mathrm{out}})+H \tag{9-41}$$

式中的 H 是热能项，它包括内部的热源和漏源以及表面层水与大气的热量交换。对流混合项与 MIT 模型相同，而由风剪力所引起的混合则由 D_x 来描述，D_x 的数值可以利用下面的经验公式来计算：

$$D_x=\alpha_1+\alpha_2V_w\exp\left(-4.6\frac{Z}{f_t}\right) \tag{9-42}$$

式中，f_t 为斜温层的深度，如果湖泊中不存在斜温层，则 $f_t=6\mathrm{m}$；V_w 为风速。

式(9-42)中 α_1，α_2 的数值列于表9-3，供参考。关于入流流速、出流流速则与 MIT 模型中的规定相同。

表 9-3 α_1 和 α_2 的经验数值表

湖泊名称	说明	最大深度/m	$\alpha_1/(\mathrm{m}^2/\mathrm{s})$	α_2/m
American Falls	混合	18	1×10^{-5}	1×10^{-4}
华盛顿湖	分层	65	1×10^{-6}	1×10^{-4}
Mendota Lake	分层	24	5×10^{-7}	1×10^{-5}
Wingra Lake	混合	5	5×10^{-7}	2×10^{-5}
Long Lake	分层	54	5×10^{-6}	1×10^{-4}

第十章　地下水数学模拟

第一节　流体动力弥散型水质模型

一、流体动力弥散型水质模型

流体动力弥散型水质模型也称为对流-弥散型水质模型。流体动力弥散方程中包含着流体动力弥散系数、平均流速、流体的密度及源汇项等输入参数。必须首先确定它们的数值，然后才能根据定解条件求得溶质的浓度分布。但在一般情况下，溶质浓度的变化要影响到流体的密度和黏度，而流体密度和黏度的变化又会造成流场状态的改变，也就是说，浓度分布对速度分布有反作用。一方面浓度分布依赖于速度分布，另一方面，速度分布又依赖于浓度分布，它们都是未知函数。这样一来，单有一个流体动力弥散方程就不够了。要实际地解决饱和地下水水质问题，通常需要联立求解下列非线性偏微分方程组：

流体动力弥散方程

$$\frac{\partial C}{\partial t} = \mathrm{div}\left[D\rho\,\mathrm{grad}\left(\frac{C}{\rho}\right)\right] - \mathrm{div}(CV) + I \tag{10-1}$$

连续性方程

$$\frac{\partial \rho}{\partial t} + \mathrm{div}(\rho V) = 0 \tag{10-2}$$

运动方程

$$V_i = -\frac{k_{ij}}{\mu_n}\left(\frac{\partial p}{\partial x_j} + \rho g\,\frac{\partial z}{\partial x_i}\right) \qquad (i,j = 1,2,3) \tag{10-3}$$

状态方程

$$\rho = \rho(C,p), \qquad \mu = \mu(C,p) \tag{10-4}$$

在上述方程中，C 表示溶质浓度；p 表示流体压力；ρ 和 μ 分别表示流体的密度和黏度；D 是流体动力弥散系数；k_{ij} 是水力传导系数张量的分量；n 是有效孔隙率；V_1，V_2，V_3 是平均速度 V 的三个分量；I 是源汇项。在方程(10-3)中使用了爱因斯坦求和约定。对于低浓度的不可压缩流体，方程(10-4)可以用它的一阶近似：

$$\rho = \rho_0 + \alpha(C - C_0); \qquad \mu = \mu_0 + \beta(C - C_0) \tag{10-5}$$

式中，C_0 是一个参考浓度；ρ_0、μ_0 是浓度为 C_0 时的密度和黏度；α 和 β 是由实验确定的常数。

方程组(10-1)～(10-5)包含着 7 个方程，同时刚好有 7 个未知数。它们是：C,p,ρ,μ 和 V_1,V_2,V_3。因此，只要附加上适当的初始条件和边界条件即可唯一地确定这些未知数。这一方程组称为流体动力弥散体系，连同其定解条件就构成了地下水水质的流体动力弥散型的水质模型，又称对流-弥散型水质模型。这个模型所考虑的多孔介质可以是非均质的和各向异性的，可以具有任意的几何形状，流体可以是不均质的，流体的密度和黏度可以随溶质的浓度发生改变等。但它要求流动速度不超出达西定律的有效范围，流体的温度应基本保持不变。

无论是从实际还是从计算的角度出发，区分均质流体(ρ,μ 为常数)和非均质流体这两种情形都是至关紧要的。当溶质浓度很低时，可近似看作理想的示踪剂，此时溶质浓度的变化对 ρ,μ 的影响很小，流体可近似当成均质的。因此有的作者把这两种情形分别称为示踪剂情形和一般情形。在这两种情形下，对数学模型的求解有很大不同，前者简单，后者复杂。现分别叙述于下：

(一) 示踪剂情形

由于 ρ,μ 为常数，所以弥散方程、连续性方程和运动方程都与状态方程无关，整个方程组的求解可分解为两个独立的子问题：先由连续性方程和运动方程解出速度分布，这纯属渗流计算问题，然后把所得的速度代入到弥散方程中，剩下的问题便是单独解对流-弥散方程以求得浓度分布。这一计算过程见图 10-1。

(二) 一般情形

此时 ρ 和 μ 不是常数，而是由状态方程所确定。浓度的变化要改变 ρ 和 μ 的值，通过连续性方程和运动方程，就使得瞬时平均速度分布依赖于该瞬时的浓度分布，同时，在任何一点上平均速度的变化又会使对流-弥散方程的系数发生改变，从而造成浓度分布的变化，所以这些方程必须联立求解。最常用的解法是迭代法，其要点是：①设已经求得了 t 时刻的解，要求下一时刻 $t+\Delta t$ 的解，为此可先估算出 $t+\Delta t$ 时刻的浓度分布，然后用状态方程计算出相应的 ρ 和 μ 值，把它们代入到连续性方程和运动方程中解出速度 V；②根据 V 计算出对流-弥散方程的系数，解这一方程重算 $t+\Delta t$ 时刻的浓度分布；③再根据新算出来的浓度分布修正 ρ 和 μ 值，并进而修正 V 值，按修正后的 V 值再修正浓度值。重复这一过程直到在某一精度之下它们不再改变为止，这样就得到了 $t+\Delta t$ 时刻的解。说明这一计算过程见图 10-2。显然，这种一般情形下的求解过程比示踪剂情形的计算量要大得多。幸而，在研究地下水污染问题时，大多数实际问题都可近似地当作示踪剂的情形处理。但咸水入侵问题应属一般情形，因为水中含盐量的多少会明显地改变它的密度和黏度。

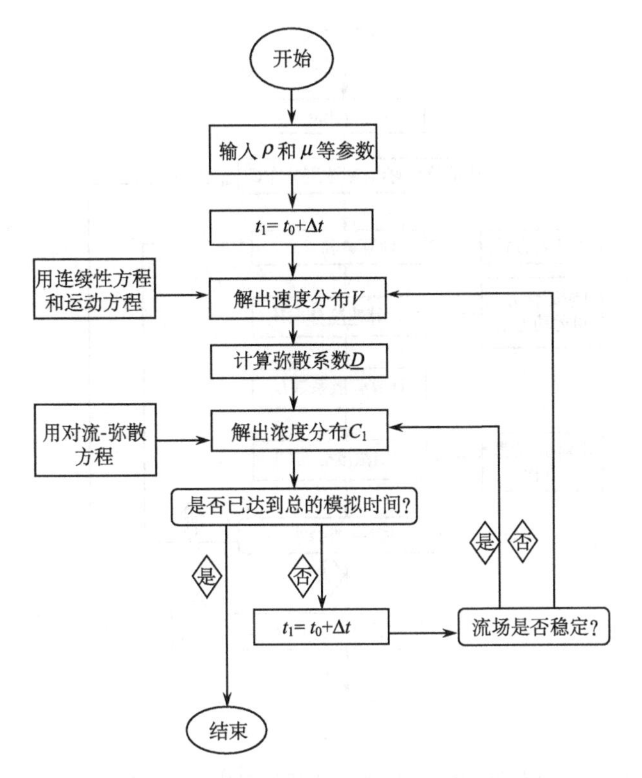

图 10-1　示踪剂情形下解对流-弥散水质模型的计算框图(孙讷正,1989)

二、水流方程和水质方程的耦合

无论是示踪剂情形还是一般情形,其中都包括着由连续性方程和运动方程合成的水流方程与对流-弥散方程的耦合。此处将针对一些常见的情形给出它们的具体形式。在研究饱和带中地下水流动问题时,常取水头 $h=z+\frac{p}{\rho g}$ 为因变量。此时运动方程(10-3),即一般的达西定律,对于各向同性的多孔介质可以表示为

$$V_i=-\frac{K}{n}\frac{\partial h}{\partial x_i}\qquad(i=1,2,3)\tag{10-6}$$

式中,$K=\frac{k\rho g}{\mu}$,是各向同性多孔介质的水力传导系数,它除了依赖于多孔介质的渗透率 k 以外,还依赖于流体的密度和黏度。对于均质流体,将达西定律与连续性方程结合起来可得到描述地下水渗流的偏微分方程:

$$S_s\frac{\partial h}{\partial t}=\mathrm{div}(K\mathrm{grad}h)+W\tag{10-7}$$

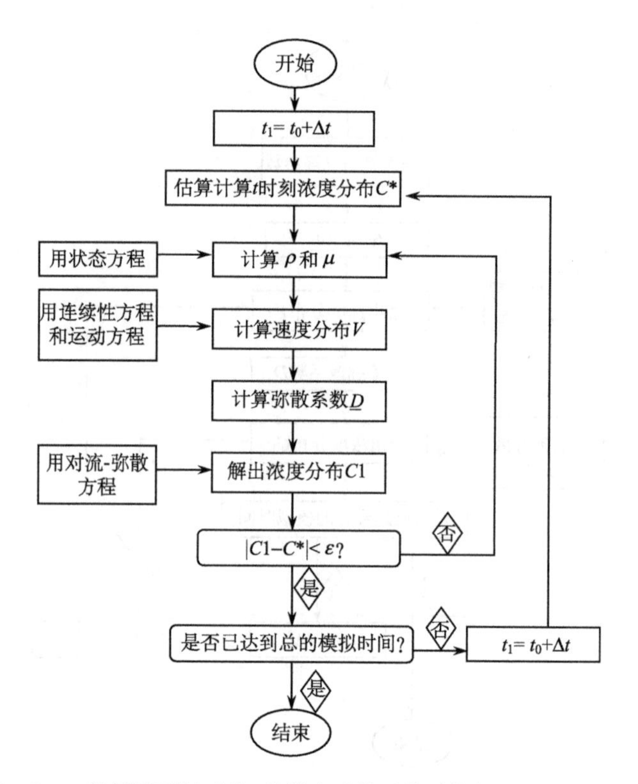

图 10-2　一般情形下解对流-弥散水质模型的计算框图(孙讷正,1989)

式中,S_t 是比储水系数;W 是源汇项。

在这种情形下,代替一般的流体动力弥散体系式(10-1)～(10-5),也可以借助于达西定律式(10-6)把对流-弥散方程(10-1)和渗流方程(10-7)耦合起来构成水质模型。下面列出几种常见的组合,所有方程都是在笛卡儿直角坐标系中以数量形式写出的。

(一)三维流场中的三维弥散问题

渗流方程

$$S_t\frac{\partial h}{\partial t}=\frac{\partial}{\partial x}\left(K\frac{\partial h}{\partial x}\right)+\frac{\partial}{\partial y}\left(K\frac{\partial h}{\partial y}\right)+\frac{\partial}{\partial z}\left(K\frac{\partial h}{\partial z}\right)+W \tag{10-8}$$

弥散方程

$$\frac{\partial C}{\partial t}=\frac{\partial}{\partial x}\left(D_{xx}\frac{\partial C}{\partial x}+D_{xy}\frac{\partial C}{\partial y}+D_{xz}\frac{\partial C}{\partial z}-CV_x\right)$$

$$+\frac{\partial}{\partial y}\left(D_{xy}\frac{\partial C}{\partial x}+D_{yy}\frac{\partial C}{\partial y}+D_{yz}\frac{\partial C}{\partial z}-CV_y\right)$$

$$+\frac{\partial}{\partial z}\left(D_{zx}\frac{\partial C}{\partial x}+D_{yz}\frac{\partial C}{\partial y}+D_{zz}\frac{\partial C}{\partial z}-CV_z\right)+I \tag{10-9}$$

（二）水平二维流场中的二维弥散问题

渗流方程

$$S\frac{\partial h}{\partial t}=\frac{\partial}{\partial x}\left(Km\frac{\partial h}{\partial x}\right)+\frac{\partial}{\partial y}\left(Km\frac{\partial h}{\partial y}\right)+W' \tag{10-10}$$

弥散方程

$$\frac{\partial(mC)}{\partial t}=\frac{\partial}{\partial x}\left[m\left(D_{xx}\frac{\partial C}{\partial x}+D_{xy}\frac{\partial C}{\partial y}\right)-CV_x\right]$$

$$+\frac{\partial}{\partial y}\left[m\left(D_{xy}\frac{\partial C}{\partial x}+D_{yy}\frac{\partial C}{\partial y}\right)-CV_y\right]+I' \tag{10-11}$$

式中，m 是含水层的饱和厚度；对于承压含水层，K_m 就是导水系数；S 是储水系数。对于满足裘布依假定的潜水含水层，S 应换成有效孔隙率 n。二维源汇项 W' 的量纲是$[L/T]$，I'的量纲是$[M/L^2T]$；若$(-W')$表示抽水，则相应的 $I'=\frac{CW'}{n}$；若 W' 表示注水，则相应的 $I'=\frac{C_0W'}{n}$；C_0 是注入水所含的示踪剂浓度。

（三）垂直二维非饱和流场中的二维弥散问题

渗流方程

$$\frac{\partial\theta}{\partial t}=\frac{\partial}{\partial x}\left[D(\theta)\frac{\partial\theta}{\partial x}\right]+\frac{\partial}{\partial z}\left[D(\theta)\frac{\partial\theta}{\partial z}\right]+\frac{\partial K}{\partial z}+W \tag{10-12}$$

弥散方程

$$\frac{\partial(\theta C)}{\partial t}=\frac{\partial}{\partial x}\left[\theta\left(D_{xx}\frac{\partial C}{\partial x}+D_{xz}\frac{\partial C}{\partial z}-CV_x\right)\right]$$

$$+\frac{\partial}{\partial z}\left[\theta\left(D_{zx}\frac{\partial C}{\partial x}+D_{zz}\frac{\partial C}{\partial z}-CV_z\right)\right]+I \tag{10-13}$$

式中，$D(\theta)$是土壤水扩散系数；θ 是含水率。若引用压力水头 ϕ 为因变量，并将渗流方程更换为

$$(\varepsilon+\beta S_t)\frac{\partial\phi}{\partial t}=\frac{\partial}{\partial x}\left(K\frac{\partial\phi}{\partial x}\right)+\frac{\partial}{\partial z}\left(K\frac{\partial\phi}{\partial z}\right)+\frac{\partial K}{\partial z}+W \tag{10-14}$$

这样就可以统一地解饱和-非饱和流场中的二维弥散问题了。在上一方程中，$\varepsilon=\frac{\partial\theta}{\partial\phi}$；在饱和带中取 $\beta=1$，在非饱和带中取 $\beta=0$；非饱和带中的 K 依赖于 ϕ，

比饱和带中的 K 值小。该方程的推导可参考水流模型的专业类书籍。

从图 10-1 和图 10-2 所给的计算框图可以看出,上述这些水质模型的求解都是由两部分构成,分别求解或迭代求解渗流方程与对流-弥散方程的定解问题。

第二节 对流型水质模型

流体动力弥散的作用表现在污染的水与未污染的水之间存在一个过渡带。假若过渡带宽度和所研究的污染范围相比甚为狭窄时,就可以采用忽略弥散作用的纯对流型水质模型。例如,区域范围内的非点状污染问题、农业活动造成的污染问题、某些海水入侵问题及人工回灌问题等都可采用对流模型,从而避免了确定弥散系数的困难。对于一个实际问题,究竟采用对流模型还是对流-弥散模型,取决于问题的规模以及所要求的精度。关于这一问题我们将在后面加以论述。

纯对流模型可分为两类,一类只用水流方程,另一类与前述的对流-弥散模型相似,需要耦合水流方程与水质方程,但在水质方程中不考虑弥散的作用,现分述于下:

一、应用水流方程预测溶质的输运

忽略过渡带之后,可以假定两种不同质的水体之间存在一个界面,或称锋面,它随着污染的发展或溶质的输运而不断移动。问题就是怎样确定这一运动锋面的位置。下面来介绍在概念上非常简单的一种数值方法。

设 t 时刻的锋面为已知,在该锋面上取若干点,当这些点足够多时就能很好地刻画出锋面的位置和形状,然后根据水流方程的解和达西定律计算出这些点在该时刻的速度。设第 i 个点在 t 时刻的已知位置是$[X_i(t),Y_i(t),Z_i(t)]$,速度分量是 $V_{i,X}(t)$,$V_{i,y}(t)$,$V_{i,Z}(t)$,则该点在 $t+\Delta t$ 时刻的位置可用下式近似计算:

$$\begin{cases} x_i(t+\Delta t) = x_i(t) + V_{i,x}(t) \cdot \Delta t \\ y_i(t+\Delta t) = y_i(t) + V_{i,y}(t) \cdot \Delta t \\ z_i(t+\Delta t) = z_i(t) + V_{i,z}(t) \cdot \Delta t \end{cases} \tag{10-15}$$

对所有点都这样做,求出它们在 $t+\Delta t$ 时刻的位置,于是 $t+\Delta t$ 时刻的锋面也就被近似地描绘出来了。显然这是“特征法”的一种应用,这一过程在计算机上很容易实现。对于稳定流动,若能直接给出各点的速度分布,更可以减少计算量和提高计算的精度。

图 10-3 表示在一口井中连续注入含示踪剂的水而在另一口井中抽水的双井(Q 和 $-Q$)系统中,用这种方法求得的示踪水的锋面随时间的变化。这里假定流场是稳定的,锋面是直立的。

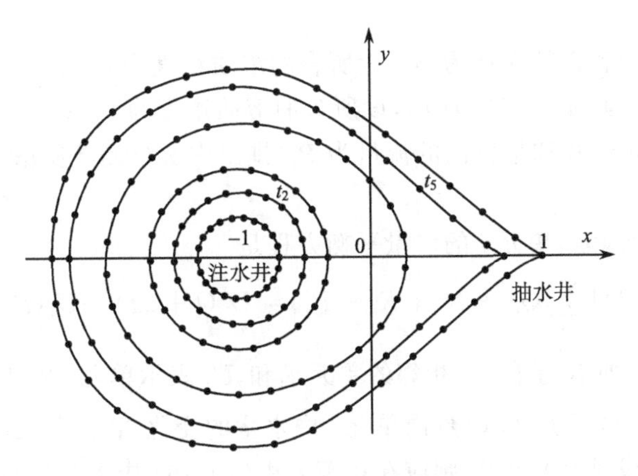

图 10-3　双井系统中锋面随时间的变化
(孙讷正,1989)

应注意,用这种方法得到的锋面位置只是实际锋面的平均位置,而不是示踪剂的实际散布范围。实际散布范围要比锋面圈定的范围更大一些。由此算出的污染物质从污染源到达某个指定位置的穿行时间也只代表平均穿行时间。计算这种穿行时间对某些实际问题是很有用的。例如,1973 年 Cherry 等利用这种方法研究了放射性物质是否能从它的处理场所穿过含水层进入一条河流的问题。他们根据野外研究的结果以及用有限元模型分析的结果求出了流速场。在处理场所与河流之间有一断层带,地下水流穿过这一断层带的时间,通过上述计算估计约为 100 年。即使考虑到所用导水系数的不确切性,仍可断定地下水的穿行时间不少于 20 年。由于吸附作用,放射性物质的实际输运速度大约只有地下水流速的 1/10,因此放射性物质的穿行时间至少需要 200 年。在这期间,放射性物质(锶 90 和铯 137)的浓度由于放射性衰变早已降到了非常低的水平。

关于穿行时间的研究还应当提到 1978 年 Kirkham 和 Sotres 以及 Cushman 和 Kirkham 的工作,他们研究了在单层和多层含水层中流向井的溶质穿行时间问题,流场是通过解析解确定的。1978 年 Nelson 在研究区域地下水污染问题时也利用了穿行时间的概念,他所用的瞬时流场是用有限差分法求出来的。

二、水流方程与水质方程相耦合的方法

为了说明这一方法,选择含水层中的二维污染问题作为例子。将计算区域划分成若干单元,常用矩形单元或多边形单元,i 是某一单元,j 是与它相邻的任一单元。方法的基础仍然是对每个单元建立水量平衡与溶质质量平衡。对于单元 i,常用的平衡要素包括以下几种:

1) 与相邻单元 j 交换的流量为 Q_{ij},流进为正,流出为负,所含的溶质浓度设

为 C_{ij}；

2）来自非饱和带的流量为 N_i，设所合的溶质浓度为 C_{N_i}；

3）接受人工回灌的流量为 R_i，设所含的溶质浓度为 C_{R_i}；

4）由该单元中井和泉排出的流量为 P_i，排出水所含的溶质浓度就是该单元的浓度。

考虑到以上因素，单元 i 的水量平衡方程是

$$\Delta t\left\{\sum_{(j)} Q_{ij} + N_i + R_i - P_i\right\} = U_i(t+\Delta t) - U_i(t) \tag{10-16}$$

式中，$\sum$ 表示对所有与单元 i 相邻的单元求和；U_i 表示单元 i 中所合的水量，因而 $U_i(t+\Delta t) - U_i(t)$ 就是 Δt 时刻内单元 i 中水量的变化。若该单元的某条边属于整个区域的进水（或排水）边界，则应在均衡方程(10-16)中加进（或减去）通过这段边界的水量。

利用单元 i 的面积 A_i、孔隙率 n_i、底部高度 b_i；单元 i 和单元 j 之间的水力传导系数 $K_{i,j}$、含水层厚度 $m_{i,j}$、过水断面宽度 $l_{i,j}$ 以及两个单元中心之间的距离 $r_{i,j}$ 等可把方程(10-16)中的通量项改用水头表示。设单元 i 和单元 j 的水头分别为 h_i 和 h_j，则有

$$Q_{ij} = \frac{K_{i,j} m_{i,j} l_{i,j}}{r_{i,j}}(h_j - h_i) \tag{10-17}$$

$$U_i = n_i A_i (h_i - b_i) \tag{10-18}$$

代入式(10-16)中得到

$$\sum_{(i)} \lambda_{ij}(h_j - h_i) + N_i + R_i - P_i = n_i A \frac{h_i(t+\Delta t) - h_i(t)}{\Delta t} \tag{10-19}$$

式中，$\lambda_{ij} = \dfrac{K_{i,j} m_{i,j} l_{i,j}}{r_{i,j}}$。

可以看出，方程(10-19)实际上就是使用多边形单元时水流方程的有限差分方程，对各单元联立求解可得水头分布，然后代入式(10-17)和式(10-18)即可求得关于各个单元的 Q_{ij} 和 U_j。

单元 i 的溶质质量均衡方程是

$$\Delta t\left\{\sum_{(j)} \theta_{ij} C_{ij} + N_i C_{Ni} + R_i C_{Ri} - P_i C_i\right\} = U_i(t+\Delta t)\cdot C_i(t+\Delta t) - U_i(t)\cdot C_i(t) \tag{10-20}$$

这里隐含着进入单元 i 的不同质的水瞬时混合的假定。式中 C_{ij} 可以这样来确定：当水自单元 j 流向单元 i 时，即 $Q_{ij}>0$ 时，取 $C_{ij}=C_j$；反之，当水自单元 i 流向单元 j 时，即 $Q_{ij}<0$ 时，取 $C_{ij}=C_i$。也可以把 C_{ij} 取为 C_i 和 C_j 的加权平均值：

$$C_{ij} = (1-\delta)C_i + \delta C_j \tag{10-21}$$

美国水资源工程公司建议，当 $Q_{ij}>0$ 时取 $d=0.75$，当 $Q_{ij}<0$ 时取 $d=0.25$，这相当于加了“上游权”。将式(10-21)代入式(10-20)，实际上就得到了关于浓度的有限差分方程。对于边界上的单元，在建立平衡方程(10-20)时应考虑到边界条件。当方程(10-20)左端的浓度取 t 时刻的值时，就是显式，此时右端的未知浓度 $C_i(t+\Delta t)$ 可以由这个方程直接解出。当方程(10-20)左端的浓度取 $t+\Delta t$ 时刻的值时，就是隐式，此时须求解包括所有单元在内的方程组以得到 $t+\Delta t$ 时刻的浓度分布。不管用显式还是用隐式，都将出现由于数值弥散而产生的“过渡带”，式(10-21)中的“上游权”可以减小数值解的振动。

这种纯对流型的水质模型也应区分为示踪剂情形和一般情形。对于示踪剂情形，每个时间步长由方程(10-17)～(10-19)求出 Q_{ij} 和 U_i，然后代人方程(10-20)中求浓度分布，水流方程和水质方程的求解是分开的。对于一般情形，还需要状态方程(10-5)，按前述的迭代过程求解，所有差别仅仅是略去了弥散部分。

上述模型假定进入一个单元中不同质的水瞬时混合，而且整个单元从上到下的水全部参与了混合，这显然与实际情况不完全相符，为此 1976 年 Lyons 提出了一个包括非饱和带在内的改进模型。在该模型中，每个单元沿垂直方向被分为 3 层：上层是非饱和带；中间一层是饱和带的上部，它接受来自非饱和带的水，不同质的水在这里发生混合；下层是饱和带的下部，它只能与相邻单元的中间层交换水量。设 3 层的浓度各不相同，对每个单元的每一层分别建立水量平衡方程与溶质质量平衡方程，联立求解即可得到浓度分布。这些方程的导出和解法与上述完全类似，在此不再赘述。

第三节　集中参数型水质模型

上述对流-弥散模型和纯对流模型都属于分布参数模型，它们能给出空间不同位置上的浓度变化，这当然是比较符合实际的，但另一方面它们要求输入的数据很多，又给实际应用带来困难。纯对流模型尽管已经避开了确定弥散系数的问题，但仍然要求输入不同位置上的渗透系数、孔隙率、入渗量、回灌量、污染源的位置、强度以及边界条件等。这些数据在野外很难取全，为了取得它们往往需要花费较大的代价进行各种野外试验和模型校正计算。有一些问题，污染源分布范围较大，而我们关心的主要是含水层中污染随时间的变化而不是不同位置上污染程度的差别，此时可考虑用所谓的黑箱模型或一个单元的模型来处理。在这类模型中，浓度只是时间的函数，与空间位置无关，称为集中参数型水质模型。

把含水层设想为一个污染物可以流入和流出的黑箱，其具体结构是不知道的，但能从污染物的输入和输出来分析黑箱的整体作用。污染物在含水层中的输运过程是很复杂的，但其效果则有可能综合到一个表达式中。例如，降雨把地面上的污染物带入含水层(输入),经含水层又排泄到河流中(输出)。我们的目的是想知道输入与输出之间的关系而不是含水层不同位置上的污染状况,那么就应当构建一个黑箱模型来代替真实的含水层,如图 10-4 所示。

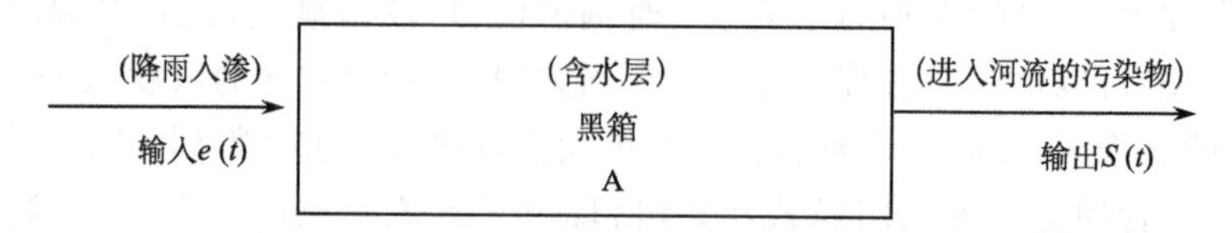

图 10-4　黑箱模型

黑箱方法的基本思想是把输入的污染看作一个信号 $e(t)$,含水层的作用相当于一个算子 A,称为转换函数,$e(t)$经算子 A 转换为输出 $S(t)$。在一定条件下,这一关系可用卷积公式表示为

$$S(t) = \int_0^t A(t-\tau)e(\tau)\mathrm{d}\tau \tag{10-22}$$

应用这一模型,首先要根据输入 $e(t)$和输出 $S(t)$的已有观测资料计算转换函数 A。这类算法称为反卷积算法,也可以说是对黑箱模型进行校正或解黑箱模型逆问题。除了经典的反卷积算法外,1975 年 Fried 还介绍了基于逐次逼近的 Emsellem 反卷积方法。在求得了转换函数 A 以后,就可利用式(10-22)推测不同的输入将产生的输出。

建立集中参数模型的另一种出发点,是可以把所考虑的区域当成一个单元来建立水量平衡方程与溶质质量平衡方程。它们分别是

$$\Delta t\{N+R-P-Q\} = U(t+\Delta t) - U(t) \tag{10-23}$$

和

$$\Delta t\{NC_L+RC_R-PC-QC\}=U(t+\Delta t)\cdot C(t+\Delta t)-U(t)\cdot C(t) \tag{10-24}$$

式中各记号的含义与式(10-16)和式(10-20)中的记号相同,只是省掉了下标 i,因为此时只有一个单元。由于整个区域被当成了一个单元,所以浓度 C 只依赖于时间,而与位置无关。方程(10-23)中 Q 是这个区域的出流量,设这个量与出流层的厚度成正比,即

$$Q = a\times(h-h_0) \tag{10-25}$$

式中,a 称为出流系数;h 是含水层的潜水面高度;h_0 是出流量为零的基准面;h 和 h_0 都可以是时间的函数。由于 $U=nAh$,这里 n 是有效孔隙率;A 是含水层的面积,连同式(10-25),可将方程(10-23)改写为

$$h(t+\Delta t)-h(t) = \frac{\Delta t}{A}\left\{\frac{N+R-P}{n}+\left(h_0-\frac{h(t+\Delta t)-h(t)}{2}\right)\frac{1}{t_h}\right\} \tag{10-26}$$

式中，$t_h=\dfrac{n}{a}$称为这一系统的反应时间。

方程(10-24)则可改写为

$$h(t+\Delta t)\cdot C(t+\Delta t)-h(t)\cdot C(t)$$
$$=\frac{\Delta t}{A}\left\{\frac{NC_N+RC_R-P[C(t+\Delta t)+C(t)]/2}{n}\right.$$
$$\left.+\left[h_0-\frac{h(t+\Delta t)+h(t)}{2}\right]\frac{1}{t_h}\cdot\frac{[C(t+\Delta t)+C(t)]}{2}\right\} \tag{10-27}$$

假设已知 t 时刻的(平均)潜水面高度，由方程(10-26)可求出下一时刻($t+\Delta t$)的(平均)潜水面高度，代入方程(10-27)中，便可由已知 t 时刻的(平均)浓度 $C(t)$，求出下一时刻($t+\Delta t$)的平均浓度 $C(t+\Delta t)$。

对于一个实际问题，可以假定人工回灌量 R、回灌水所含的溶质浓度 C_R、抽水量 P 都是已知的。在方程(10-26)和(10-27)中剩下的 3 个参数是天然入渗量 N、入渗水所含的溶质浓度 C_N 以及反应时间 t_h。这 3 个参数可根据历史的观测资料通过分析和模型校正得出。

1974 年 Gelhar 和 Wilson 报道了怎样应用这一方法来研究公路防冻盐对地下水水质的影响。1976 年 Mercado 提出了集中参数模型在地下水水质管理方面的应用。

第四节　模型的选择

前面分别介绍了集中参数型和分布参数型的水质模型，而后者又被分成纯对流型和对流-弥散型两种。在实际应用中究竟应当选用哪一种模型？在这节中我们试图提出选择模型的一些一般考虑。

选择模型首先要考虑的是模型使用的目的。如果我们想利用模型来研究含水层中污染物质的浓度分布，模拟污染锋面推移的过程，那么浓度随空间位置的变化就是一个必须考虑的因素，此时只能采用分布参数型模型。假若问题只要求知道溶质的平均浓度随时间的变化，而不关心溶质在含水层中的分布情况，则可选用集中参数型的模型。应当看到，分布参数模型给出的是溶质浓度的时空变化，因而是对实际情况更加真实和更加细致的刻画。相比之下，集中参数模型是比较粗糙的，由它求出的浓度并不能代表含水层中某一部分、或某口井中的溶质浓度，而只能理解为全局平均意义下的值。从离散化的角度看，集中参数模型把整个区域当作一个均衡单元，假若我们进一步把它划分为 2 个、3 个乃至更多个单元，它的精度也就越来越高，模型输出的就是各个单元的平均浓度，而相应的模型也就成为多单元均衡的分布参数模型了。从这种意义上说，集中参数模型不过是多单元均衡模型当单元数等于1时的特殊情形而已。在实际中，所用单元的个数应当由模型使用的目的以及模型的精度要求来确定。

选择模型其次要考虑的是能够取得数据的数量和质量。建立分布参数模型要求知道模型中包含的与位置有关的许多参数，如孔隙率、水力传导系数、弥散系数等，还要知道水流和水质的边界条件、源汇项的位置和强度等。这些资料的取得要依靠野外观测和参数识别的过程。假若只有很少和很不可靠的资料，就不足以建立一个复杂的模型，因为没有足够的和可靠的资料对模型进行校正，即使结构再复杂的模型，也谈不上有什么精确性。此时还不如用一个简单的一个单元或只有很少几个单元的平衡模型，以免做无用之功。

选择模型最后要考虑的是计算工作量。使用复杂的分布参数模型需要求解大型方程组，其计算工作量要比使用集中参数模型大得多，但在计算机技术相当发达的今天，计算工作量的多少已经不是选用模型的重要影响因素。

正是基于上述考虑，在大部分地下水水质问题的研究中采用了分布参数模型，以便比较确切地获得溶质浓度的分布状况，而在某些简单的地下水盆地管理问题中还是采用了集中型的水质模型，以减少对观测数据的需求并适应一个比较粗的管理水平。

下面讨论在分布参数模型中究竟使用哪一种模型的问题。

首先，要考虑的仍然是模型的使用目的。对流-弥散模型包括了流体动力弥散的影响，能够较为精确地把过渡带的形状刻画出来，因而比纯对流型模型更加符合实际。对于精度要求比较高的问题，例如，要确定有毒物质在某口井中的浓度，则不能忽视过渡带的影响，此时只能用对流-弥散型的模型。问题的精度要求主要取决于研究区域的尺寸或规模，更确切地说，取决于过渡带的宽度和整个区域大小的比。当这个比甚小时，过渡带对整个浓度分布的影响也就很小。

其次，要考虑的仍然是能够取得的数据。对流-弥散模型比纯对流模型多了一个弥散系数的确定问题。而确定弥散系数一般是比较困难的，用不正确的弥散系数算出的过渡带也是不太可靠的。因此，与单用水流方程的情形相比，用对流-弥散模型需要进行一些额外试验和观测。

再次，要考虑的是计算方面。只使用水流方程的纯对流模型计算量较少，和特征法及随机游动方法相比，它只计算对流部分而不计算弥散部分，也不会遇到计算上的困难，但其精度是比较低的。耦合水流方程与水质方程的纯对流模型，其计算量和用差分方法解对流-弥散方程差不多，而且也要遇到“数值弥散”的问题，这种数值弥散全部是由数值计算本身产生的。

最后，要考虑的是解逆问题的难易。建立任何模型都少不了利用观测数据进行模型校正这一步，对浓度的观测显然是校正水质模型的主要依据，但在纯对流模型中很难利用拟合观测浓度值的办法来确定模型中参数。相比之下，使用对流-

弥散模型就比较容易通过调整模型参数来达到模型输出与观测数据之间的拟合。

经过以上考虑可知,应当尽量使用分布参数的对流-弥散模型,因为这类模型比较符合物理实际,而且我们已经有了一套求解的办法和现成的程序。例如,各种解析解法、特征法、随机游动法、各种有限差和有限元方法等,其中还包括克服解的振动和数值弥散的技巧。纯对流模型虽然回避了确定弥散系数的困难,但以完全不考虑弥散现象为代价,损失了解的精度。纯对流模型在计算量上的减少并不明显,也不重要。

今后,在实际应用中更多的使用对流-弥散模型是必然的发展趋势。实际上,即使对于大范围的水质问题,使用对流-弥散模型也无任何坏处。由模型拟合出来的弥散系数虽然可能混进某些局部非均质的影响,但这对于实际描述浓度分布、预测污染的发展还是有好处的。

第十一章　河口及潮汐河流水质模型

第一节　河口水质模型及其分类

一、概　　述

“河口(estuary)”一词来自拉丁文的“aestus”,意思是潮汐的。不同的学者对河口给出了不同的定义,例如,普里查德(Pritchard)认为“河口是一个与开阔海洋自由相通的半封闭的海岸水体,其中的海水在一定程度上为陆地排出的淡水所冲淡”;1963 年迪安内(Dianne)的河口定义为“河口是河流与海洋之间的通道,它向陆延伸到潮升的上限。这个范围通常可以划分为 3 段:海洋段或河口下游段,它与开阔海洋自由联系;河口中游段,那里的盐、淡水发生混合;河口上游段或河流河口段,主要为淡水控制,但每年受潮汐影响”。

由以上定义可以看出,相对于一般河流,河口具有以下两个特点:一是受潮汐影响;二是河口水流中氯离子浓度比较高。受潮汐的影响,一方面河口水流中的污染物质可以受到较充分的稀释与混合作用,从而使水体中污染物分布较为均匀;另一方面,由于潮汐作用,河口的水流经常做往复运动,使水流对污染物的平移作用大大减弱,从而使河口水质变坏。

“河口水质模型”就是用来模拟河口水流中污染物质的物理、化学、生物变化规律的水质模型。最近几十年,随着对河口水动力学特性认识的深入以及计算理论、计算技术的发展,河口水质模型的研究也在不断深入,并不断运用到河口水质的规划与管理中。

二、河口水质模型分类

人们对河口水质模型进行分类时,通常是以河口水质模型所研究的空间维数以及研究的时间尺度作为分类标准的。

按所研究的空间维数来分,可分为:

1) 零维模型。所谓零维模型就是将河口看作是一个完全混合的水体,水体中的污染物浓度不随距离变化,只随时间变化。

2) 一维模型。一维河口水质模型通常只考虑污染物浓度沿河口方向的变化,其模型方程与前面所讨论的一维水质模型的对流扩散方程类似。

3) 二维模型。二维河口水质模型又分为平面二维模型和竖向二维模型。平面二维模型考虑到污染物浓度沿纵向和横向的变化;竖向二维模型考虑的是污染物浓度沿纵向和垂向的变化。

4）三维模型。严格地讲，天然水体中污染物质的迁移运动方向都是三维的，水质模型也应考虑到污染物浓度沿横向、纵向和垂向的变化。

按河口水质模型所研究的时间尺度分，河口水质模型可分为：①动态模型；②稳态模型。

稳态河口水质模型与动态河口水质模型不同，稳态河口水质模型所研究的水文、水质要素是潮周期的平均值。动态河口水质模型研究的时间尺度是跨潮周期的（表 11-1）。

表 11-1　河口迁移转化模型分类

河口模型分类	数学表达式	使用条件
一维潮汐平均模型	$\frac{\partial(AC)}{\partial t}+Q\frac{\partial C}{\partial x}=\frac{\partial}{\partial x}\left(AD_x\frac{\partial C}{\partial x}\right)+S_c$	跨潮汐周期的变化
一维潮变模型	$\frac{\partial(AC)}{\partial t}+\frac{\partial(UAC)}{\partial x}=\frac{\partial}{\partial x}\left(AD_x\frac{\partial C}{\partial x}\right)+S_c$	潮汐周期内的水质变化
二维垂向潮汐平均模型	$\frac{\partial(bc)}{\partial t}+\frac{\partial\overline{(ubc)}}{\partial x}+\frac{\partial\overline{(\omega bc)}}{\partial z}=\frac{\partial}{\partial x}\left(bD_x\frac{\partial c}{\partial x}+\frac{\partial}{\partial z}\left(bD_x\frac{\partial c}{\partial z}\right)+S_c\right.$	竖向分层横向均匀河口潮汐周期的水质变化
二维潮变（垂向）模型	$\frac{\partial(bc)}{\partial t}+\frac{\partial(ubc)}{\partial x}+\frac{\partial(\omega bc)}{\partial z}=\frac{\partial}{\partial x}\left(bD_x\frac{\partial c}{\partial x}+\frac{\partial}{\partial z}\left(bD_x\frac{\partial c}{\partial z}\right)+S_c\right.$	竖向分层横向均匀潮汐周期内的水质模拟
二维平面潮汐平均模型	$\frac{\partial(HC)}{\partial t}+\frac{\partial\overline{(UHC)}}{\partial x}+\frac{\partial\overline{(HVC)}}{\partial y}=\frac{\partial}{\partial x}\left(HD_x\frac{\partial c}{\partial x}\right)+\frac{\partial}{\partial y}\left(HD_y\frac{\partial c}{\partial y}\right)+S_c$	竖向均匀跨潮汐周期水质模拟
二维平面潮汐变化模型	$\frac{\partial(HC)}{\partial t}+\frac{\partial(UHC)}{\partial x}+\frac{\partial(HVC)}{\partial y}=\frac{\partial}{\partial x}\left(HD_x\frac{\partial c}{\partial x}+\frac{\partial}{\partial y}\left(HD_y\frac{\partial c}{\partial y}\right)+S_c\right.$	垂向均匀潮汐周期水质变化
三维潮汐平均模型	$\frac{\partial c}{\partial t}+\frac{\partial\overline{(uc)}}{\partial x}+\frac{\partial\overline{(vc)}}{\partial y}+\frac{\partial\overline{(\omega c)}}{\partial z}=\frac{\partial}{\partial x}\left(D_x\frac{\partial c}{\partial x}\right)+\frac{\partial}{\partial y}\left(D_y\frac{\partial c}{\partial y}\right)+\frac{\partial}{\partial z}\left(D_z\frac{\partial c}{\partial z}\right)+S_c$	跨潮汐周期水质变化
三维潮变模型	$\frac{\partial c}{\partial t}+\frac{\partial(uc)}{\partial x}+\frac{\partial(vc)}{\partial y}+\frac{\partial(\omega c)}{\partial z}=\frac{\partial}{\partial x}\left(D_x\frac{\partial c}{\partial x}\right)+\frac{\partial}{\partial y}\left(D_y\frac{\partial c}{\partial y}\right)+\frac{\partial}{\partial z}\left(D_z\frac{\partial c}{\partial z}\right)+S_c$	潮汐周期内水质变化

资料来源：谢永明，1996。

第二节　河口一维水质模型

一、概　　述

河口一维水质模型与河流一维水质模型非常类似，河流和河口之间的差别仅是水力学参数和水质参数的大小不同。例如，一般情况下，河口的流速 u 要小于河流的流速 u，而由于受潮汐影响，河口的弥散系数 D_x 则要比河流中 D_x 的大得多。

一维河口迁移方程的基本形式为

$$\frac{\partial(AC)}{\partial t}=\frac{\partial}{\partial x}\left(AD_x\frac{\partial C}{\partial x}\right)-\frac{\partial(uAC)}{\partial x}+SA \tag{11-1}$$

式中，A 为河口断面面积（m^2）；u 为断面流速（m/s）；C 为污染物浓度（mg/L）；D_x 为纵向弥散系数（m^2/s）；D_x 为源漏项。

在稳态条件下，方程(11-1)可写作：

$$\frac{d}{dx}\left(AD_x\frac{dC}{dx}\right)-\frac{d(uAC)}{dx}+SA=0 \tag{11-2}$$

当河口断面面积沿流向变化不大的时候，可将断面面积 A 视为不变的，则有

$$\frac{\partial C}{\partial t}+u\frac{\partial C}{\partial x}=\frac{\partial}{\partial x}\left(D_x\frac{\partial C}{\partial x}\right)+S \tag{11-3}$$

若把 D_x 视为常数，可得

$$\frac{\partial C}{\partial t}+u\frac{\partial C}{\partial x}=D_x\frac{\partial^2 C}{\partial x^2}+S \tag{11-4}$$

式(11-4)就是河流水质模型中的一维对流扩散方程。

二、弥散系数 D_x 的确定

本书在第八章中介绍了一般河流中弥散系数 D_x 的估算方法，但感潮河流跟一般河流的水动力特征有着明显的不同，例如，感潮河流由于受潮汐影响，其水流运动具有反复性；由于地转偏向力的作用，感潮河段的水流在涨潮时偏向一岸，退潮时又偏向另一岸，从而形成“剩余环流”；另外，当感潮河流的潮汐混合作用小于由淡水与咸水形成的浮力分层作用时，则会在河口区形成分层，浮力及密度梯度将会产生“斜压环流”，形成重要的混合弥散机制。

因此，要通过机理分析计算出感潮河流的纵向弥散系数 D_x 是非常困难的。人们计算感潮河流 D_x 的简化方法主要有以下几种：

1. 盐度分析法

盐分不易降解，可作为感潮河流天然的示踪剂，用于测定感潮河流的纵向弥散系数 D_x。当式(11-4)中的污染物质为盐分，C 为盐度，且在研究段内无其他盐分

来源时该式可改写为

$$\frac{\partial S}{\partial t}+u\frac{\partial S}{\partial x}=D_x\frac{\partial^2 S}{\partial x^2} \tag{11-5}$$

稳态条件下有

$$u\frac{\partial S}{\partial x}=D\frac{\partial^2 S}{\partial x^2}$$

即

$$uS=D\frac{\partial S}{\partial x} \tag{11-6}$$

得

$$S=S_0\exp\left(\frac{ux}{D}\right)$$

定义河口以上为方向负，上式变为

$$S=S_0\exp\left(-\frac{ux}{D}\right)$$

式中，S_0 为河口处的盐度值；S 为距河口距离为 x 处的盐度值。由上式可得

$$D_x=-\frac{ux}{\ln\left(\frac{S}{S_0}\right)} \tag{11-7}$$

2. 经验公式法

除了上述估算弥散系数 Dx 的方法外，人们还总结出不同条件下估算河口的弥散系数的经验或半经验公式。

Hefling 和 R. L. O′Connell 提出下面的公式来计算河口的弥散系数：

$$D_x=5.2(u_{\max})^{\frac{4}{3}} \tag{11-8}$$

式中，$u_{\max}$为最大潮汐流速(m/s)。

Diachishin 提出计算 D_x 的公式为

$$D_x=20.7(u_{\max})^2 \tag{11-9}$$

对于河口和潮汐河流，Tracor 提出下列方程：

$$D_x=100nu_{\max}R^{9/8} \tag{11-10}$$

式中，n 为曼宁系数；R 为水力半径。

第三节　河口二维水质模型

当考虑河口区污染物浓度沿横向或垂向的变化时，河口一维水质模型已不能

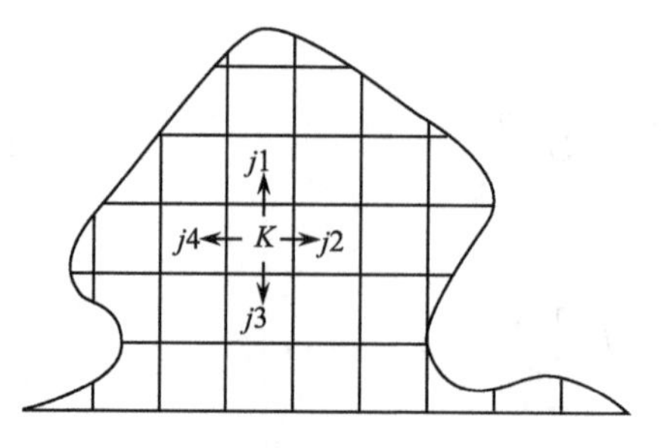

图 11-1　二维模拟计算单元
(谢永明,1996)

满足要求了,必须使用二维(或三维)模型来计算河口区的水质浓度。

图 11-1 是某种污染物(符合一级衰减定律)的一个二维质量平衡示意图。

在考虑污染物质在一个潮周期内均值的前提下,根据质量守恒定率得

$$V_k \frac{\mathrm{d}L_k}{\mathrm{d}t} = \sum_{j=j1}^{j4}(-Q_{k,j}(\alpha_{k,j}L_k + \beta_{k,j}L_j) + D_{k,j}(L_j - L_k)) - V_k K_{1,k} L_k + W_{1,k} \tag{11-11}$$

式中,$Q_{k,j}$是由 k 单元流向 j 单元的流量;V_k 为第 k 单元的体积;L_k 为第 k 单元的污染物浓度;$D_{k,j}$为单元 k 和 j 之间的弥散系数;$K_{1,k}$为 k 单元内污染物质的衰减速率;$W_{1,k}$为进入 k 单元的源和漏。

在稳态的情况下,整理式(11-11)得

$$S_{k,k}L_k + \sum_j S_{k,j}L_j = W_{1,k} \tag{11-12}$$

其中,

$$S_{k,k} = \sum_j (Q_{k,j}\alpha_{k,j} + D_{k,j}) + V_k K_{1,k}$$

$$S_{k,j} = \beta_{k,j}Q_{k,j} - D_{k,j}$$

对于边界上的网格:

$$S_{k,k} = \sum_j (\alpha_{k,j}Q_{k,j} + D_{k,j}) + K_k V_{1,k}\begin{Bmatrix} +\alpha_{k,k}Q_{k,k} \\ +\beta_{k,k}Q_{k,k} \end{Bmatrix} + D_{k,k} \tag{11-13}$$

式中,$\alpha_{k,k}Q_{k,k}$是从 k 单元流到边界的流量;$\beta_{k,k}Q_{k,k}$为从边界流入 k 单元的流量。

在边界上定义输入 $W_{1,k}$为

$$W_{1,k} = W_{1,k} + (D'_{k,k}\begin{Bmatrix} -\beta_{k,k}Q_{k,k} \\ -\alpha_{k,k}Q_{k,k} \end{Bmatrix})L_b \tag{11-14}$$

式中,D'_{kk}为河口和河流相汇处的弥散系数;L_b 为边界上的污染物浓度。

最后我们可写出此种污染物质的二维迁移方程:

$$\boldsymbol{SL} = \boldsymbol{W}_1 \tag{11-15}$$

该方程中的污染物质可以是 BOD、DO、盐度等。

第四节　河口 BOD-DO 模型

本节主要介绍一下河口区 BOD-DO 耦合稳态迁移模型方程以及一些有关“有限段模型”的知识。

一、BOD-DO 耦合稳态迁移方程

本章第二节介绍了一维河口迁移方程式(11-1)的基本形式为

$$\frac{\partial(AC)}{\partial t}=\frac{\partial}{\partial x}\left(AD_x\frac{\partial C}{\partial x}\right)-\frac{\partial(uAC)}{\partial x}+SA$$

以 BOD、DO 为研究对象，在不考虑底泥、旁侧入流等外源影响的情况下，可得 BOD-DO 耦合模型的方程为

$$\begin{cases}\dfrac{\partial L}{\partial t}+\dfrac{\partial(uL)}{\partial x}=\dfrac{\partial}{\partial x}\left(D_x\dfrac{\partial L}{\partial x}\right)-K_1L\\[2ex]\dfrac{\partial O}{\partial t}+\dfrac{\partial(uO)}{\partial x}=\dfrac{\partial}{\partial x}\left(D_x\dfrac{\partial O}{\partial x}\right)-K_1L+K_2(O_s-O)\end{cases}$$

式中，L 为 BDO 浓度(mg/L)；O 为 DO 浓度(mg/L)。

考虑稳态情形时，时变项$\frac{\partial L}{\partial t}=\frac{\partial O}{\partial t}=0$，上式变为

$$\begin{cases}\dfrac{\partial(uL)}{\partial x}=\dfrac{\partial}{\partial x}\left(D_x\dfrac{\partial L}{\partial x}\right)-K_1L\\[2ex]\dfrac{\partial(uO)}{\partial x}=\dfrac{\partial}{\partial x}\left(D_x\dfrac{\partial O}{\partial x}\right)-K_1L+K_2(O_s-O)\end{cases}$$

将氧亏 $D=O_s-O$ 代入上式得

$$\begin{cases}\dfrac{\partial(uL)}{\partial x}=\dfrac{\partial}{\partial x}\left(D_x\dfrac{\partial L}{\partial x}\right)-K_1L\\[2ex]\dfrac{\partial(uD)}{\partial x}=\dfrac{\partial}{\partial x}\left(D_x\dfrac{\partial D}{\partial x}\right)-K_1L+K_2D\end{cases}\tag{11-16}$$

式(11-16)就是描述河口 BOD-DO 耦合模型的一维稳态迁移方程。

二、有限段模型

有限段模型将连续的河流水体沿纵向划分为若干个首尾相连的体积单元，并假定每个体积单元都是完全混合的零维模型，这样所研究的河流就变成一个离散的一维模型。在有限段模型中，河流的水力学参数和水质参数均取潮周平均值。

有限段模型建立的主要依据是下面的质量平衡方程式：

水质变化率＝径流平移作用＋弥散作用＋降解作用＋来源(排放量)

1. BOD 模型方程

BOD 浓度的变化率为

$$V_i \frac{dL_i}{dt} \tag{11-17}$$

式中，V_i 为第 i 段的体积；L_i 为第 i 段的 BOD 浓度。

径流平移作用引起的质量变化为

$$Q_{i-1,i}L_{i-1,i} - Q_{i,i+1}L_{i,i+1}$$

式中，Q 是一个潮周期内的平均径流量；下标“j,k”代表第 j 段和第 k 段交界处的数值，两段交界处的 BOD 浓度可表示为

$$L_{i-1,i} = \alpha_{i-1,i}L_{i-1} + (1-\alpha_{i-1,i})L_i \tag{11-18}$$

而 $\alpha_{i-1,i}$ 可表示为

$$\alpha_{i-1,i} = \frac{\Delta x_i}{\Delta x_i + \Delta x_{i-1}}$$

式中，Δx_i、Δx_{i-1} 分别为第 i 段和第 $i-1$ 段的长度。

弥散作用引起的质量变化为

$$(L_{i-1} - L_i)\frac{D_{i-1,i}A_{i-1,i}}{\overline{\Delta x}_{i-1,i}} + (L_{i+1} - L_i)\frac{D_{i,i+1}A_{i,i+1}}{\overline{\Delta x}_{i,i+1}} \tag{11-19}$$

式中，$\overline{\Delta x}_{j,k} = \frac{1}{2}(\Delta x_j + \Delta x_k)$；$D_{j,k}$ 为第 j 段和第 k 段之间的弥散系数；$A_{j,k}$ 为第 j 段和第 k 段交界处的横截面积。

降解作用引起的质量变化为

$$-V_iK_{1,i}L_i$$

按质量平衡关系可得到关于 BOD 的质量平衡方程如下：

$$\begin{aligned}\frac{d(V_iL_i)}{dt} =& Q_{i-1,i}[\alpha_{i-1,i}L_{i-1} + (1-\alpha_{i-1,i})L_i] - Q_{i,i+1}[\alpha_{i,i+1}L_i + (1-\alpha_{i,i+1})L_{i+1}] \\ &+ D'_{i-1,i}(L_{i-1} - L_i) + D'_{i,i+1}(L_{i+1} - L_i) - V_iK_{1,i}L_i + W_{1,i}\end{aligned} \tag{11-20}$$

式中，$K_{1,i}$ 为第 i 段的 BOD 衰减速率；$W_{1,i}$ 为第 i 段的 BOD 的来源；$D'_{n,m} = \frac{D_{n,m}A}{\Delta x}$。

式(11-20)的边界条件为：L_0 和 L_{n+1}，其中 L_0 为上游边界流入的 BOD 浓度，L_{n+1} 为海水中 BOD 浓度。

2. 氧亏模型方程

用类似于上述推导 BOD 方程的方法可以得到氧亏方程如下：

$$\frac{\mathrm{d}(V_i D_i)}{\mathrm{d}t}=Q_{i-1,i}[\alpha_{i-1,i}D_{i-1}+(1-\alpha_{i-1,i})D_i]-Q_{i,i+1}[\alpha_{i,i+1}D_i+(1-\alpha_{i,i+1})D_{i+1}]$$
$$+D'_{i-1,i}(D_{i-1}-D_i)+D'_{i,i+1}(D_{i+1}-D_i)$$
$$-V_iK_{1,i}L_i+V_iK_{2,i}D_i+W_{2,i} \tag{11-21}$$

式中，$K_{2,i}$为第 i 段的 DO 衰减速率；$W_{2,i}$为第 i 段的 DO 的来源；$D'_{n,m}=\frac{D_{n,m}A}{\Delta x}$。

式(11-21)的边界条件为：D_0 和 D_{n+1}，其中 D_0 为上游边界流入的 DO 浓度；D_{n+1}为海水中 DO 浓度。

3. BOD-DO 稳态模型方程的求解

当式(11-20)中的$\frac{\mathrm{d}(V_iL_i)}{\mathrm{d}t}=0$ 时，就可得到河口 BOD 的稳态模型方程；当式(11-21)中的$\frac{\mathrm{d}(V_iD_i)}{\mathrm{d}t}=0$ 时，就可得到河口 DO 的稳态模型方程。这两个模型的方程可写为如下矩阵形式：

$$\begin{cases}\boldsymbol{SL}=\boldsymbol{W}_1\\ \boldsymbol{HD}=\boldsymbol{FL}+\boldsymbol{W}_2\end{cases} \tag{11-22}$$

式中，S 为 n 阶矩阵。

$$\left.\begin{aligned}S_{i-1,i}&=-Q_{i-1,i}\alpha_{i-1,i}-D'_{i-1,i}\\ S_{i,i}&=\alpha_{i,i+1}Q_{i,i+1}-(1-\alpha_{i-1,i})Q_{i-1,i}+D'_{i-1,i}+D'_{i,i+1}+V_iK_{1,i}\\ S_{i,i+1}&=(1-\alpha_{i,i+1})Q_{i,i+1}-D'_{i,i+1}\end{aligned}\right\}$$

其他 $S_{i,j}=0$；

H 为 n 阶矩阵：

$$\left.\begin{aligned}H_{i-1,i}&=S_{i-1,i}\\ H_{i,i+1}&=S_{i,i+1}\\ H_{i,i}&=\alpha_{i,i+1}Q_{i,i+1}-(1-\alpha_{i-1,i})Q_{i-1,i}+D'_{i-1,i}+D'_{i,i+1}-V_iK_{2,i}\end{aligned}\right\}$$

其他 $H_{i,j}=0$；

$$\boldsymbol{W}_1=[W_{1,i}];\boldsymbol{W}_2=[W_{2,i}];F=\lfloor f_{i,j}\rfloor$$

其中，$f_{i,i}=-V_iK_{1,i}$，其他 $f_{i,j}=0$。

把边界条件 L_0、L_{n+1}、D_0、D_{n+1}代入并合并到 $W_{1,1}$、$W_{1,n}$、$W_{2,1}$、$W_{2,n}$中去得：

$$W_{1,1}=W_{1,1}+(\alpha_{0,1}Q_{0,1}+D'_{0,1})L_0;$$
$$W_{1,n}=W_{1,n}+[-(1-\alpha_{n,n+1})Q_{n,n+1}+D'_{n,n+1}]L_{n+1};$$
$$W_{2,1}=W_{2,1}+(\alpha_{0,1}Q_{0,1}+D'_{0,1})C_0;$$
$$W_{2,n}=W_{2,n}+[-(1-\alpha_{n,n+1})Q_{n,n+1}+D'_{n,n+1}]C_{n+1}.$$

求解式(11-22)就可得到 BOD-DO 稳态模型方程的解。

第四篇　新技术新方法的应用

第十二章　同位素在环境水文中的应用

第一节　同位素基础

一、基本概念

同位素是指原子核内质子数相同中子数不同的原子，分为稳定同位素(stable isotope)和放射性或非稳定同位素(unstable isotope 或 radioactive nuclide)两种。放射性同位素能自发地放出粒子并衰变为另一种同位素；而稳定同位素是指无可测放射性的同位素。到目前为止，已发现了约 270 种稳定同位素和 1700 余种放射性同位素(Clark and Fritz，1997)。图 12-1 中元素的左下标为原子的质子，左上标为原子的质量数，是某一同位素中子和质子的和。如以氢同位素为例，氘(D 或 ^{2}H)含有一个中子一个质子，其质量数约是氕(^{1}H，protium)的两倍，而氚(^{3}H 或 T)含两个中子一个质子，其质量数则是氕的三倍。同元素的同位素，其质子个数相同。如氧的同位素均有 8 个质子，但^{18}O 比^{16}O 多两个中子。注意同位素的标记及读法。

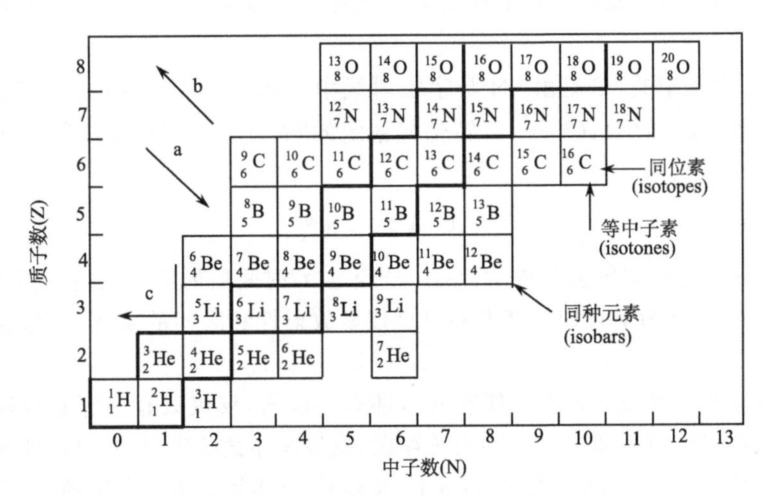

图 12-1　轻原子的元素表

行星系统的原始同位素组分是恒星核过程的函数。陆地环境的同位素组分由于放射衰变、宇宙射线作用、依质量而定的分馏等过程的影响随时间而改变，并且无机和生物作用以及人类活动，如核燃料处理、反应堆事故、核武器试验等进一步影响到其组分的改变。在分解过程中，放射性同位素释放 α 或 β 粒子，有时是 γ 射线。稳定同位素尽管在地质时间尺度不发生衰变，但他们本身有许多是放射性同位素衰变的产物。

依中子(N)与质子数(Z)的比率 N/Z，可以在元素表中找到最大稳定度的范围。对于轻原子来说，当该比率趋近于 1 时，稳定度最大，这些原子即为所谓的稳定同位素(见图 12-1 粗线内)。对于重原子来说，最大稳定度的比率趋近于 N/Z =1.5。中子数变化的方式多种多样，但对水文学的研究，下面是 4 种最基本的变化方式：

1) β 衰变。缺少质子的核素将一中子转为一质子与一电子，并将此电子从原子核以带负电荷的 β 粒子的形式发射出来。因而，原子数增 1 而中子数减 1。

2) 正电子衰变。缺少中子的核素将一质子转为一中子、一电子(β^+)和一微中子，因而原子数减 1 而中子数增 1。放射产物与母体是同种元素，但却是不同元素的同位素。

3) β 俘获或电子俘获(ec)。缺少中子的核素将一质子转为一中子和一微中子，并通过一质子俘获一电子。因而，质子数减 1。与上述正电子衰变一样，放射产生的核素是其母体的同种元素。

4) α 衰变。元素表中质子大于 83 的重原子释放 α 粒子，这粒子由一个氦核、两个中子、两个质子及两个正电荷组成。放射产生的核素质量减 4，不是其母体的同种元素。

例如，大气中的 ^{14}C 是由 ^{14}N 与宇宙射线中子相互作用而成的。^{14}C 具有 5730 年的半衰期，通过释放 β 粒子，可转化成稳定的 ^{14}N。核素浓度或放射性随时间的衰变方程可表达为

$$A_t = A_0 \cdot e^{-\lambda t}$$

式中，A_0 是母体核素的初始放射性；A_t 是经过"t"时间后的放射性；衰变常数"λ"等于 $\ln(2)/t^{1/2}$，$t^{1/2}$ 为半衰期。衰变率只是核素放射性和时间的函数，而与温度等环境因素无关。

尽管在水文系统中存在的所有元素都有同位素，仅仅只有一部分对我们有意义，如氢、碳、氮、氧及硫等。这些天然存在、或核爆炸试验生成的，自然地富集于环境中，随着水循环运动而移动的同位素被称为环境同位素(宋献方等，2002；IAEA，1967；IAEA，1981)。本章所谈的同位素均指环境同位素。常见的同位素见表 12-1 和表 12-2(Clark and Fritz，1997)。

表 12-1　稳定环境同位素

同位素	比	存在丰度/%	标准(丰度比)	常见存在状态
^{2}H	$^{2}H/^{1}H$	0.015	VSMOW (1.5575×10^{-4})	H_2O、CH_2O、CH_4、H_2、OH^-矿物
^{3}He	$^{3}He/^{4}He$	0.000 138	Atmospheric He (1.3×10^{-6})	水、气、地壳流体、玄武岩
^{6}Li	$^{6}Li/^{7}Li$	7.5	L-SVEC (8.32×10^{-2})	盐水、岩石
^{11}B	$^{11}B/^{10}B$	80.1	NBS 951 (4.043 62)	盐水、黏土、硼酸盐、岩石
^{13}C	$^{13}C/^{12}C$	1.11	VPDB (1.1237×10^{-2})	CO_2、碳酸盐、DIC、CH_4、有机物
^{15}N	$^{15}N/^{14}N$	0.366	AIR N_2 (3.677×10^{-3})	N_2、NH_4^+、NO_3^-、氮有机物
^{18}O	$^{18}O/^{16}O$	0.204	VSMOW (2.0052×10^{-3}) VPDB (2.0672×10^{-3})	H_2O、CH_2O、CO_2、硫酸盐 NO_3^-、碳酸盐、硅酸盐、OH^-、矿物
^{34}S	$^{34}S/^{32}S$	4.21	CDT (4.5005×10^{-2})	硫酸盐、硫化物 H_2S、含硫有机物
^{37}Cl	$^{37}Cl/^{35}Cl$	24.23	SMOC (0.324)	盐水、岩石、蒸发岩、溶剂
^{81}Br	$^{81}Br/^{79}Br$	49.31	SMOB	盐水
^{87}Sr	$^{87}Sr/^{86}Sr$	$^{87}Sr=7.0$ $^{86}Sr=9.86$	Absolute ratio measured	水、碳酸盐、硫酸盐、长石

表 12-2　非稳定环境同位素

同位素	半衰期/a	衰变模式	基本来源	常见存在状态
^{3}H	12.43	—	宇宙射线、武器试验	H_2O、CH_2O
^{14}C	5 730	—	宇宙射线、武器试验、核反应堆	DIC、DOC、CO_2、$CaCO_3$、CH_2O
^{36}Cl	301 000	—	宇宙射线、地下	Cl^-、地表含 Cl-盐
^{39}Ar	269	—	宇宙射线、地下	Ar
^{85}Kr	10.72	—	核燃料处理	Kr
^{81}Kr	210 000	ec	宇宙射线、地下	Kr
^{129}I	1.6×10^{7}	—	宇宙射线、地下、核反应堆	有机物中的 I^- 和 I
^{222}Rn	3.8 天		^{238}U 衰变系列、^{226}Ra 的产物	Rn 气体
^{226}Ra	1 600		^{238}U 衰变系列、^{230}Th 的产物	Ra^{2+}、碳酸盐、黏土
^{230}Th	75 400		^{238}U 衰变系列、^{234}U 的产物	碳酸盐、有机物
^{234}U	246 000		^{238}U 衰变系列、^{234}Pa 的产物	UO_2^{2+}、碳酸盐、有机物
^{238}U	4.47×10^{9}		原始	UO_2^{2+}、碳酸盐、有机物

在水文循环与过程研究中，常用的同位素有 T(^3H)、^{14}C、D (^{2} H)、^{18}O、^{13}C、^{15}N。其中前两个是放射性同位素，后四个是稳定同位素。氢氧同位素在水分子中可以以多种形式存在：HDO、HTO、$H_2{}^{18}O$ 等，其大致比例是 $H_2{}^{16}O$ (99.73%)、$HD^{16}O$ (0.032%)、$H_2{}^{18}O$(0.20%)。后两者比一般的水化学成分重。不同类型的水(海水、湖水、河水、地下水)，其化学成分会有很大变化，但同位素一般不和周围物质发生化学反应，组成相对稳定。故此，D、T 和 ^{18}O 是研究水循环过程的理想示踪剂，被广泛应用于水文水资源、水环境的研究中，用于解决诸如水的成因、降水—地表水—地下水的相互作用与转化、地下水流系统的认识、各类水体的污染程度及污染源的判别等问题。

每个方格为一核素，粗线内为稳定同位素，粗线外为放射性同位素。左边箭头表示因不同衰变所引起的质子、中子数的移位：正电子衰变与 β 俘获(a)，β 衰变(b)，α 衰变(c)(Faure，1986)。

随着同位素研究及其应用的深入开展，同位素水文(isotope hydrology)从 20 世纪 50 年代开始逐步发展成一门新兴的学科。目前在国际原子能机构(IAEA)内专门设有同位素水文学部，附设有设备齐全、技术先进的同位素水文学实验室。50 年代后期，IAEA 与国际气象组织(WMO)共同建立了“全球大气降水同位素监测网”(Global Network of Isotopes in Precipitation，GNIP)，自 1961 年起即向世界各国公布有关数据。最近，IAEA 正与联合国教科文组织(UNESCO)合作，在全球 42 条大江大河(包括我国长江在内)建立类似的水同位素监测网(Global Network of Isotopes in River 2002：GNIR)。我国同位素水文学的工作始于 20 世纪 60 年代，当时在珠峰地区曾取冰、雪样品分析^2H、^{18}O。之后，不同学者在北京、上海及我国东部地区对大气降水中的^2H、^{18}O 及 T 进行了测定。1988 年，在水利部的支持下，我国首批建立的 10 个大气降水同位素监测站开始运转，并纳入 IAEA/WMO 的 GNIP 中。目前，GNIP 的中国网站已增至 30 个(汪集旸，2002)。对应于 IAEA 同位素监测网，我国学者呼吁建立我国环境同位素监测网：CHNIP，CHNIR 和 CHLeafNet(与国际原子能机构项目 LeafNet 2003 相对应)(宋献方等，2002)。

二、表示方法与量纲

元素中中子数的差异导致元素和分子质量(原子重量)不同。重水$^2H_2{}^{16}O$ 的质量为 20，大于质量为 18 的普通水$^1H_2{}^{16}O$。不同质量的分子，其反应速率不一，并由此导致分馏的产生。

稳定同位素通常是测定给定元素的最常见的两种同位素的比率(重同位素与轻同位素之比)。以氧为例，陆地中^{18}O 的丰度为 0.204%，^{16}O 为 99.796%，二者的比率为$^{18}O/^{16}O=0.00204$。分馏过程会影响含氧化合物中此比率的大小，但这影响仅涉及小数点后第 5 或第 6 位数。

测定同位素的绝对值比率或丰度需要相当复杂的质谱仪。另外，基于常规分析所得到的绝对值比率，在不同实验室得到的分析结果对比时，会有无数问题。而且通常我们所关心的仅仅是同位素的差异而非绝对值。基于此，我们一般分析样本(sample)对应于已知比率的参照试样(reference)的相对比率。目前，国际上一般采用 VSMOW(Vienna Standard Mean Ocean Water，之前采用的是 Standard Mean Ocean Water，SMOW)作为参照系。由于同位素比率很小，量纲一般采用千分比(permil，‰)表示：

$$\delta^{18}O_{sample}=\left[\frac{(^{18}O/^{16}O_{sample})}{(^{18}O/^{16}O_{reference})}-1\right]\cdot 1000\ ‰\ VSMOW$$

由上式得到的 δ 值是正的，如 +5‰，表示样本比参照样大 5‰，或富集(enriched)5‰；类似地，-5‰则表示与参照相比，减少(depleted)5‰。两种物质的 d 值对比时，其表示通常有 4 种方式：①高与低；②大与小；③重与轻；④富集与减少。前面两种简洁明了，第四种的用法要注意例如，“某一物质相对于其他物质，富集或减少一同位素；或由于某一反应过程，某一物质富集或减少某一同位素。”的说法是正确的。而“某一物质富集某一同位素”则容易引起误解，应尽量避免(kendall)。

20 世纪 50 年代初期，通常采用 PDB 作为国际参照物质来表示海洋碳酸盐中 $^{18}O/^{16}O$ 的比率。PDB 是指南卡罗莱纳州白垩纪 Pee Dee 地层中发现的化石 Belemnitella americana 的方解石结构体。1957 年，Craig 正式引入 PDB 作为碳酸盐物质中 ^{13}C 和 ^{18}O 的标准。之后，PDB 作为所有碳化合物中 ^{13}C 的标准。有机分子中 ^{2}H 和 ^{18}O 则采用 VSMOW 作标准。

由于 PDB 物质有限，Friedman 等(1982)以一未知起源的大理石的碎厚片(定义为 NBS-19)与之标定，其关系如下：

$$\delta^{18}O_{NBS\text{-}19}=-2.20‰\ PDB$$

$$\delta^{13}C_{NBS\text{-}19}=+1.95‰\ PDB$$

接着，IAEA 定义了一虚拟的 VPDB，作为已知 ^{13}C 和 ^{18}O 的参照标准。目前，VPDB 和 VSMOW 均是 ^{18}O 的国际标准。不过，水样通常用 VSMOW，碳酸盐两者均可。VPDB 和 VSMOW 的转换关系如下：

$$\delta^{18}O_{VSMOW}=1.030\,91\cdot\delta^{18}O_{VPDB}+30.91$$

$$\delta^{18}O_{VPDB}=0.970\,02\cdot\delta^{18}O_{VSMOW}-29.98$$

VSMOW 标准样中，$^{18}O/^{16}O$ 的值为

$$\left(\frac{^{18}O}{^{16}O}\right)_{VSMOW}=(2005.2\pm0.45)\cdot10^{-6}\qquad(Baertschi,1976)$$

$$\left(\frac{^{2}H}{^{1}H}\right)_{VSMOW}=(155.76\pm0.05)\cdot10^{-6}\qquad(Hageman,et\ al.\ 1970)$$

其他稳定同位素的量纲及表示方法参考表 12-1。

放射性同位素通常采用绝对浓度或比率来表示。如氚(T)用 TU(Tritium Unit)来表示其绝对浓度。一个 TU 定义为 10^{18} 氢原子中有一个 T。此外,T 还可以用放射性(pico-Curies/liter, pCi/L)和衰变(disintegrations per minute/liter, dpm/L)表示,其关系如下:

$$1TU = 3.2\ pCi/L = 7.2\ dpm/L$$

自然界的氚是宇宙射线的中子与氮原子在大气层顶部发生反应形成的:

$$^{14}N + n(中子) \rightarrow {}^{15}N \rightarrow {}^{12}C + {}^{3}H$$

天然降水的氚浓度一般为 10TU。由于 20 世纪 50～60 年代热核试验,自然界中氚的浓度急剧增加,60 年代初,其浓度达最大值。随后,由于国际核试验公约禁止有关试验,降水中的氚的浓度渐以指数衰减,到 90 年代大致恢复到天然降水浓度。由于其半衰期较短,目前地下水中氚的浓度很少有超过 50TU 的,一般介于 1～10TU。

天然 ^{14}C 为宇宙成因,并以 CO_2 形式进入大气层,通过与海水中 CO_2 的交换、植物的光合作用、动物对食物中碳的吸收等,在大气圈-生物圈-水圈中交换循环。当生物体死后,碳的交换循环停止,机体内保存的 ^{14}C 浓度随着 ^{14}C 的衰变而减少。^{14}C 一般采用"现代碳(modern carbon)"作为国际标准,用其百分比表示反射性浓度。"现代碳"定义为"1950 年 NBS[National Bureau of Standards, 现为 National Institute of Standards and Technology(NIST)]草酸标准 95%的放射性浓度",其放射性为每克碳 13.56 dpm。通常,^{14}C 的放射性需要校正到 $^{13}C = -25‰$ (Clark and Fritz,1997)。

三、同位素的分馏、富集与瑞利分馏

两种类型的过程可导致同位素分馏,即离子交换反应和动力学过程。前者为可逆、且可达化学与同位素的平衡状态。

(一) 平衡分馏 (equilibrium fractionations)

平衡状态下的离子分馏因子定义为:$\alpha_{A-B} = R_A/R_B$ R 是如上节所述的重同位素与轻同位素的比率。

分馏因子除氢同位素外,一般仅偏离 1.0 至几个百分点。温度是影响此因子大小的最大因素,其他影响因素为化学构成、晶体结构、压力等。以水的 ^{18}O、^{2}H 为例,液态(l)转化为气态(v)时 20°和 0°的氧、氢分馏因子 α_{l-v} 分别是 1.0098、1.084 和 1.0117、1.111(Clark and Fritz,1997)。

按照上面的 δ 定义,分馏因子可表示为

$$\alpha_{A-B} = \frac{1+\frac{\delta_A}{1000}}{1+\frac{\delta_B}{1000}} = \frac{1000+\delta_A}{1000+\delta_B}$$

两边取对数可得

$$\ln\alpha_{A-B} = \ln(1+\delta_A \cdot 10^{-3}) - \ln(1+\delta_B \cdot 10^{-3})$$

由于 $\delta_A \cdot 10^{-3}$、$\delta_B \cdot 10^{-3} \ll 1$，因此 $\ln\alpha_{A-B} \approx \delta_A \cdot 10^{-3} - \delta_B \cdot 10^{-3} \approx (\delta_A - \delta_B) \cdot 10^{-3}$。

同样地，富集因子(enrichment factor)e 可定义为

$$\varepsilon_{A-B} = \left[\frac{R_A}{R_B} - 1\right] \cdot 10^{-3} = (\alpha_{A-B} - 1) \cdot 10^3$$

两边移项取对数，可得

$$\ln(1+\frac{\varepsilon_{A-B}}{1000}) = \ln\left(\frac{R_A}{R_B}\right) = \ln(\alpha_{A-B}) \approx \frac{\varepsilon_{A-B}}{1000} = \varepsilon_{A-B} \cdot 10^{-3}$$

由此可得

$$\varepsilon_{A-B} \approx \delta_A - \delta_B = \Delta \approx \ln\alpha_{A-B} \cdot 10^3$$

（二）动力学分馏(kinetic fractionations)

动力学分馏：在化学与同位素的非平衡态系统中，前向(forward)与后向(backward)的反应速率不等，而且当反应产物与反应物被物理隔离时，反应是单向的。这时的反应速率取决于同位素的质量比和他们的振动能。

动力学分馏因子等的定义与平衡分馏相似，但下标不同：

分馏因子：$\alpha_{p-s} = \frac{R_p}{R_s}$

富集因子：$\varepsilon_{p-s} = (\alpha_{p-s} - 1) \times 1000$

式中，下标 p 为反应产物(product)；s 为反应物(substrate)。

当反应物浓度很大而分馏小时，有

$$\varepsilon_{p-s} \approx \Delta = \delta_p - \delta_s$$

（三）瑞利(Rayleigh)方程

在分馏过程中，同位素与化学物质的浓度发生变化。此变化过程在下面条件下可以用瑞利方程表述：①物质不断地从含两种或两种以上同位素种类的混合系统中移出(如水中含 ^{18}O 和 ^{16}O)；②伴随着移出过程发生的分馏以分馏因子表示，此因子在分馏过程中不变。

假定某一化学反应后，物质 A 转化为 B，A 中重同位素由 $N_{0,1}$ 变为 N_1，轻同位素由 $N_{0,2}$ 变为 N_2，而 dN_1、dN_2 分别是由 A 转化成 B 时生成的重、轻同位素。

显然，$N_2 \gg N_1$，$N_{0,2} \gg N_{0,1}$。反应后，剩下 A 物质的比率 $f=(N_1+N_2)/(N_{0,1}+N_{0,2}) \approx N_2/N_{0,2}$。

按照分馏因子的定义：

$$\alpha_{B-A} = \left(\frac{dN_1}{dN_2}\right) \Big/ \left(\frac{N_1}{N_2}\right)$$

两边积分，N_1 变量由 $N_{0,1}$ 至 N_1，N_2 变量由 $N_{0,2}$ 至 N_2，并简记 α_{B-A} 为 α，可得

$$\frac{N_1}{N_{0,1}} = \left(\frac{N_2}{N_{0,2}}\right)^{\alpha}$$

$$\frac{N_1}{N_2} = \frac{N_{0,1}}{N_{0,2}} \cdot \left(\frac{N_2}{N_{0,2}}\right)^{\alpha-1}$$

即 $R_A = R_{0,A} \cdot f^{\alpha-1}$，$R_B = \alpha_{B-A} \cdot R_{0,A} = \alpha \cdot R_{0,A} \cdot f^{\alpha-1}$（瑞利方程），且由物质守恒可得

$$R_{0,A} = R_A \cdot f + R_B(1-f)$$

由瑞利方程两边取对数并结合上小节内容，可得

$$\delta_A - \delta_{0,A} \approx \ln\alpha \times 1000 = 1000 \times (\alpha - 1) \times \ln f = \varepsilon_{A-0,A} \times \ln f$$

严格来讲，瑞利分馏（Rayleigh fractionation）仅适用于化学开放系统，即移出与剩下的同位素种类处于热动力与同位素平衡状态。此外，在这样理想的分馏中，参与化学反应的物质有限且混合良好；同时，反应物与生成物不再发生反应（Clark and Fritz, 1997）。尽管如此，由于计算式子一样，瑞利分馏也被用于闭合平衡系统和动力学分馏中。

四、同位素在环境水文中应用概述

稳定同位素与反射性同位素由于其物理、化学过程不同，在环境水文中的应用有别。稳定同位素方面，如上所述，分馏因子主要受控于温度。在自然界中，影响温度空间分布的因子主要是海拔高度、纬度、海陆效应（或称大陆效应，基本上沿经度方向）。由此而产生的稳定同位素的效应有：

1) 高度效应。随着海拔高度的增加，重同位素含量减少、变低（轻）。

2) 纬度效应。随着纬度的增加，如在北半球，由南往北，重同位素含量减少、变低（轻）。

3) 大陆效应。由海岸往内陆方向，重同位素含量减少、变低（轻）。

此外，由于季节性的温度变化而引起季节效应，一般地，冬季的重同位素较小，而夏季较大；雨量大小与同位素分馏也有关系，雨量变大时，重同位素变小。

降水中同位素的时空特征，通过水文循环过程，影响到土壤水、地表水和地下

水中同位素的时空差异。正是这些时空差异特征的存在,使得同位素技术在环境水文中能够发挥相当大的作用,解决传统研究方法无法或很难解决的问题。例如,判断地下水补给来源、分析大气降水的成因及水蒸气的来源、研究地下水流系统及与之相关的基流分割问题。

放射性同位素主要是利用其衰变原理,测定不同水源的年龄。由于同位素的半衰期不一,测定地下水年龄的不同同位素有不同的用法。如氚的半衰期仅有12.43年,只能测评近百年补给的较新的地下水,而不适合于测定深部循环水的年龄;而^{14}C由于半衰期较长,可以用来推断2万～3万年的地下水年龄。

除了上面水文过程外,同位素在环境科学、保护、工程与监测中也有相当多的实际应用。不同环境条件下的同位素组成有差异,同时据同位素分馏原理,在特定条件下,同位素组成有大致固定的变化范围。例如,碳同位素$\delta^{13}C$值在大气中通常为－8‰左右(海洋上空－6.7‰～ －7.3‰,山区－7.0‰～－7.4‰,浓密森林－11.0‰,海水为0±2‰)(钱雅倩、郭吉保,2001),生物中依碳3、碳4种类不同而有较大差异(碳3植物介于－24‰～－30‰之间,均值－27‰;碳4植物介于－10‰～－16‰,均值－12.5‰)(Vogel,1993;Clark and Fritz,1997)。硫同位素$\delta^{34}S$值在石膏盐及灰泥中为＋15‰～＋35.0‰,汽车排放的废气为＋12‰～＋17‰,细菌有机成因为＋0.5‰～＋8.7‰。氮同位素$\delta^{15}N$在化肥中接近0‰,土壤中的有机氮为＋2‰～＋9‰,而农业有机肥则大于＋10‰(Heaton,1986;Kreitler, 1975;Chen et al.,2003)。在环境科学研究中,利用这些特征,可以追踪环境污染源,并对污染程度进行评价。以酸雨为例,由于SO_2氧化成SO_4^{2-}过程中,发生同位素分馏,$\delta^{34}S$变负。因而,工业区雨水中$\delta^{34}S$值通常比非工业区低,由此可以寻找酸雨SO_2的污染源。利用同位素示踪,对一些工业污水、垃圾填埋场污水渗漏的监控、污水灌溉区物质迁移过程也有帮助。由于环境污染影响因素复杂,加上同位素本身还有一些不确定性,综合利用几种同位素及常规离子分析,可以取得更为理想的结果。

由于地下水,尤其是深层地下水更新时间长,古气候、古环境变化的信息通常很好地保存在地下水同位素组成中。同样地,在极地冰川中,通过同位素分析,可以恢复或验证古气候、古温度的变化。

第二节　同位素在降水中的应用

一、大气降水中的氢氧同位素

Craig (1961)通过分析不同国家约400个河道、湖泊、降水水样的δD和$\delta^{18}O$关系,得到二者的拟合式子(图12-2):$\delta D = 8\delta^{18}O + 10$。图12-2中的直线即为全

球大气降水线(Global Meteoric Water Line，GMWL)。东非湖区的水(图 12-2 中虚线内)由于强烈蒸发而引起分馏，使点位偏离 GMWL。IAEA 通过 GNIP 项目，采集了更多水样资料，据此对 GMWL 线作了修正(图 12-3)。1983 年我国学者郑淑惠等采集了 1980 年北京、南京、广州、昆明、武汉、西安、拉萨和乌鲁木齐等地大气降水，研究得到我国大气降水线为 $\delta D = 7.9\delta^{18}O + 8.2$。Craig 的 GMWL 线反映的只是全球各区域降水综合与大致平均，其他一些区域大气降水线参见表 12-3。

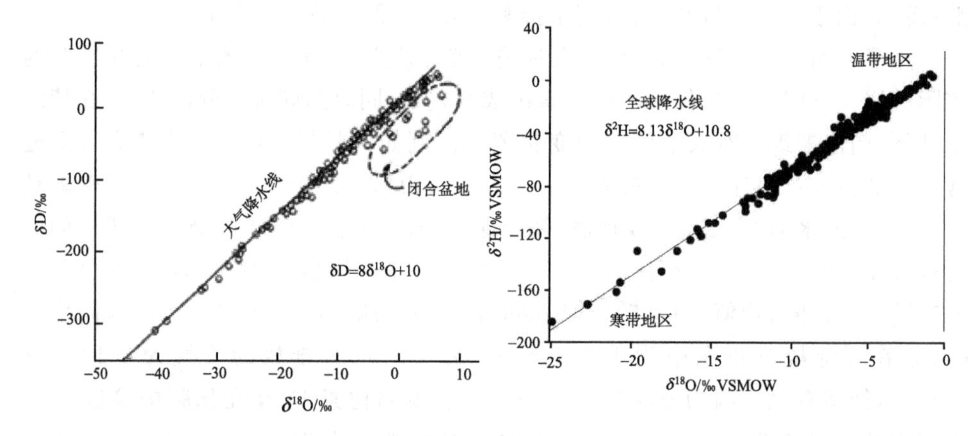

图 12-2　Craig 提出的全球大气降水线(Craig，1961)

图 12-3　IAEA 提出的基于 GNIP 的全球大气降水线(Rozanski et al.，1993)

表 12-3　部分区域大气降水线

地区	大气降水线/‰	文献
中国	$\delta D = 7.9\delta^{18}O + 8.2$	郑淑惠等(1983)
日本太平洋岸	$\delta D = 8\delta^{18}O + 10$	早稻，中井(1983)
日本内陆部	$\delta D = 8\delta^{18}O + 17$	早稻，中井(1983)
日本日本海一侧	$\delta D = 8\delta^{18}O + 20\text{-}22$	早稻，中井(1983)
北半球大陆	$\delta D = (8.1\pm1)\delta^{18}O + (11\pm1)$	Dansgaarδ(1964)
地中海或中东	$\delta D = 8\delta^{18}O + 22$	Gat (1971)
濒海阿尔卑斯(1976 年 4 月)	$\delta D = (8.0\pm0.1)\delta^{18}O + (12.1\pm1.3)$	Bortolami 等(1978)
濒海阿尔卑斯(1976 年 10 月)	$\delta D = (7.9\pm0.2)\delta^{18}O + (13.4\pm2.6)$	
巴西东北部	$\delta D = 6.4\delta^{18}O + 5.5$	Salati 等(1980)
智利北部	$\delta D = 7.9\delta^{18}O + 9.5$	Fritz 等(1979)
热带岛屿	$\delta D = (4.6\pm0.4)\delta^{18}O + (0.1\pm1.6)$	Dansgaard (1964)

资料来源：Mazor，1991。

大气降水氢氧同位素组成的变化基本上遵循瑞利分馏方程。降水可以看作是水汽在云团中达瞬时平衡，经冷凝后迅速分离出来的过程。GMWL 的斜率 8 正好是湿度 100％时雨水的瑞利浓缩平衡的产物，也接近于在 25～30℃时氢、氧同位素平衡态的分馏因子的比率。GMWL 的 y 轴截距 10，通常被称为氘盈余（或 d-excess 或 d parameter）：d-excess $=\delta D-8\delta^{18}O$。GMWL 的 d-excess 为 10 而非 0，说明它没通过点 $\delta D=\delta^{18}O=0$（这点是平均海水的构成）。由于雨水大多起源于海水，而 GMWL 没通过平均海水点，由此可推测在 85％湿度下，洋面上水汽蒸发产生了约 10‰的动力学富集。

大气降水是地表水、土壤水和地下水的主要补给来源，大气降水的氢氧同位素组成的变化规律及全球与区域大气降水线的研究是同位素在环境水文中应用的基础。

二、同位素的季节变化

同位素的季节变化实际上是同位素随温度变化的一个具体表现。Dansgarrd (1964)根据 IAEA 所积累的全球降水的同位素值，提出了氢氧同位素值与年均地表气温的线性公式：

$$\delta^{18}O = 0.695\ T_{annual} - 13.6‰ \quad SMOW$$

$$\delta D = 5.6\ T_{annual} - 100‰ \quad SMOW$$

因此可看出，年均温度增加 1℃，$\delta^{18}O$、δD 分别增加 0.695‰、5.6‰。同时由两边积分，则得：$d\delta^{18}O/d\delta D = 8$。由此可见，温度变化过程中的分馏正是 GMWL 线产生的基本原因。

若从月均气温来看，则关系式为

$$\delta^{18}O = (0.338 \pm 0.028) T_{monthly} - 11.99‰ \quad VSMOW$$

Wang 等 (2001)在石家庄降水的研究中发现，月均气温每增加 1℃，$\delta^{18}O$ 增加 0.34‰。这与上述计算式大致相符。

一般地，越往内陆，温度的季节波动越大，由此而引起的降水的同位素的季节变化也越明显。这些特征便于我们确定地下水的循环速率、流域对降水的响应以及地下水补给出现的时段。图 12-4 表示几个观测站温度和 $\delta^{18}O$ 的季节变化。北半球大陆站 The Pas 的季节变化最明显，亚热带站 Addis Ababa 仅有略微波动，南半球站 Stanley 季节变化清晰，但因受海洋影响幅度小。由此可知，随着温度升高夏季 $\delta^{18}O$ 增大。这种变化与所处的大陆、海洋环境有关。热带海洋或季风环境下，$\delta^{18}O$ 与温度相关性差或呈负相关，同位素的季节变化也不明显，如关岛和新德里的观测结果(Rozanski et al. ,1993)。

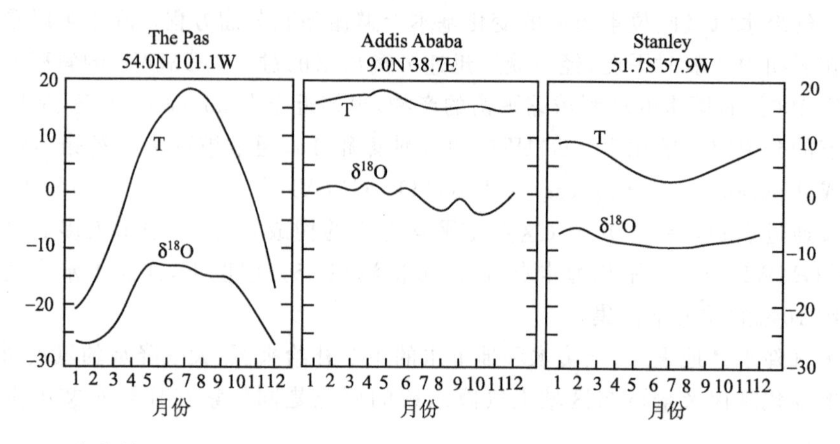

图 12-4　大陆站(The Pas)、亚热带站(Addis Ababa)及南半球站(Stanley,在福克兰岛上)$\delta^{18}O$ 和气温(多年平均)的年内变化(Rozanski et al. ,1993)

同位素的纬度与季节的重叠效应见图 12-5。如前所述,在北美洲随着纬度由高往低,由于受海洋环境影响增强,$\delta^{18}O$ 变幅减弱。

同位素的季节变化可以反映在空间分布上。以日本中部、东北部为例,由于冬季的水汽基本上来自大陆及日本海,而夏季则来自太平洋,所以东侧、西侧大气降水线因而有所不同(图 12-6)。

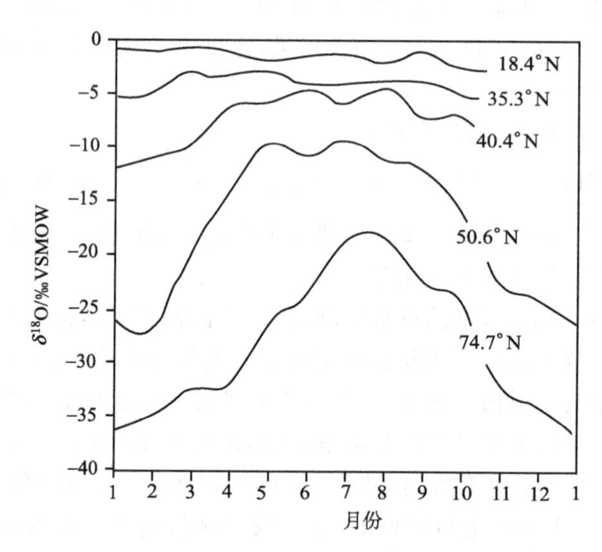

图 12-5　北美低纬度至高纬度站降水中 $\delta^{18}O$ 的季节变化(Clark and Fritz, 1997)
月平均值资料:San Juan, Puerto Rico (18. 4°N), Cape Hatteras, North Carolina (35. 3°N), Coshocton, Ohio(40. 4°N), Gimli, Manitoba (50. 6°N), 及 Resolute (74. 7°N)

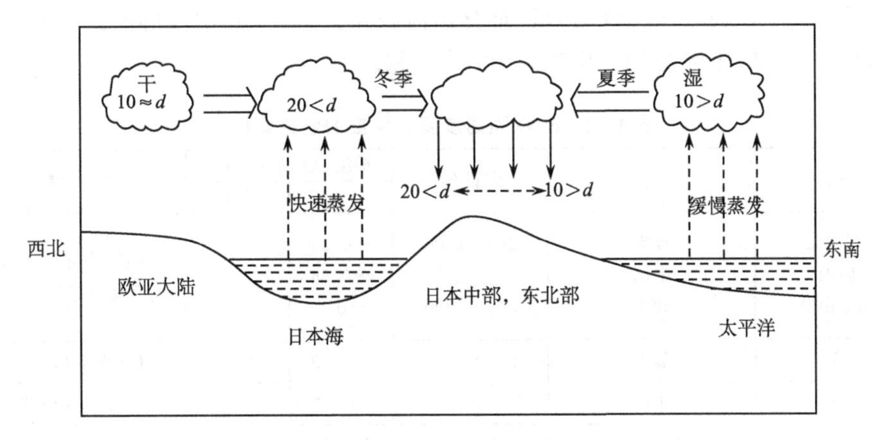

图 12-6　日本中部、东北部大气降水线氘盈余(d)的分异及其解释(早稻，中井，1983)

三、同位素的高度效应

在地形起伏的地区，水汽随着地形抬升而绝热冷却，从而形成地形雨。随着海拔升高，温度下降，降水中的重同位素越来越小。通常海拔每升高 100m，$\delta^{18}O$ 降低 0.15‰～0.5‰，δD 降低 1‰～4‰。同位素的这种高度效应在水文循环研究中非常有意义。基于此效应，可以判别起源于不同高度的地下水。

Bortolami 等(1978)在意大利阿尔卑斯山的海滨山前平原的一个流域的研究中，给出了同位素高度效应的一个很好的例子。尽管季节不同这种效应略有差异，4 月和 10 月的梯度几乎一致，即海拔每升高 100m，$\delta^{18}O$ 降低 0.31‰(图12-7)，$\delta^{18}O$ 与海拔可用如下线性方程表示：

$$\delta^{18}O = -3.12 \times 10^{-3} h - 8.03$$

式中，h 为海拔高度(m)。

由于该地区，春季(4 月)水汽来自地中海，秋季(10 月)来自大西洋，大气降水线也出现季节差异，前者接近干旱地中海气候的区域大气降水线，后者接近GMWL。

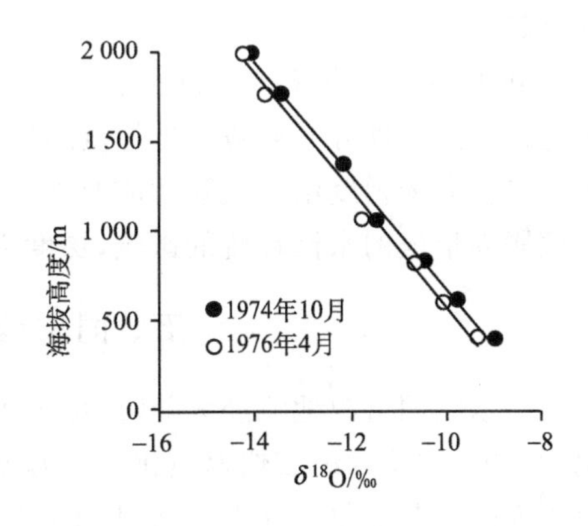

图 12-7　意大利阿尔卑斯山 Val Corsaglia 降水中 $\delta^{18}O$ 与海拔高度的关系(Bortolami et al.，1978)
采样的 4 月、10 月的月平均气温相似

同位素高度效应的其他案例可参照表 12-4。在我国，由于海拔每升高 100m，温度大致平均下降 0.6～0.7℃。根据石

家庄的资料(Wang et al.,2001),可推算出海拔每升高 100m,$\delta^{18}O$ 降低 0.204‰～0.238‰,这个梯度与表 12-4 中的案例大多一致。

表 12-4　$\delta^{18}O$ 随高度变化梯度的研究案例

地点	地区	海拔/m	梯度(‰ 每 100 m)		参考文献
			^{18}	^{2}H	
日本中部 庐山 Jura 山脉	日本 中国 瑞士	100～2500 500～1200	−0.25 −0.16 −0.2	2.0	早稻,中井(1983) 卫克勤等(1986)
黑森林	瑞士	250～1250	−0.19		Clark 等(1997)
Blanc 山	法国	2000～5000	−0.5*	−4	Clark 等(1997)
沿海山脉	英属哥伦比亚	250～3250	−0.25		Clark 等(1997)
山前平原	意大利西部	500～2000	−0.31	−2.5	Clark 等(1997)
Dhofar Monsoon	阿曼南部	0～800	−0.10		Clark 等(1997)
Saiq 高原	阿曼北部	400～2000	−0.20		Clark 等(1997)
喀麦隆山	西非	0～4095	−0.155		Clark 等(1997)

* 利用^{2}H 计算(斜率为 8)。

四、同位素的纬度效应

从图 12-8 可以看出,随着纬度升高,年平均温度下降,$\delta^{18}O$ 逐渐变小。极地是瑞利降雨过程的末端,此处的 $\delta^{18}O$ 变化是急剧的。从北美及欧洲大陆站的资料来看,纬度增加 1°,$\delta^{18}O$ 减少约 0.6‰,而更冷的南极,此梯度为 2‰。低纬度的梯度通常较小。

利用 IAEA 的资料绘制的全球尺度降水中 $\delta^{18}O$ 平均值的分布图(图 12-9)同样论证上述梯度分布趋势。低纬度地区,特别是海洋,梯度很平,越往极地,梯度越大。纬度向的梯度由于大陆效应及洋流影响,会有些变形。亚马孙河流域由于强烈蒸腾而形成的水汽环流的影响,梯度不明显(图 12-9)。

五、同位素的大陆效应

当水汽团由源地流经大陆时,由于大陆气候所具有的地形作用和温度极端变化的影响,同位素组成快速演化。沿海地带,同位素较重,越往较冷的内陆,越轻且呈很强的季节变化。为探讨大陆对同位素演化的影响,定义大陆度 k(Barry and Chorley,1987)为

$$k=\frac{1.7\Delta T}{\sin(\psi+10)}-14$$

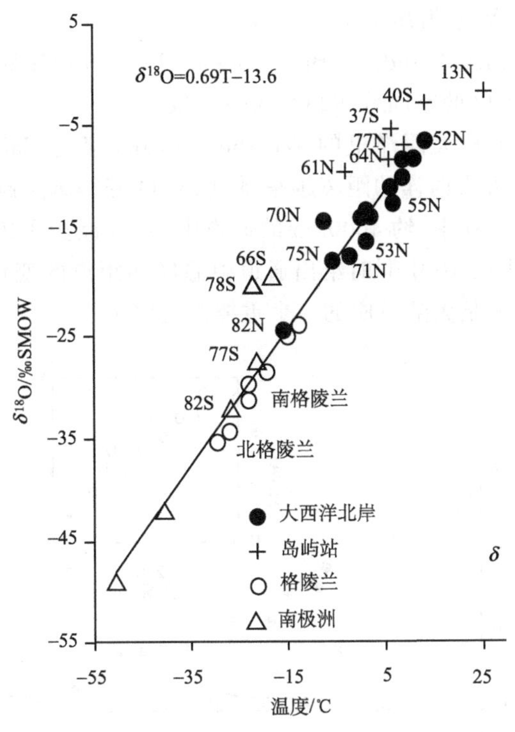

图 12-8　降水中 δ^{18}O 随年均温度与纬度的变化(Dansgaard，1964)

图 12-9　全球尺度降水中 δ^{18}O 平均值的分布(Kendall and McDonnell，1998)

式中，ΔT 为年温度差；ψ 为纬度。

利用指数 k(Conrad's index)，Barry 和 Chorley(1987)较好地解释了北美 $\delta^{18}O$ 的空间分布，k 和 $\delta^{18}O$ 的空间分布趋势大体一致。

图 12-10 给出了从大西洋里的 Weathership 站，穿过 Valentia 至 Perm 通道 $\delta^{18}O$ 的变化。随着离大西洋的距离越来越远，$\delta^{18}O$ 变得越来越小。在以 Valentia 为起点的陆上演化过程中，约 4000km 的通道中，$\delta^{18}O$ 减少了约 7‰，及每 1000km 约减少 1.75‰。图 12-10 中同时给出通道中温度随距离的变化，由此进一步说明了在某种意义上温度是大陆效应的一个重要影响因子。

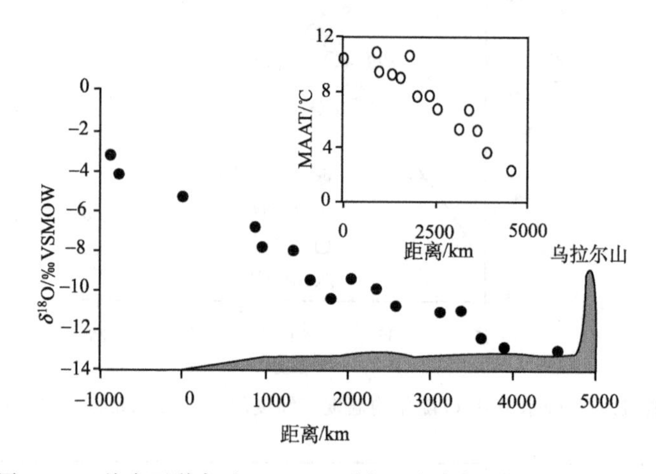

图 12-10　从大西洋穿过 Valentia(爱尔兰东南部)直至接近乌拉尔山脉通道的 $\delta^{18}O$ 的变化(Clark and Fritz，1997)

右上角小图中 MATT 为年平均气温

第三节　同位素在水文循环与转化中的应用

一、蒸发过程

Craig 等在 1965 年提出了全球水汽循环模式(图 12-11)(Craig and Gordon，1965)。在此模式中，全球降水的 $\delta^{18}O$ 和 δD 平均分别为 −4‰、−22‰(此值正好落在 Craig 线上)。大气水的形成是一个复杂的复合过程，含蒸发、混合、冷凝及降雨等，而不是简单地通过非平衡态蒸发直接形成水汽。在动力学蒸发与大气混合的过程中，物质及同位素的平均组成保持守恒。

动力学蒸发可以分为水与边界层的水-汽(ε_{l-v})平衡交换和边界层与大气层的动力学交换($\Delta\varepsilon_{bl-v}$)(Clark and Fritz，1997)：

$$\delta^{18}O_l - \delta^{18}O_v = \varepsilon^{18}O_{l-v} + \Delta\varepsilon^{18}O_{bl-v}$$

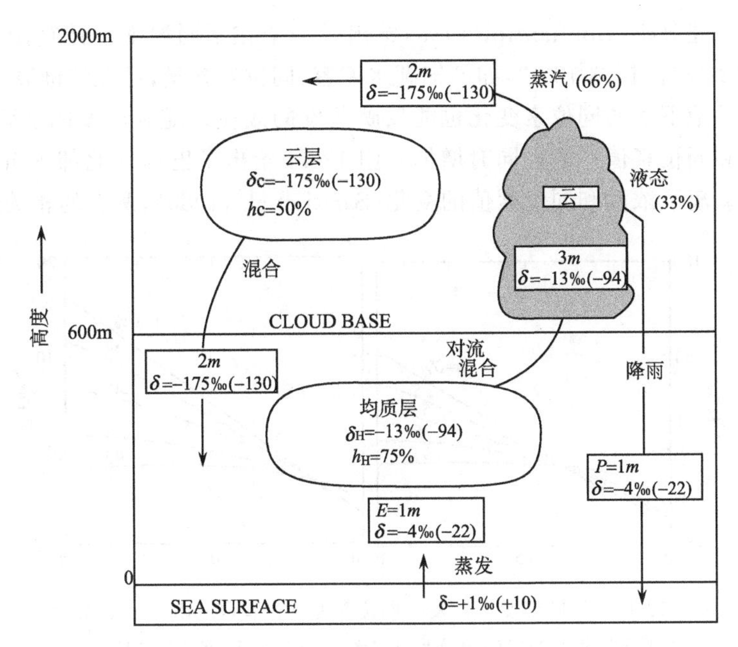

图 12-11　大洋面上的水汽循环模式(Craig and Gordon, 1965)

δ 表示 δ^{18}O,括号里为 δD。相对的水汽通量用 m 表示

在极端干旱条件下,即湿度接近零时,$\Delta\varepsilon^{18}O_{bl\text{-}v} = 32.3‰$。一般条件下,动力学因子与湿度($h$)有关,可通过下式计算(Gonfiantini, 1986):

$$\Delta\varepsilon^{18}O_{bl\text{-}v} = 14.2(1-h)\ ‰$$

$$\Delta\varepsilon^{18}H_{bl\text{-}v} = 12.5(1-h)\ ‰$$

众所周知,蒸发与湿度密切相关。湿度越小,蒸发越强烈,在 $\delta^{18}O-\delta D$ 的关系线上表现出斜率越小(图 12-12)。

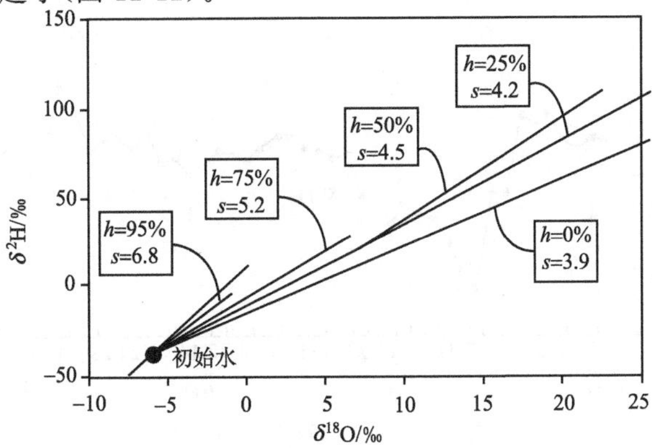

图 12-12　蒸发过程中同位素的富集及湿度的作用(Gonfiantini,1986)

基于上述分析，Gonfiantini(1986)给出了一个在不同湿度下计算湖面蒸发的例子(图 12-13)。据图 12-13，如已知湖水库容、同位素含量，可大致推算蒸发量。

河水及地下水的同位素变化也能反映蒸发的效应。随着蒸发的加强，水中氯离子浓度和同位素值一般也同时增加。图 12-14 给出了巴西东北部 Pajeu 河 3 个月中河水氯离子浓度和同位素值的变化(Salati et al.，1980)，两者的相关性与同样

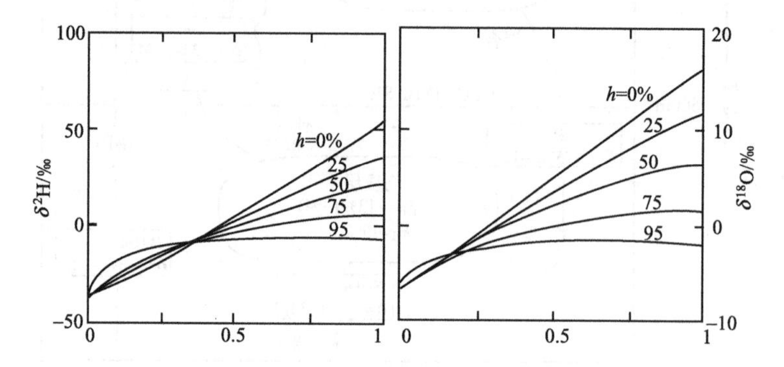

图 12-13　不同湿度下蒸发与同位素变化过程(Gonfiantini，1986)

h 可理解为蒸发量与湖水库容量的比率，当 $h=1$ 时，湖水被全部蒸发

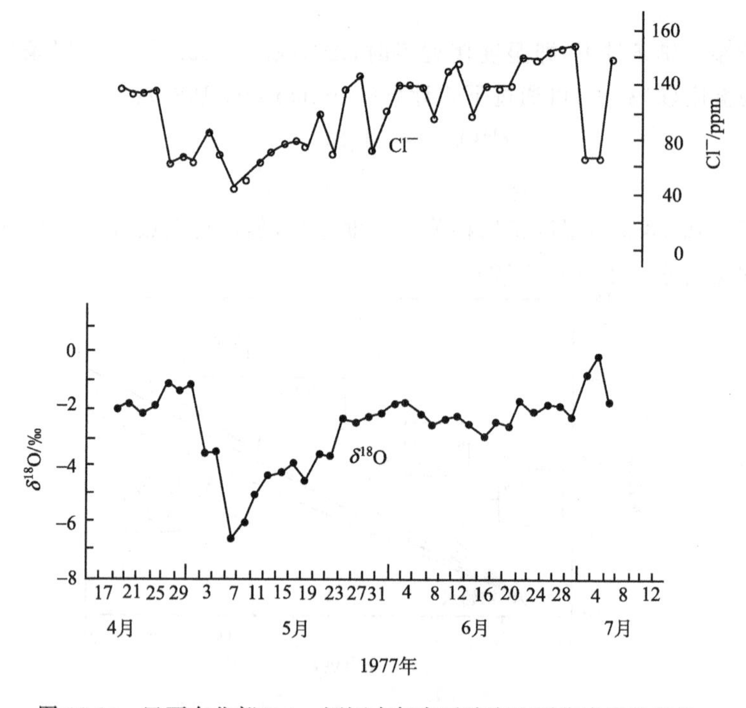

图 12-14　巴西东北部 Pajeu 河河水氯离子浓度和同位素值的变化

的变化趋势反映了蒸发的作用。在 7 月，由于周围温度升高及流量减少，这种作用尤其明显。Gonfiantini 等(1974)在阿尔及利亚的研究实例中，发现深层地下水的氢氧同位素大致落在 GMWL 线上，而浅层地下水由于受强烈蒸发影响则出现偏离，偏离越大其含盐量越高。

二、地表与地下水的界面过程

地表与地下水的补给或排泄的关系取决于两者水力梯度或水头的差。当地表水的水头高于地下水时，地表水补给地下水；反之，则地下水补给地表水，也称排泄。补给与排泄的关系随流量或水位变化、地下水开采利用情况变化等会出现转化，并呈现一定季节变化的特征。

黄河下游为地上悬河，河面水位比两侧地下水位高，河水补给地下水。通过氢氧同位素的比较分析，可大致确定这种补给的影响范围。图 12-15 给出了黄河水对周边地下水的补给范围，此范围大致为 40km(Chen et al.，2001；陈建耀等，2004)。Maloszewski 等(1987)根据德国 Iller 和 Weihung 河水与两河间供水井地下水 $\delta^{18}O$ 的变化，推测、判断供水井的主要补给源为 Iller 河(图 12-16)，据此也可估算两河补给的百分比。

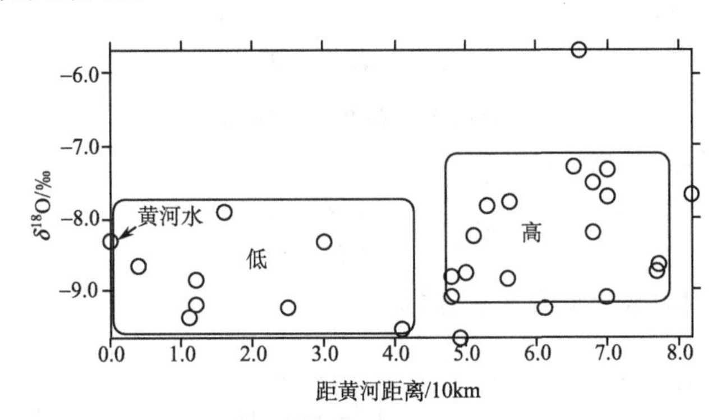

图 12-15　禹城、齐河两地地下水中 $\delta^{18}O$ 随黄河距离变化及黄河水对地下水的补给范围

在河道流量过程线中，降雨通过入渗进而由地下水排入河道的基流占有重要的意义。传统水文学因技术手段限制，通常简单假定线性衰减分割、处理基流过程。而同位素技术的应用结果显示实际过程远较此复杂。Fritz 等(1976)较早将稳定同位素应用于基流分割中，而 Buttle(1994)完整地综述了有关方法与现场应用。同位素应用的前提是不同水源的同位素存在差异。

利用两水源或三水源进行基流分割的基本原理一样，都是根据物质守恒。利用三水源计算时，一般还需要电导率、氯离子或二氧化硅等浓度。

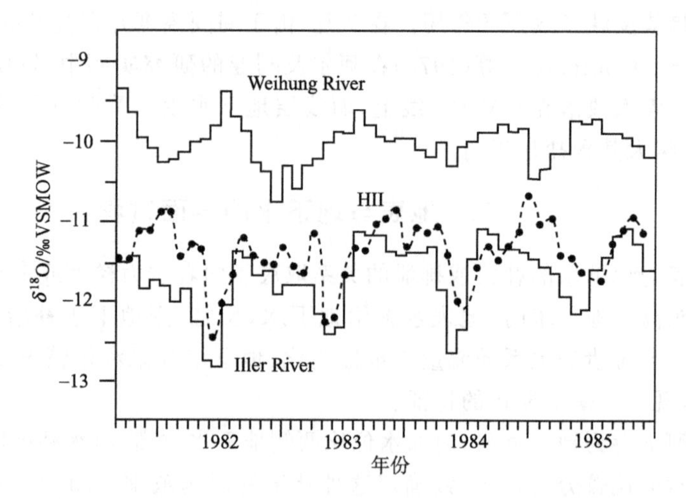

图 12-16　德国 Iller 河和 Weihung 河 1981～1985 年 δ^{18}O 的周变化与两河间 HII 井地下水 δ^{18}O 的月变化(Maloszewski et al. ,1987)

两水源(地表产流 Q_r 和基流 Q_{gw}，相应的同位素为 δ_r 和 δ_{gw}。河道流量为 Q_t，实测同位素为 δ_t)：

$$Q_t = Q_{gw} + Q_r$$

$$Q_t\delta_t = Q_{gw}\delta_{gw} + Q_r\delta_r$$

由上面两式可得到基流量：

$$Q_{gw} = Q_t\left(\frac{\delta_t - \delta_r}{\delta_{gw} - \delta_r}\right)$$

两水源基流分割的示意图请参见图 12-17。

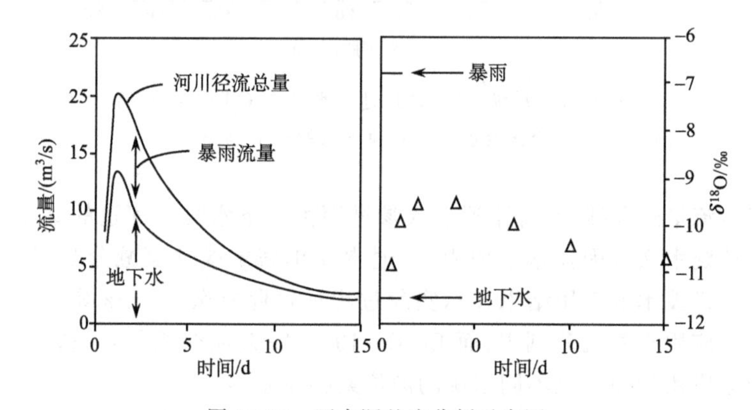

图 12-17　两水源基流分割示意图

三水源(除上述两水源之外,加上土壤水 Q_s, 并以二氧化硅为附加参数):

$$Q_t = Q_{gw} + Q_r + Q_s$$

$$Q_r = \frac{Q_t(\delta_t - \delta_{gw}) - Q_s(\delta_t - \delta_{gw})}{\delta_t - \delta_{gw}}$$

$$Q_{gw} = \frac{Q_t(Si_t - Si_r) - Q_s(Si_s - Si_r)}{Si_{gw} - Si_r}$$

当不同水源的同位素出现变异或水源构成发生变化时,基于上述方法的基流计算有一定的局限性。

三、在SPAC(土壤-植被-大气连续体)界面过程中的应用

在SPAC系统中,依水势由高到低变化,水分由土壤水进入根系,从根系至树干部再至枝叶,通过蒸腾,由叶面至大气。在此水分转移过程中,同位素构成也会发生变化:植物在根系吸水过程中,同位素构成一般保持不变;当水分进入叶面或未栓化的幼小树干等器官或组织时,由于水分蒸腾,使重同位素在木质部的树液中富集,富集程度取决于叶面蒸腾速率、叶面与大气水分及其同位素梯度。

同位素在土壤、植物中的转化与分馏到目前为止主要是生态学研究的内容。自然界中,各种实体的同位素(O、H、N、S、C等)存在差异。这种差异是自然界物质循环的结果,同时也是我们研究同位素在各界面过程转化的基础。图12-18给出了各实体的氢氧同位素的测定值范围。

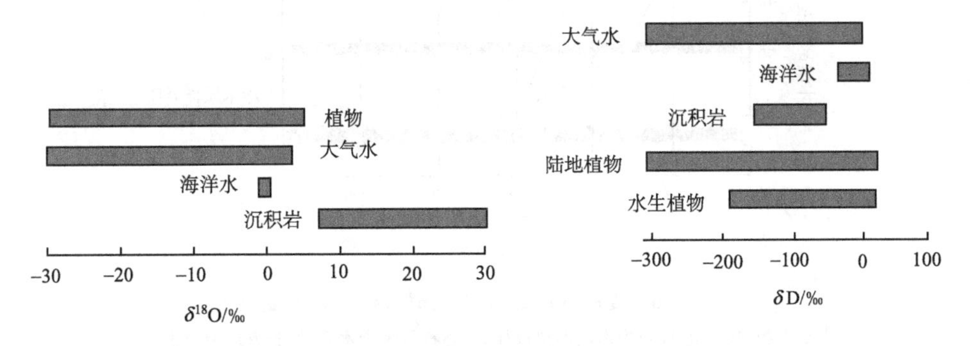

图12-18　自然界各种物质氢氧同位素的测定值范围(Rundel et al.,1989)

在根系与土壤界面上,如上所述,同位素不发生分馏,但土壤水中的同位素与离树干的距离有一定关系。Dawson(1993)在糖槭树周边土壤水的研究中发现,树干部土壤水的δD大体与地下水一致,而离树干部越远偏离越大。这种现象是由于根系的水力吸水过程(hydraulic lift)而出现土壤水与同位素的再分布造成的。

在叶面与大气过程中,植物的同位素构成和变化与降雨过程、周围环境的水源及叶面蒸腾速率有关。降雨过后几天内,木质部的同位素一般与雨水接近,之后,

迅速减少,恢复到常规供水源(如湿润地点的地下水或干燥地点树木的赤木质)的背景值。木质部(xylem sap)与赤木质(heartwood)同位素相同,说明通常情况下木质部消耗储集在赤木质中的水分(图 12-19)。

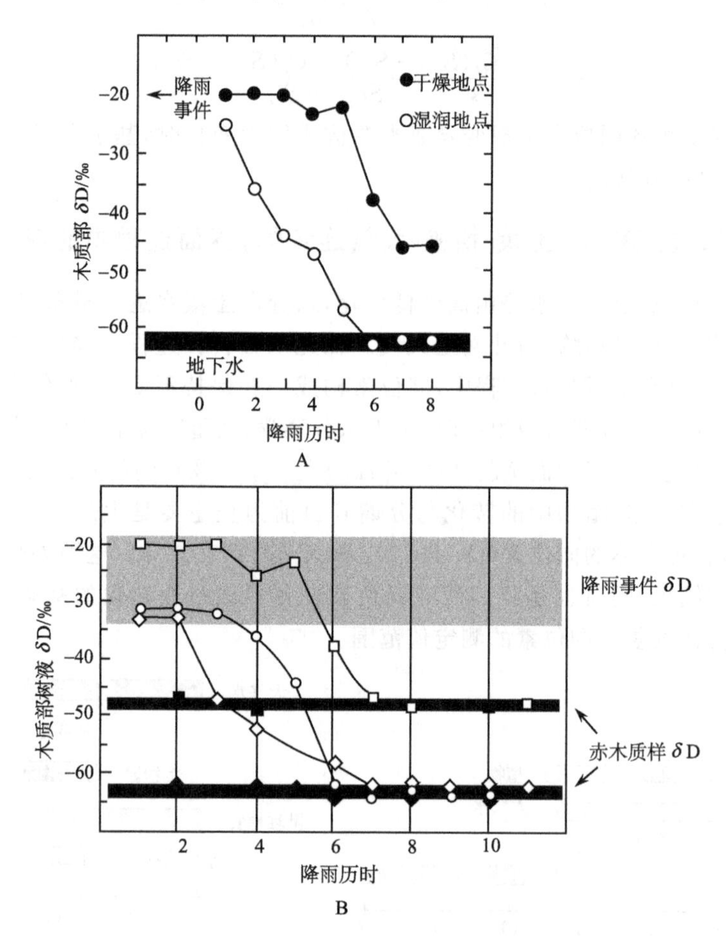

图 12-19　夏季降雨之后木质部树液中 δD 的变化

A. 白松;B. 空心符号为木质部树液样,实心符号为赤木质样;正方形为白松,菱形为糖槭,圆点为枫叶。采样点在美国纽约州(White et al. ,1985)

图 12-20 的线性关系表示植物中同位素的构成受控于周围水环境背景。植物所用水的同位素值越大,植物体组成的物质其同位素也越大,二者呈正比。由于蒸腾作用,植物体的水分发生分馏,同位素值逐渐变大。蒸散发通量越大,分馏越明显,也即同位素值越大(图 12-21)。

由于 SPAC 界面过程中的同位素研究涉及农学、生态学、水文等多学科,此研究有待加强。

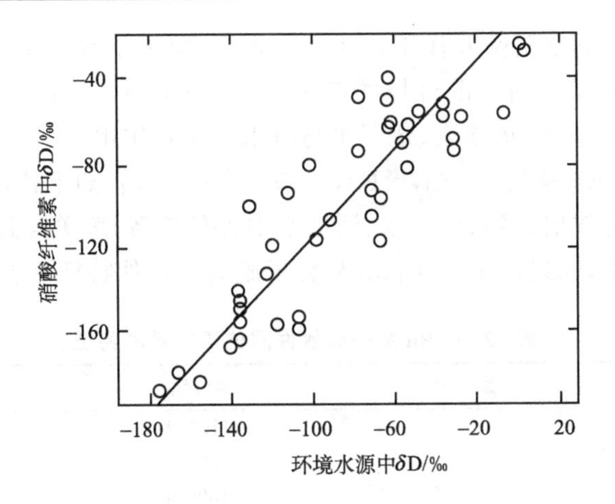

图 12-20　北美树轮的硝酸纤维素中 δD 与植物所利用的周围环境水源中 δD 的关系(Yapp and Epstein,1982)

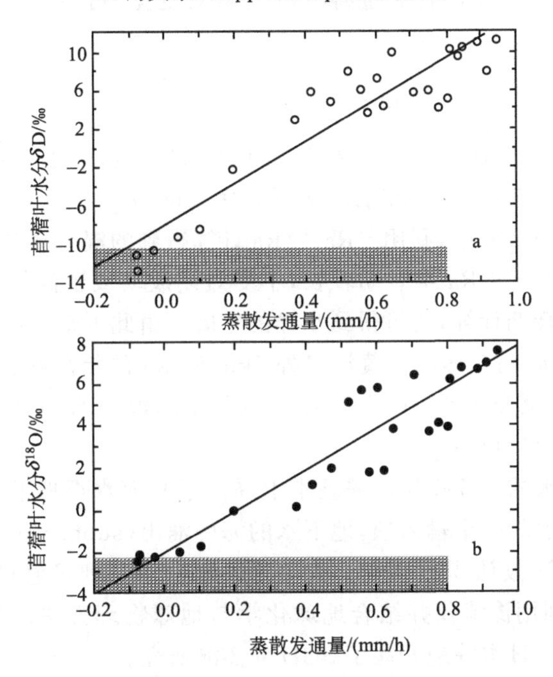

图 12-21　由空气动力学能量平衡计算得到的蒸散发通量与苜蓿叶水分中的 δD 和 δ^{18}O(Bariac et al.,1989)

四、地表、地下水与海水交互作用中的研究

在地表水、地下水的界面过程小节中已经谈了其交互作用,本小节着重于河水

与海水、地下水与海水的交互作用。结合电导率、氯离子等化学成分，同位素可以用来分析、计算交互作用中混合场的范围、强度与速率。下面主要就镭(radium, Ra)同位素的实际应用，谈地表、地下水与海水的交互作用。

自然界水中 Ra 系列(^{223}Ra, ^{224}Ra, ^{226}Ra, ^{228}Ra)具有如下特征：均是非溶性钍(thorium, Th)的放射产物；地下水、河岸水中含量较高，海洋较低；在淡水中，粒子具活性；在盐水中，通过离子交换，Ra 从粒子脱离。其他特征见表 12-5。

表 12-5　Ra 系列放射性同位素的基本特征

同位素	衰变链	半衰期	衰变模式
^{223}Ra	^{235}U	11.4 天	α
^{224}Ra	^{232}Th	3.66 天	α
^{226}Ra	^{238}U	1600 年	α
^{228}Ra	^{232}Th	5.75 年	β

通过点汇^{223}Ra、^{224}Ra 浓度随离河口距离的变化，可以计算河水与海水的混合率：

$$\ln A_x = \ln A_0 - x\sqrt{\frac{\lambda}{K_h}}$$

式中，A_x、A_0 分别为离河口 x 处及河口的 Ra 的浓度；λ 为常数，$\lambda = 0.189\ d^{-1}$ (^{224}Ra)，$\lambda = 0.0608\ d^{-1}$ (^{223}Ra)；K_h 为混合率(km^2/d)。

在黄河河口的研究中，利用^{223}Ra、^{224}Ra 计算得到的混合率分别为 53.5 km^2/d 和 136 km^2/d。由于^{223}Ra 半衰期较长，不受短期波动或漩涡的干扰，其计算值较为可靠。通过半衰期计算，还可得到水样的年龄。由此可知，黄河水从河口大致以每天 1km 的速率向渤海移动。黄河口外 5km 处 Ra 的年龄约为 5 天，6km 外，泥沙流消失，年龄大至介于 6～10 天。泥沙流与干净海洋水的过渡界面，混合减慢(Peterson et al.,2004)。

海水与地下水的交互作用原先基本上局限于从海水至地下水，即海水入侵等的研究。作为海水的一个输入项，地下水的海中涌出(submarine groundwater discharge, SGD)尽管被认识好多年，但只是到近年才受到足够的重视(Taniguchi et al., 2002)。利用渗流仪并结合地球化学与地球物理方法，国际上主要在地中海、墨西哥湾沿岸、日本等地开展了 SGD 的实测研究。

Burnett 等(2003)在美国卡罗来纳的研究中，发现 SGD 中^{226}Ra 的浓度与总溶解氮(TDN)呈线性关系(图 12-22)。由于该研究地区 Ra 的物质平衡已经搞清，利用此关系，可以估算大陆对海洋总溶解氮的供给。Cable 等(1996)在墨西哥湾 SGD 研究中，发现^{222}Rn、甲烷与涌出率呈正比(图 12-23)，但与盐度呈反比，且涌出水中^{222}Rn、甲烷的浓度比周围的要高得多。研究还发现地下水涌出是本区大陆架甲烷平衡中重要的源(Bugna et al.,1996)。

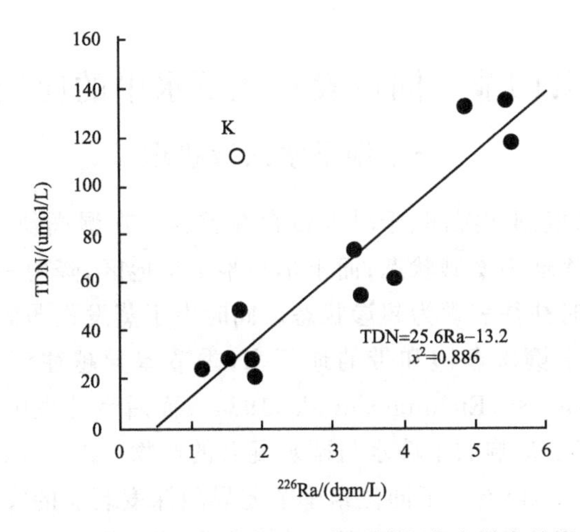

图 12-22 美国卡罗来纳海上 6 井不同深度水样中的^{226}Ra 与总溶解氮(TDN)的关系(Burnett et al.,2003)

K 井未包括在相关计算中

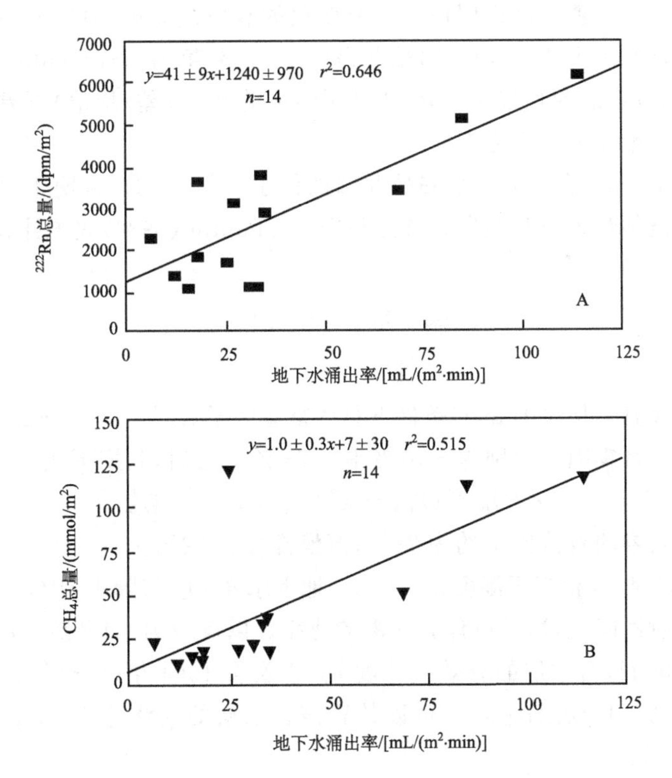

图 12-23 墨西哥湾^{222}Rn 与地下水涌出的关系

(Cable et al.,1996;Taniguchi et al.,2003)

第四节 同位素在地下水中的应用

一、地下水入渗机理

地下水的入渗机制在湿润、干旱地带存在差异。在湿润地区雨强及变幅往往较小，产流时往往表现为蓄满状态；而干旱与半干旱地区，降雨一般历时较短，雨强及变幅较大，产流时往往表现为超渗状态。同时由于蒸发强弱的差异，前者蒸发较弱，从非饱和带的土壤水至饱和带的地下水，季节差异越往深层，衰弱得越明显（Darling and Bath，1988；Eichinger et al.，1984）；而后者蒸发强烈，地下水的同位素一般是受强烈蒸发影响的土壤水与雨水混合的产物（Allison et al.，1984）。

Eichinger 等（1984）给出了同位素季节差异随深度衰弱的实例（图 12-24）。在研究慕尼黑附近非饱和第四纪砾石层入渗速度中，他们发现在 9m 深度处，降雨的同位素季节变化振幅减少至 10％以内；在加拿大碳酸盐含水层或冰积物中，降雨的同位素季节变化在地下水位之上已大部分被衰减掉，浅层地下水的值已接近年平均雨水的同位素值。降雨同位素季节变化的衰减是非饱和区物理特征、流长及赋存的函数，Clark 和 Fritz（1997）据此提出了“临界值（critical depth）”的概念。在临界值处，同位素的变化应小于 $\delta^{18}O$ 分析精度的 2s（方差/均值）误差（图 12-25）。这个临界值一般在地下水之下。

Clark 和 Fritz 给出了一个安曼北部的例子（图 12-26），说明干旱条件下如何利用同位素值估算入渗与蒸发。首先利用 Gonfiantini（1986）式子计算已知湿度下动力学富集因子：

$$\Delta\varepsilon^{18}O_{bl-v} = -7.1‰$$

$$\Delta\varepsilon^{18}H_{bl-v} = -6.3‰$$

从而可计算年均气温 30℃条件下总的富集因子 $\varepsilon_{total} = \varepsilon_{v-1} + \Delta\varepsilon_{O\,v-bl}$，氢氧同位素相应的总富集因子分别为－16 ‰和－78 ‰。之后，利用下式：

$$\delta^{18}O_{gw}\delta^{18}O_{prec} = \varepsilon^{18}O_{total} \cdot \ln f = 4‰$$

可算出用于入渗的百分比 f 约为 78％，蒸发部分为 22％。

蒸发斜率 4.5，相当于湿度 $h = 0.5$。地下水 $\delta^{18}O_{gw}$ 与降水 $\delta^{18}O_{prec}$ 的差为 4‰。结合利用放射性同位素，可以计算入渗的速率。以氚为例，如果知道热核氚在含水层中渗透深度 H，含水层的有效空隙度 n_f，以及自 1954 年（因热核试验导致该年雨水中氚急剧上升）后的时间 t，可以估算该含水层的入渗速率（Kendall and McDonnell，1998）：

$$R = \frac{n_f H}{t}$$

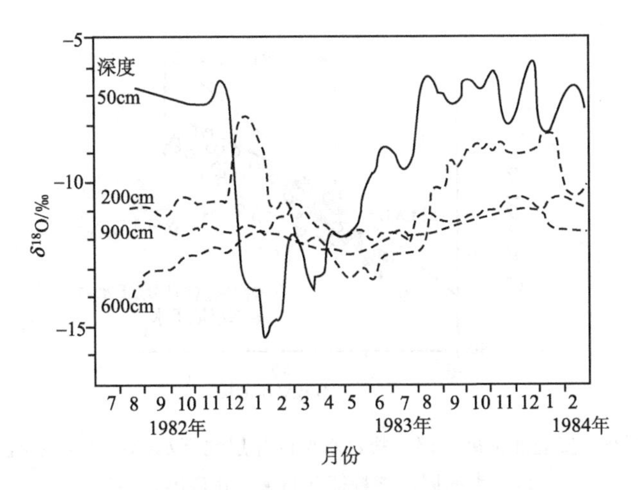

图 12-24　慕尼黑附近第四纪砾层不同深度 $\delta^{18}O$ 季节差异的衰减(Eichinger et al. ,1984)

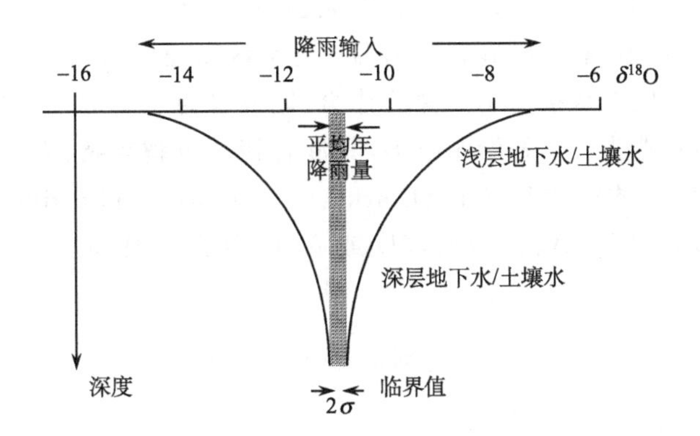

图 12-25　非饱和区入渗与饱和区中水分流动过程,同位素($\delta^{18}O$ 和 δD)季节变化衰减的示意图(Clark and Fritz,1997)

二、地下水补给来源

由于大气降水受纬度、高度、温度、大陆效应等影响而出现同位素的分异,不同地区的蒸发、凝结条件不同,即使是同一地区,同位素也存在季节差异或因气候变化导致不同时代同位素的差异。根据这些差异,可以判别地下水的不同补给来源。例如,山西煤田地质队与中科院地质所在利用氢氧同位素对山西西山岩溶水的研究中,发现岩溶水的 $\delta D \sim \delta^{18}O$ 线是岩溶古水与地表水(汾河水),石炭、二叠系浅层水的混合线。这条直线的两个端点分别为汾河河水及西山岩溶古水的值,而接受

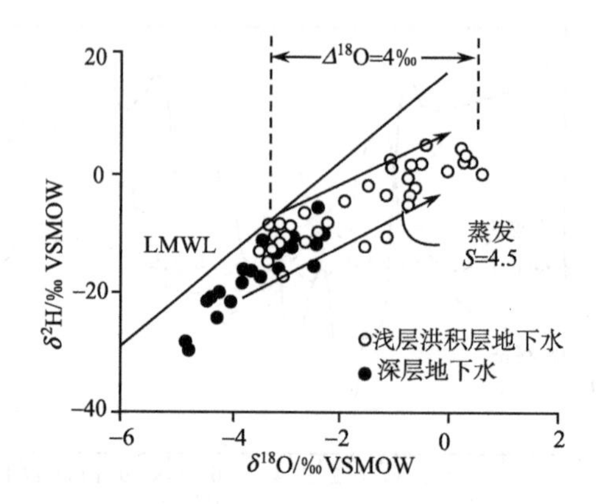

图 12-26　安曼北部破碎碳酸盐含水层的深层地下水(实心)与浅层洪积层地下水的同位素特征(Clark and Fritz,1997)

近代地表水及浅层水补给的西山混合岩溶水样点,则分布于两端点之间(钱雅倩、郭吉保,2002;王东升、徐乃安,1993)。卫克勤等(1986)利用高度效应导致的同位素分异并结合自然地理条件判断,庐山温泉补给区高程为1000～1100m。

如上所述,如地下水接受不同源的补给,地下水的 $\delta D \sim \delta^{18}O$ 线往往表现出混合的特征,线的两端为源。补给源越多,其混合特征也越复杂,需要别的水质或温度等物理化学特征才能进行辨识(Clark and Fritz,1997;Carrillo-Rivera et al.,1992)。简单以两水源 A、B 为例,δD 或 $\delta^{18}O$ 随混合比率变化可以线性来表示(图 12-27):

$$\delta_{gw} = \alpha\delta_A + (1-\alpha)\delta_B$$

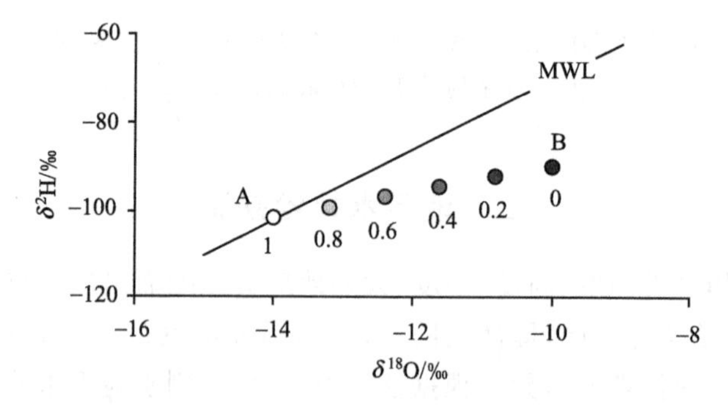

图 12-27　水源 A 和 B 混合过程中同位素随不同混合比率的变化示意图(Clark and Fritz,1997)

式中，α 为混合水中水源 A 所占的比率；δ_{gw}、δ_A、δ_B 分别为混合水样、水源 A、水源 B 的同位素值。

三、地下水测龄

由于天然降水中稳定同位素受温度影响出现季节性的周期变化，此变化经非饱和带与饱和带的衰减，与地下水中周期变化存在一定位相、振幅的差异。利用此差异，可估算含水层的水的平均滞留时间（Burgman et al.，1987；Stichler，1980）。尽管如此，地下水年龄的测定一般根据反射性同位素的衰变原理，由所测的浓度推求时间。目前，常用于推求地下水年龄的反射性同位素有^{3}H、^{14}C、^{36}Cl、^{85}Kr、^{39}Ar等。由于半衰期长短不一，不同同位素的适用范围有别。氚的半衰期仅为 12.43 年，一般适用于 50 年以内年龄的测定；而^{14}C 的半衰期为 5730 年，且分析精度为 1pmc（国际标准“现代碳”的百分比），因此能用于测定 2 万～3 万年的年龄。因而，氚较适合于浅层地下水的测龄，而半衰期长的^{14}C 则适合于深层地下水的测龄。下面主要以氚同位素说明地下水测龄的基本原理。

地下水氚的基本来源为大气降水。自 1952 年热核试验以来，大气降水中的氚急剧上升，至 1963 年左右达最大值。之后逐步衰减，目前已大致恢复到试验前的 10TU 水平。渥太华、东京等有大气降水氚的长期的测定记录（Clark and Fritz，1997；宋献方等，2002）（图 12-28），这些记录是测龄的基础。如果降雨入渗是一个简单的封闭系统，即入渗之后没有后续氚的输入，则利用衰变式子可直接计算年龄。而实际上，由于氚的输入是一个变化过程，某一含水层中氚的浓度是不同时段的混合，利用衰变式子往往无法直接计算地下水年龄。

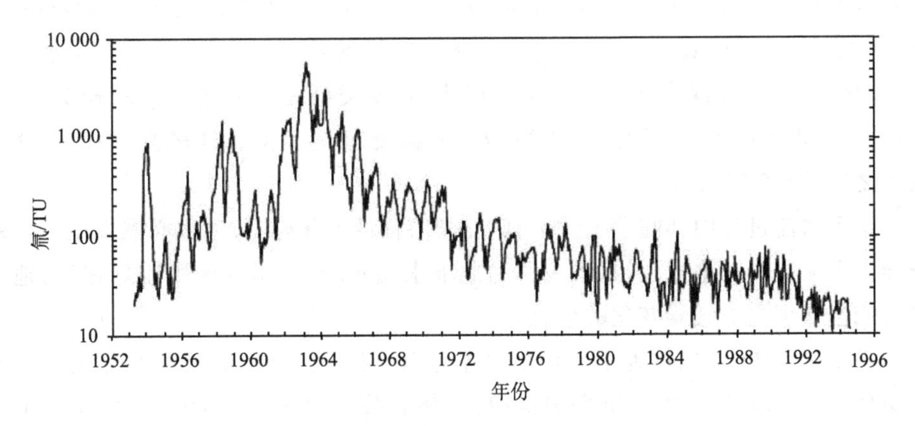

图 12-28　加拿大渥太华大气降水中氚的多年变化曲线（Clark and Fritz，1997）

借助地下水中氦(He)的测定值及它与氚的关系,地下水的年龄可由下式可得

$$^{3}H_{t}={}^{3}H_{0}\mathrm{e}^{-\lambda t}$$

$$^{3}He_{t}={}^{3}H_{0}(1-\mathrm{e}^{-\lambda t})$$

式中,H_0、H_t 分别为初始和 t 时刻的氚浓度;λ 为衰变系数;$\mathrm{H_{e_t}}$ 为 t 时刻氦的浓度。

上面两式联立可得

$$^{3}He_{t}={}^{3}H_{t}(\mathrm{e}^{-\lambda t}-1)$$

因而,若已知地下水中氚、氦的浓度,可由下式计算得到年龄:

$$t=17.93x\ln\left[\frac{^{3}He_{t}}{^{3}H_{t}}+1\right]$$

地下水中氦的浓度需要大气校正。

地下水中放射性同位素的混合问题复杂。在恒定厚度 H 和透水率均一的含水层条件下,地下水年龄随水面下深度 x 的分布可由下式表示(Vogel,1967):

$$t=\frac{nH}{W}\ln\left(\frac{H}{H-x}\right)$$

式中,W 为入渗率;n 为孔隙度。

据此,若已知降水氚的多年过程,利用上面式子即可计算不同入渗率下各深度氚的浓度。

四、地下水流系统

Toth(1999)给出了局地(local)与区域(regional)地下水流系统的基本概念,以及水流系统中入流区(recharge region)、中间区(throghflow 或 intermediate region)、出流区(discharge region)物理与化学特征的差异。入流区:垂直向水头向下,氧化环境,同等深度下温度比出流区小,水质类型为碳酸盐型,pH 较低;出流区:垂直向水头向上,还原环境,水质类型为硫酸-氯离子型,pH 较高;中间区介于两者之间(图12-29)。

地下水流过程中伴随着上述物理、化学特征的变化,同位素也必然发生一定的分异。入流区一般水流较快,含水层的地下水相对较新;出流区则刚好相反,地下水可能包含历史上气候变化的信息。

Chen 等(2004)依据地下水流的基本原理,分析了华北平原地下水流各区的水质变化(表 12-6)。黄河下游引黄灌区,尽管位于出流区内,由于受 30 余年引黄影响,浅层地下水质与其他出流有一定差异(图 12-30)。3 个区中、下层地下水的同位素值均比上层为小,反映了深层地下水的形成环境比浅层可能更为寒冷,雨量更加充沛。在同样地区的研究中,Shimada等依据^{14}C的衰减计算出地

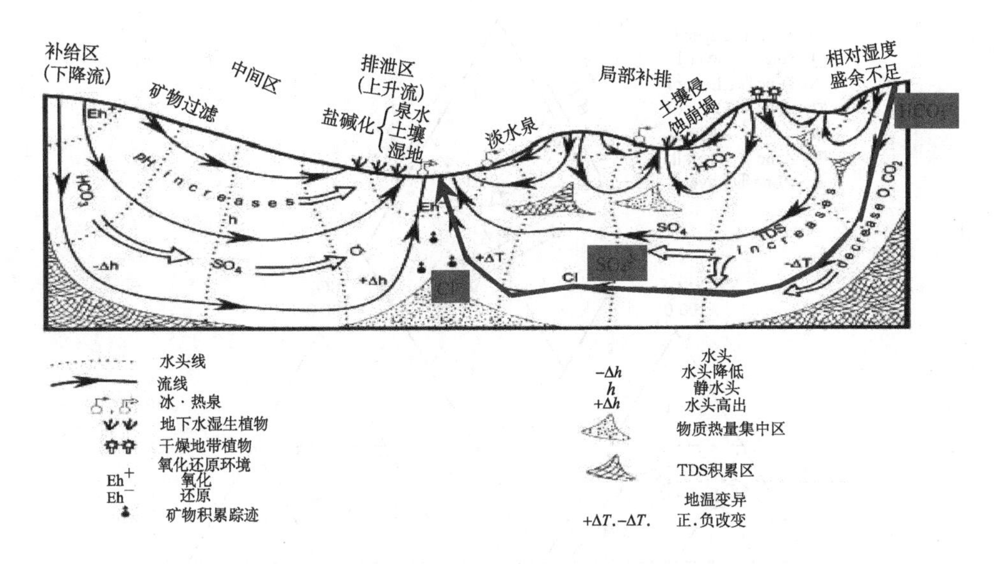

图 12-29　地下水流系统的基本概念及其流程中物理、化学特征的变化(Toth,1999)

表 12-6　华北平原不同地下水流区的主要水化学特征与同位素特征

Zone	Layer	pH	EC/(mS/m)	SiO_2/(mg/L)	HCO_3^-/(mg/L)	$\delta^{18}O$/‰	δD/‰
Zone Ⅰ	Ⅰ	7.6	78.4	16.6	318	−8.28	−69.6
	Ⅱ	7.9	56.4	13.2	279	−8.51	−67.76
Zone Ⅱ	Ⅰ	7.5	160	10.9	447	−8.31	−64.5
	Ⅱ	8.1	89	8.86	238.5	−10.32	−79.6
Zone Ⅲ$_1$	Ⅰ	7.5	314	8.29	554	−8.38	−65.3
	Ⅱ	8.2	181	9.25	481	−9.9	−77.2
Zone Ⅲ$_2$	Ⅰ	7.7	216	9.54	650	−8.44	−64.11

资料来源:Chen et al.,2004。

下水的 libby 年代,并点汇出^{14}C 年龄与 δ^{18}O 的关系(图 12-31)。由图可以得知,入渗区的 δ^{18}O 与现代降水−8 ‰相近,而东部出流区深层地下水的 δ^{18}O 平均约为−10‰、^{14}C 年龄介于 2 万～3 万年。根据 Rozanski(1985)的研究成果:温度每下降 1℃,δ^{18}O 减少−0.5‰,则可大致推断出深层地下水的形成环境比现在低 4℃。

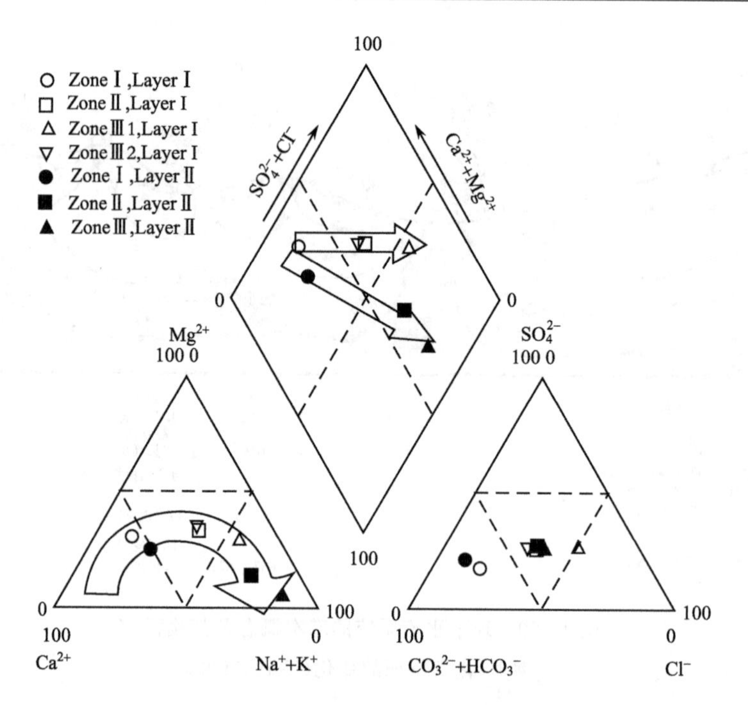

图 12-30 华北平原地下水流系统中各区的水质变化(Chen et al.,2004)
Zone Ⅰ、Ⅱ、Ⅲ分别表示入流区、中间区和出流区,Ⅲ中的下标 1、2 分别表示无、有黄河引水的影响区;Layer Ⅰ、Ⅱ表示上层、下层地下水,界限为 100～150m 深

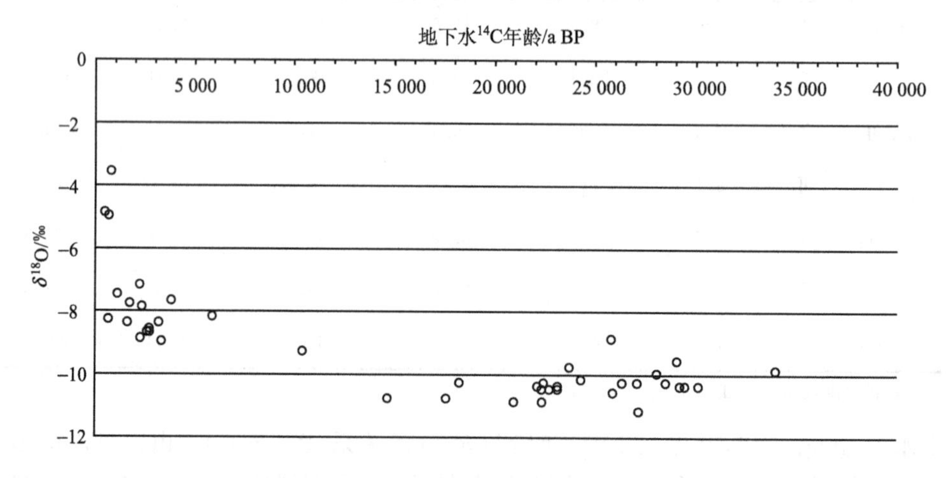

图 12-31 华北平原地下水^{14}C 年龄与 δ^{18}O 的关系(Shimada et al.,2002)
BP,即 before present,表示从 1950 年起以前的放射性碳年龄,采用威拉得利比(Willard Libby)提出的碳定年系法度量

区及分层代码意义见图 12-30 说明。

第五节　同位素在物质转化与环境变迁中的应用

一、物质转化

同位素在物质转化中应用的基础主要是转化过程中的同位素分异及不同物质均有其特定的存在区间(Rundel et al.,1989;Clark and Fritz,1997)。以食物链为例,物质在从植物至植物性动物再至肉食性动物转化中,$\delta^{13}C$ 每一步约增加 0‰~1‰,$\delta^{15}N$ 约增加 3‰~5‰(图 12-32)。

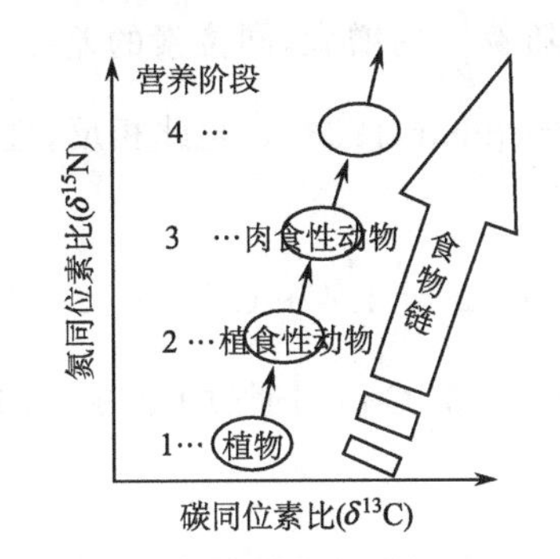

图 12-32　食物链中 $\delta^{13}C$ 与 $\delta^{15}N$ 的演化示意图(Yoshioka)

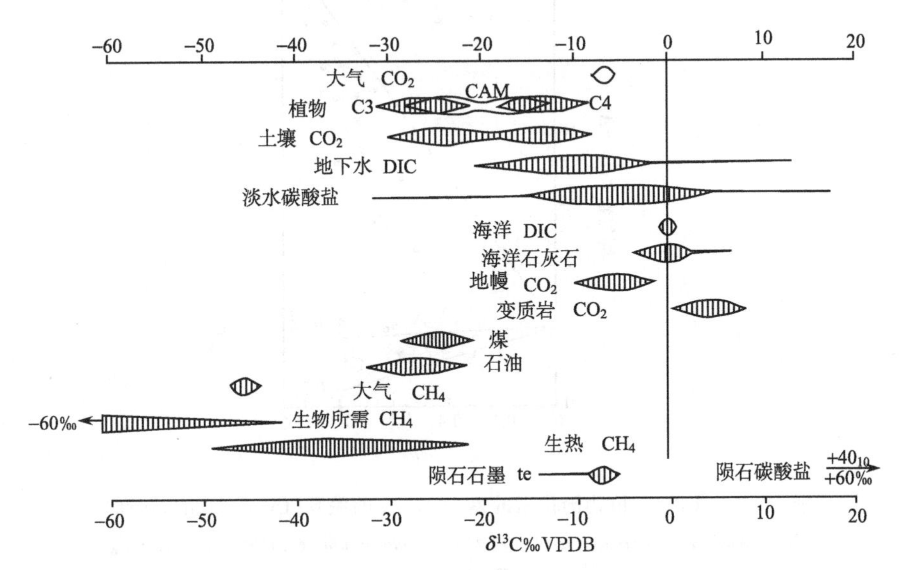

图 12-33　自然界不同实体中 $\delta^{13}C$ 的存在范围(Clark and Fritz, 1997)

本小节主要从^{13}C的角度论述同位素在碳3(C3)、碳4(C4)及景天科植物(crassulacean acid metabolism，CAM)中物质转化中的应用，自然界不同实体$\delta^{13}C$的存在范围见图12-33。自然界中的主要作物为C3类型，如小麦、大麦、黑麦等；C4类型主要有甘蔗、玉米、高粱等。在C4植物中，仅在CO_2的扩散过程才出现同位素分馏。据此，根据经验式子，如已知大气中CO_2中$\delta^{13}C$的值，可以推断C4植物$\delta^{13}C$的值。SPAC系统的水分条件影响到植物气孔的开度，从而影响到气孔内外CO_2的分压比(p_i/p_a，p_i为细胞间隙间CO_2的压力，p_a为大气中CO_2的压力)。尽管如此，C4植物$\delta^{13}C$的值基本上没有发生变化。当从维管束鞘细胞至大气的渗漏系数φ大于0.37时，随着$\frac{p_i}{p_a}$的增大，同位素的差(Δ，discrimination，近似于富集因子)为正(图12-34)(Farquhar，1983)。与此相反，理论上，C3植物同位素的差与p_i/p_a有如下关系：

$$10^3 x\Delta = 4.4 + (27 - 4.4)\frac{p_i}{p_a}$$

CAM植物$\delta^{13}C$值的变化较大，$\delta^{13}C$值与通过C3或C4回路固定碳量的比率和环境水分条件关系密切。

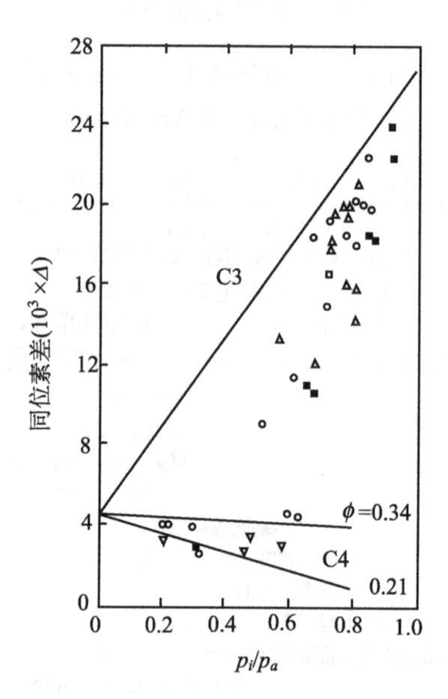

图12-34　C3、C4植物同位素的差与p_i/p_a的关系(Evans et al.，1986)

注○：*Xanthium strumarium*、△：*Triticum monococcum*、▲：*Triticum aestivum*、□：*Phaseolus vulgaris*、■：*Gossypium hirsutum* 为C3植物、▽：*Zea mays* 为C4植物

结合水分消耗，同位素可用来辨识作物的水分利用效率 W。此处水分利用效率 W 被定义为相对于水分消耗或蒸散 E 与碳同化量 A 的比值，即 $W=A/E$，可以表示为(Farquhar and Richards，1984)

$$W=\frac{A}{E}=\frac{(1-\phi)p_a\left(1-\frac{p_i}{p_a}\right)}{1.6v}$$

式中，ϕ 为因夜间呼吸而消耗的有机碳的比率；1.6 为大气中水蒸气与 CO_2 的扩散率；v 为叶面内外水气压的饱和差。

叶面气孔的开闭影响到水分利用效率，也影响到细胞间隙中 CO_2 的浓度。对于 C3 植物来说，气孔开得越大(即 $\frac{p_i}{p_a}$ 越大)，同位素分馏也越大，水分利用效率也因而下降。而对 C4 植物来说，同位素分馏几乎不随开闭度变化而变。此外，$\frac{p_i}{p_a}$ 值 C3 植物为小。由此可知，C4 植物比 C3 植物的水分利用效率高，比较耐干旱。

二、污染物质来源的判断

同位素在污染物质来源判断中的应用是上小节物质转化的一个特例。当某一物质的浓度累积到一定阈值，影响到人类的健康时，这种物质即被作为污染物质处理。一般而言，污染物质大多来源于人类的生产、生活活动。本小节主要以地下水的硝酸污染来说明同位素的实际应用。

自然界中影响氮同位素 ^{15}N 的主要过程如图 12-35 所示。利用 $\delta^{15}N$ 及其他同位素，如 $\delta^{15}O$，可以界定氮的不同起源及其转化过程(图 12-36)。地下水中硝酸 ^{15}N 的分馏富集主要与脱氮(denitrification)和混合有关。随着硝酸浓度的减少，混合与脱氮均可能使 $\delta^{15}N$ 值增加，只不过两者的线型有别(Mariotti et al.，1988)。脱氮过程中，硝酸被还原成 N_2O、N_2 气体。在此氧化还原反应中，氧化剂及参与的微生物不同反应过程其产物有异：

溶解有机碳 DOC：$NO_3^- + \frac{5}{4}CH_2O \longrightarrow \frac{1}{2}N_2 + \frac{5}{4}HCO_3^- + \frac{1}{4}H^+ + \frac{1}{2}H_2O$

氧化亚铁：$5FeS_2 + 14NO_3^- + 4H^+ = 7N_2 + 10SO_4^{2-} + 5Fe^{2+} + 2H_2O$

由于过量施用化肥及城市近郊大面积的污水灌溉，华北平原出现较为严重的地下水硝酸污染，入渗区有相当多的地下水的硝酸浓度大于 45mg/L 的 WHO 标准。地下水流系统中不同区硝酸浓度垂直变化的模式不同，入渗区、城市近郊菜地较为严重，污染深度已分别达 30～50m 及 70～80m；引黄灌溉区硝酸浓度较高，但仅出现在不大于 10m 深的浅层，不同来源硝酸 $\delta^{15}N$ 值见图 12-37；其他两个区硝酸污染不明显(Chen et al.，2005)。为判别硝酸出现的年代，特地分析了入渗区水样的氚值。硝酸浓度与氚的关系如图 12-38 所示。硝酸的出现与 10^{-35} TU 的氚相

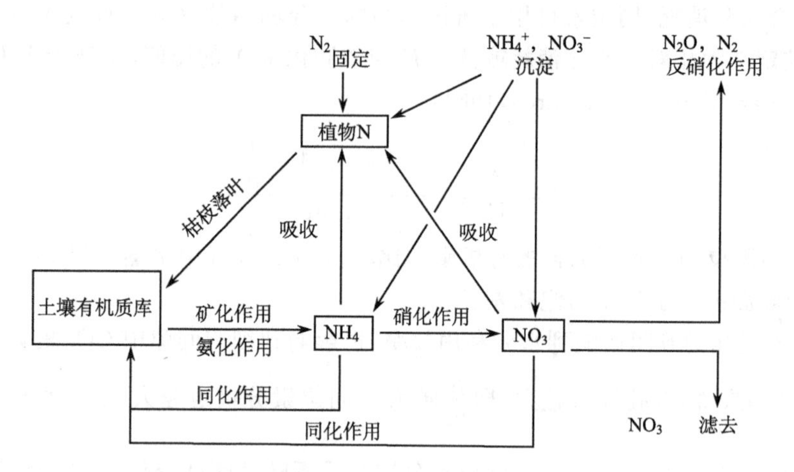

图 12-35　氮转化及影响^{15}N过程的示意图(Kendall and McDonnell, 1998; Böttcher et al., 1990; Korom, 1992; Clark and Fritz, 1997)

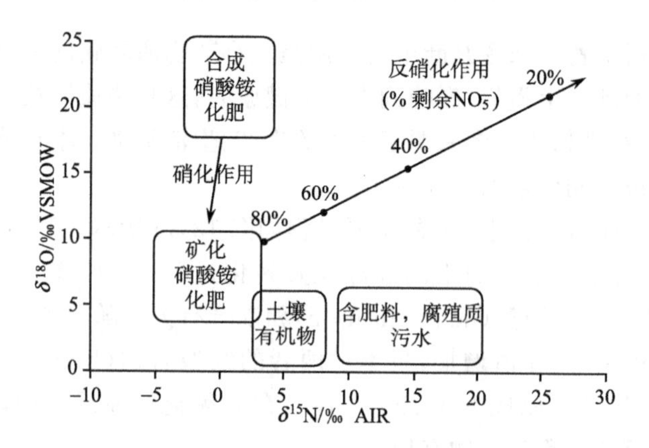

图 12-36　不同氮起源的δ^{15}N、δ^{15}O的大致范围及其脱氮过程相应同位素的变化(Clark and Fritz, 1997)

对应，相当于30～50年的地下水年龄。

三、环境变迁中的应用

同位素在环境变迁中有多方面的应用，如利用树木年轮中碳、氢、氧同位素研究古气候的变化；利用冰芯中的氢、氧同位素研究全球气候变化等(钱雅倩、郭吉保，2002)。在地下水流系统小节中，谈过华北平原的环境变化。这种变化在地下水同位素垂直剖面上也能反映出来。如图 12-39 所示，100～150m 以内上层水的

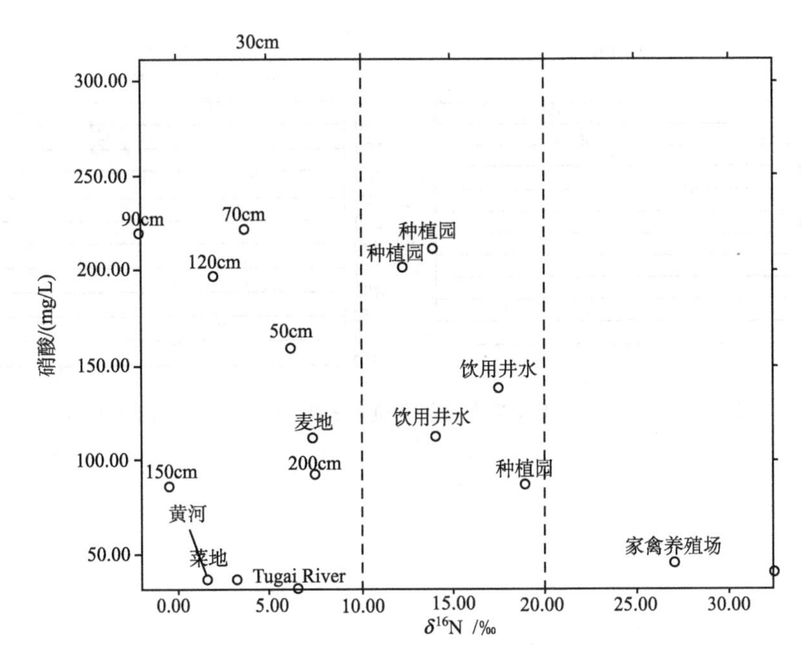

图 12-37　黄河下游禹城地区不同来源硝酸的 $\delta^{15}N$ 值(Chen et al. ,2003)

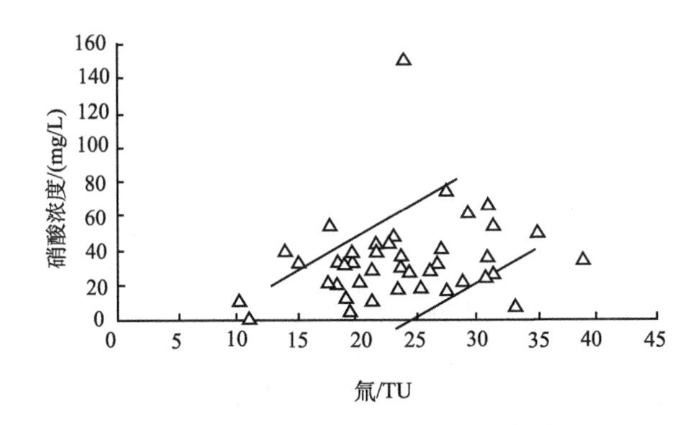

图 12-38　华北平原入渗区硝酸浓度与氚的关系

同位素值较大，且波动范围较大，反映的是现代气候特征和人类活动的影响。特别是近 20～30 年，大量地下水被开采用于生活与灌溉，在导致地下水位连年下降的同时，上层含水层也不断接受回归水的混合，但下层地下水的同位素较为稳定，大致为 −10‰(Chen et al.， 2004)。结合 ^{14}C 测龄研究，可大致判断上层地下水较新，一般小于 1 万年，下层为古水(Zhang et al. ,2000)。

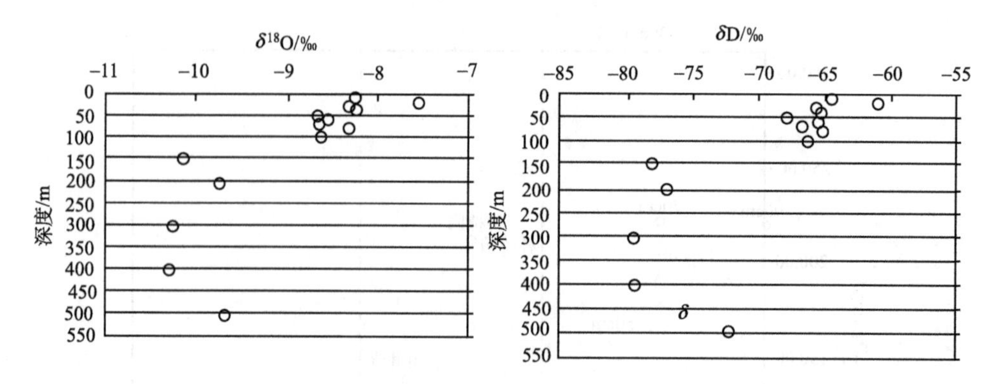

图 12-39　华北平原不同深度氢氧同位素的平均值(Chen et al.，2004)

第十三章　新方法在环境水文中的应用

第一节　人工神经网络在水环境系统中的应用

一、人工神经网络简述

现代神经生理学和神经解剖学的研究结果表明，人脑是极其复杂的，由约 10^{10} 个神经元交织在一起，构成一个网状结构。它能完成诸如智能、思维、情绪等高级神经活动，被认为是最复杂、最完美、最有效的一种信息处理系统。人工神经网络(artificial neural networks，ANN)是对人脑若干基本特性通过数学方法进行的抽象和模拟，是一种模仿人脑结构及其功能的非线性处理系统。

(一)人工神经网络的基本模型

根据神经网络的拓扑结构和信息流在其中的传递方式，人工神经网络可以大致分为前馈网络、反馈网络和混合网络 3 种形式。本章对目前应用较为广泛的前馈网络的结构做简单介绍，后两种网络形式不再详述。前馈网络的信息流由输入层逐级向下层传递，没有反馈信息流，经网络处理后由输出层输出。单层前馈网络是最简单的前馈式网络，如图 13-1 所示。对于多层前馈网络，输入、输出神经元与外界发生联系，直接感受外部环境的刺激；而中间层与外界无直接联系，所以称为隐层。图 13-2 为多层前馈网络的拓扑结构示意图。

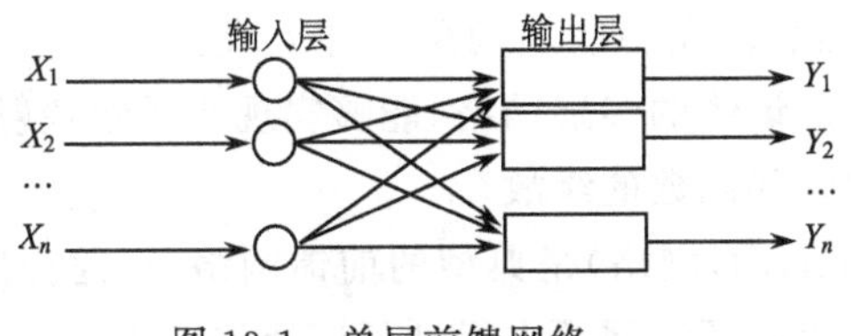

图 13-1　单层前馈网络

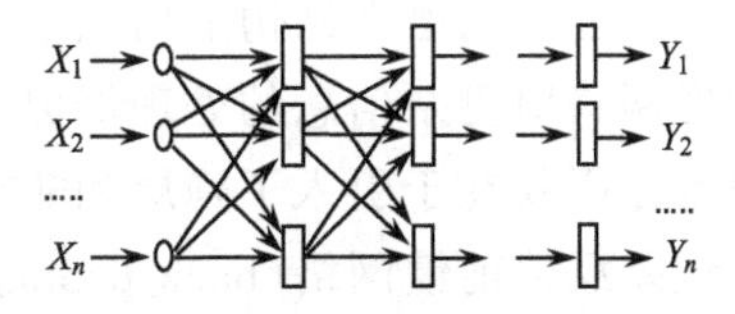

图 13-2　多层前馈网络拓扑结构

这里，以单层前馈网络为例，描述人工神经网络对信息流的处理过程。可以看到，输入层的任一个神经元 $i(i=1,2,\cdots,n)$ 借助扇形连接方式同下一层的所有神经元建立起联系，对于输出层上的任一神经元 j 来说，其所得到的输入信号的累积效果即上述的加权和 net_j。

以 X 表示网络输入向量则

$$X=(x_1,x_2,\cdots,x_n)$$

$$net_j = X \cdot W_j = [x_1\ x_2\ \cdots\ x_n]\begin{bmatrix} w_{1j} \\ w_{2j} \\ \vdots \\ w_{nj} \end{bmatrix} = \sum_{i=1}^{n} x_i w_{ij}$$

式中，神经元节点的连接权重表示为权重矩阵 W，权重矩阵的行数等于输出神经元节点数 m，列数等于输入神经元结点数 n。W 的 j 行是神经元节点 j 的权重向量 W_j，而任意矩阵元素 W_{ij} 则是输入层(或泛指上游层)的第 i 神经元到输出层的第 j 神经元中权重。如果扩充向量 W_j 为矩阵 W，即 $W=[W_1,\cdots,W_i,\cdots,W_m]$，就可以将输出层全部神经元的网络输入以向量 $NET=(net_1,\cdots,net_m)$ 的形式集中表现为一个矩阵方程式，即

$$NET = [net_1, \cdots, net_j, \cdots, net_m] = XW$$

$$= [x_1\ x_2 \cdots x_i\ \cdots\ x_n] \cdot \begin{bmatrix} W_{11} & W_{12} & \cdots & W_{1j} & \cdots & W_{1m} \\ \cdots & \cdots & \cdots & \cdots & \cdots & \cdots \\ W_{i1} & W_{i2} & \cdots & W_{ij} & \cdots & W_{im} \\ \cdots & \cdots & \cdots & \cdots & \cdots & \cdots \\ W_{n1} & W_{n2} & \cdots & W_{nj} & \cdots & W_{nm} \end{bmatrix}$$

若将各输出层神经元的激活函数 $f(net_j)$ 再扩充为向量 $F(NET)=[f(net_1),\cdots,f(net_2),\cdots,f(net_m)]$来表示，则网络计算结果的输出也可以写为向量形式，即

$$Y = [Y_1, \cdots, Y_j, \cdots, Y_m] = F(NET) = [f(net_1), \cdots, f(net_2), \cdots, f(net_m)]$$

以上表述了信息流在前馈网络中正向传递的过程。

多层前馈网络在结构上增加了多个隐层，在功能上隐层的加入大大提高了人工神经网络对复杂信息的处理能力。经过训练的多层网络，能够实现非线性映射，其根本原因就在于引入了隐层和非线性转移函数的缘故。

误差反传前馈网络(back propagation，BP 网络)是典型的前馈网络，目前应用最为广泛，在水质预测、水环境质量评价等水环境问题中得到了广泛的应用。

(二) 人工神经网络特点

人工神经网络在模式识别、图像处理、自动控制等领域均取得了令人瞩目的成绩，主要得益于它们独特的特性，其优良特性可主要归纳为如下几点：

1) 高度的并行性。人工神经网络由众多相同的简单处理单元并联组合而成，尽管每个处理单元的功能简单，但大量简单处理单元的并行活动，却使整个网络具有了惊人的信息处理能力。

2）高度的非线性映射能力。人工神经网络各神经元的映射特征是非线性的，有些网络的单元间采用复杂的非线性连接。因此，人工神经网络是一个大规模的非线性动力系统，具有很强的非线性处理能力。

3）高度的自适应、自学习功能。人工神经网络可以通过训练和学习来获得网络的权值，具有很强的自学能力和对环境的自适应能力。

4）具有较强的鲁棒性和容错能力。由于信息的分布存储和集体协作计算，每个信息处理单元既包含对集体的贡献又无法决定网络的整体状态，因此，局部神经网络的故障并不影响整体神经网络输出的正确性。

二、人工神经网络在水环境中的应用

当前，人工神经网络方法主要应用于有机有毒化合物毒性的分类及定量预测，包括对不同污染生物降解性能的预测、单要素环境质量评价、环境质量综合评价、环境预测、环境综合决策等方面。这里主要谈谈人工神经网络在水环境质量评价中的研究成果。

社会经济的不断发展，使得人们的生活水平不断得到提高，然而也带来了生态环境的不断恶化、自然灾害、资源耗竭等问题，这些问题归根结底都是人与环境和谐相处的自然平衡遭到破坏，为了改变目前人与环境不和谐的状态，使人类生存环境不断得到改善，有必要对环境状况进行预测评价。

由于影响水质的因素较多，目前用物理方法进行水质评价存在一些困难。20世纪70年代我国使用的是综合污染指标法的“硬性分级划分”，目前使用的是灰色和模糊系统，如灰色集类法、模糊综合评判法等。30余年来在评价原理的科学性和实际评价结论的合理性等方面都有了长足的发展。然而，灰色系统和模糊系统两大类方法都仍然存在一些缺陷，如都需要设计若干不同的效用函数（灰色系统的白化函数，模糊数学的隶属函数等）以及人为地给定各评价指标的权重（或权函数）等。这些效用函数和指标权重的给定往往因人而异，造成评价模式难以通用，而且增加了应用的困难和人为臆断因素对结论的影响。事实上，在评价指标确定后，水质评价的过程是把这些指标的监测值与标准值进行比较和分析，在此基础上判断其与哪一级分类标准更接近。因此，水质综合评价属于模式识别问题。人工神经网络在模式识别中应用广泛，对处理水质评价这类非线性关系较为复杂的问题是有效的。

利用人工神经网络模型进行水质评价首先确定输入层、隐含层、输出层各层神经元个数。一般而言，输入层神经元数目即指标监测值数目，输出层神经元数目根据水质评价对水质标准等级的划分而确定，一般输出层神经元数目等于水质标准等级数，隐含层神经元数一般要通过试算法确定。确定各层神经元数目后，再确定激励函数的形式，一般而言也是通过试算来确定。完成上述步骤后，通过训练样本的学习，就可以输入实测的待评价样本资料得到有关评价结论信息，从而根据一定规则做出有关评价结论的判断。

人工神经网络除在水环境问题中应用外，在水科学的其他方面应用也十分广泛。例如，应用人工神经网络技术进行降雨径流预报；利用 BP 网络对拱坝坝型进行优化；基于自学习功能的智能专家系统等。这些研究为水利科学的发展做出了贡献。

第二节　遗传算法在模型参数优选中的应用

一、概　　述

实践中常常遇到优化问题，由于优化问题所涉及的影响因素很多，解空间也较大，而且，解空间中参变量与目标值之间的关系又非常复杂，所以，在复杂系统中寻求最优解一直是人们努力解决的重要问题之一。有时，可以采用随机抽取定义域中几组参变量的办法来搜索最优解，其基本思路是对随机得到的有效解进行分析与比较，最后获得近似最优解。这种搜索对于小空间，简单的穷举法就可以完成；但对于较大的搜索空间，则需要使用特殊的优化技术。遗传算法就是一种较有效的搜索技术。

遗传算法(genetic algorithms)是模拟生物界的遗传和进化过程而建立起来的一种搜索算法，体现着“生存竞争、优胜劣汰、适者生存”的竞争机制。

遗传算法的基本思想是从一组随机产生的初始解，即“种群”，开始进行搜索，种群中的每一个个体，即问题的一个解，称为“染色体”；遗传算法通过染色体的“适应值”来评价染色体的好坏，适应值大的染色体被选择的几率高，反之，适应值小的染色体被选择的可能性小，被选择的染色体进入下一代；下一代中的染色体通过交叉和变异等遗传操作，产生新的染色体，即“后代”；经过若干代之后，算法收敛于最好的染色体，该染色体就是问题的最优解或近似解。

遗传算法的运行过程可用如下步骤进行表述：

1）随机产生初始种群；

2）以适应度函数对染色体进行评价；

3）选择高适应值的染色体进入下一代；

4）通过遗传、变异操作产生新的染色体；

5）不断重复第 2)～4)步，直到预定的进化代数。

遗传算法可以归纳为两种运算过程：遗传运算(交叉与变异)与进化运算(选择)。遗传运算模拟了基因在每一代中产生后代的繁殖过程，进化运算是通过竞争不断更新种群的过程。

经典遗传算法与传统优化计算方法相比，其主要特点归纳如下几点：

1）遗传算法是对解集的编码进行计算，而不是对解集本身进行运算；

2）遗传算法的搜索始于解的一个种群，而不是某些单个解；

3）遗传算法只用适应度函数来评价解的优劣；

4）遗传算法采用的是概率搜索，而不是路径搜索。

遗传算法具有以下优点：

1）广泛的适用性。遗传算法是模拟生物界而构造的一种自然算法，以概率选择为主要手段，不涉及复杂的数学知识，亦不关心问题本身的内在规律。因此，遗传算法可以处理任意复杂的目标函数和约束条件。

2）全局优化。由于遗传算法不采用路径搜索，而采用概率搜索，所以是概率意义上的全局搜索。因此，解决的问题无论是否为凸性，理论上都能获得最优解，避免落入局部极小点。

二、遗传算法运行步骤

1. 模型参数的编码

设编码长度为 L，把模型每个参数变化区间等分成 2^{L-1} 个子区间，于是模型参数变化空间被离散成 $(2^L)^p$ 个参数网格点，GA 中称每个网格点为个体，它对应模型 p 个参数的一种可能取值状态，可用 p 个 L 位二进制数表示，通过编码，模型 p 个参数、网格点、个体、p 个二进制数一一对应。GA 的直接操作对象是这些二进制数。

2. 初始父代的生成

从上述 $(2^L)^p$ 个网格点中均匀随机选取 n 个点作为初始父代。

3. 父代个体的适应能力评价

把第 i 个个体带入优化准则函数（目标函数）中，得到相应的优化准则函数值 Q_i，Q_i 越小，则该个体的适应能力越强。

4. 父代个体的选择

把已有父代个体按优化准则函数值从小到大排序，称排序后最前面几个个体为优秀个体。构造与优化准则函数 Q_i 成反比的函数 p_i，且满足 $p_i>0$ 和 $p_1+p_2+\cdots+p_n=1$。从这些父代个体中以概率 p_i 选择第 i 个个体，这样共选择两组各 n 个个体。

5. 父代个体的杂交

前面得到的两组个体随机两两配对成 n 对双亲。将每个双亲的二进制数的任意一段值互换，得到两组子代个体。

6. 子代个体的变异

任取前面一组子代个体，将其二进制数的随机两代值依某概率（即变异率）进行翻转（原值为 0 的变为 1，反之变为 0）。

7. 进化迭代

由前面得到的 n 个子代个体作为新的父代，算法转入步骤 3 父代个体的适应能力评价，进入下一代净化过程，重新评价、选择、杂交和变异，如此循环往复，优秀个体将逼近最优点。

三、遗传算法在水问题模型参数优选中的应用①

在水问题研究过程中，会遇到很多需要通过建立模型来解决的问题，而在模型建立过程中，参数估计又是核心工作之一。水问题中的模型只有给其参数赋予准确的值后才能显示其实用价值。对在水环境、流域水文模型等非线性模型参数而言，传统的非线性优化方法不仅操作复杂、通用性差，求得的往往是局部最优解，而且无法考虑模型实际计算中的种种特殊要求。遗传算法（genetic algorithm，GA）用于处理非线性模型中参数优选等问题十分有效，它对模型是否线性、连续、可微等不作限制，也不受优化变量数目、约束条件的束缚，直接在优化准则函数（目标函数）引导下进行全局自适应寻优。

在实际应用遗传算法进行模型参数优选过程中，针对遗传算法的不足，不同的学者往往对遗传算法进行一些改进，使应用遗传算法进行参数优选效率更高。本书中将就其中的一种改进算法——加速遗传算法（accelerating genetic algorithm，简称 AGA）在水环境模型参数优选中的应用做简要介绍。

设一般非线性环境模型的参数估计问题为

$$\min Q = \sum_{i=1}^{m} \| f(c_1, c_2, \cdots, c_j, \cdots, c_p; x_i) - y_i \|^q \quad a_j \leqslant c_j \leqslant b_j, \qquad j = 1, \cdots, p$$

式中，Q 为优化准则函数（目标函数）；f 为一般非线性环境模型；$\{(x_i, y_i) \mid i = 1 \sim m\}$ 为模型 m 对输入、输出观测数据；$\|\cdot\|$ 表示取范数；c_j 为模型待估计参数（共 p 个）；x 为 N 维模型输入向量；y 为 M 维模型输出向量；q 为实常数，可视实际要求而定。

与传统遗传算法相比，加速遗传算法在加速参数优选循环速度、增强对模型参数变化空间大小变化的适应能力等方面有明显的优势。

加速遗传算法在 Streeter-Phelps 河流水质模型参数估计中的应用实例。

Streeter-Phelps 河流水质模型为

$$c = 10 + \frac{20k_1}{k_1 - k_2}(\mathrm{e}^{-k_1 t} - \mathrm{e}^{-k_2 t}) \tag{13-1}$$

式中，c 为溶解氧浓度（mg/L）；k_1 为耗氧系数（h^{-1}）；k_2 为复氧系数（h^{-1}）；t 为时间（h）。

① 金菊良、张国桃，加速遗传算法及其在环境模型参数估计中的应用，上海环境科学，1998

已知 $C_s=10\text{mg/L}, C_0=C_s, L_0=20\text{mg/L}, U=4\text{km/L}$，河流各断面溶解氧的实测值如表 13-1 所示，试确定 K_1 和 K_2。

表 13-1　河流各断面溶解氧的实测值

项目	河流各断面 x/km			
	0	20	30	50
t/h	2.0	7.0	9.0	14
c/(mg/L)	8.5	7.0	6.1	7.2

解：

$$D_S = Q(K_1,K_2) = \left[10+\frac{20K_1}{K_1-K_2}(e^{-2K_1}-e^{-2K_2})-8.5\right]^2 + \left[10+\frac{20K_1}{K_1-K_2}(e^{-7K_1}-e^{-7K_2})-7.0\right]^2 + \left[10+\frac{20K_1}{K_1-K_2}(e^{-9K_1}-e^{-9K_2})-6.1\right]^2 + \left[10+\frac{20K_1}{K_1-K_2}(e^{-14K_1}-e^{-14K_2})-7.2\right]^2$$

当初值及条件选为

$$K_{10}=0.1, K_{20}=0.4, \delta=0.00001, \rho=5, \omega=0.65, \varepsilon=0.001$$

用最优搜索计算程序计算结果为

$$Q_{\min}=0.491, K_1=0.056h^{-1}, K_2=0.2095h^{-1}$$

根据实际的观测数据 (t_i, c_i)，用加速遗传算法 来估计模型参数 k_1, k_2，使下式优化准则函数极小化：

$$\min Q=\sum_{i=1}^{4}(\bar{c}_i-c_i)^2 \tag{13-2}$$

式中，$\bar{c}_i$ 由 t_i 经(1)求得，计算结果见表 13-2。

表 13-2　用 AGA 估计 Streeter-Phelps 模型参数

加速次数	优秀个体各参数的变化区间				最优化准则函数值 Q_i
	K_1		K_2		
0	0.000 0	0.500 0	0.000 0	0.500 0	
1	0.032 3	0.082 6	0.132 0	0.322 6	0.470
3	0.046 8	0.059 7	0.173 7	0.219 0	0.469
5	0.052 7	0.053 6	0.194 1	0.197 1	0.468
AGA 估计	0.053		0.195		0.468
传统算法	0.056		0.2095		0.491

由表 13-2 可见，由于用传统算法的最优准则函数值 $Q_{min}=0.491$ 大于 AGA 法估计的 $Q_i=0.468$，因此，由 AGA 法估计的参数 K_1，K_2 优于传统算法的结果。

第三节　小波分析在水文水资源中的应用简述

小波分析（wavelets analysis）是近年来迅速发展起来的新兴学科，具有深刻的理论意义和广泛的应用范围。目前小波分析在信号处理、图像压缩、语音编码、模式识别、地震勘探、大气科学以及许多非线性科学领域内取得了大量的研究成果。

随着对小波分析研究的深入，水利行业的专家学者将小波分析引入到水科学应用研究中，并与现代科学理论和方法结合，从多方面揭示水科学的内在规律，为水资源合理开发利用和有效配置提供了更多的依据。将小波分析引入水科学，不但拓宽了应用范围，而且还推动了小波理论本身的发展。

一、小波分析方法

小波理论于 1980 年由 Morlet 首创，1984 年他与 Grossman 共同提出连续小波变换的几何体系，成为小波分析发展的里程碑。1985 年，法国数学家 Meyer 创造性构造了规范正交基，提出了多分辨率概念和框架理论，小波热由此兴起。1986 年 Battle 和 Lemarie 又分别独立地给出了具有指数衰减的小波函数；同年，Mallat 创造性地发展了多分辨分析概念和理论并提出了快速小波变换算法——Mallat 算法。1988 年 Daubechies 构造了具有有限紧支集的正交小波基，1990 年 Chui 和王建忠构造了基于样条函数的正交小波。至此，小波分析的系统理论得以建立。

（一）小波变换

小波是具有震荡特性、能够迅速衰减到零的一类函数，即 $\int_{-\infty}^{+\infty}\phi(t)d_t=0$ 由 $\phi(t)$ 的伸缩和平移构成一簇函数系：

$$\phi_{a,b}(t)=|a|^{-\frac{1}{2}}\phi\left[\frac{t-b}{a}\right] \qquad b\in R, a\in R, a\neq 0 \tag{13-3}$$

式中，$\phi_{a,b}(t)$ 称子小波；a 为尺度因子或频率因子；b 为时间因子或平移因子，对于能量有限信号 $f(t)\in L^2(R)$，其连续小波变换定义为

$$W_f(a,b)=|a|^{-\frac{1}{2}}\int_R f(t)\phi\left[\frac{t-b}{a}\right]d_t \tag{13-4}$$

当研究离散信号 $f(i\Delta t)$（$i=1,2,\cdots,N$；N 为样本容量；Δt 为取样时间间隔）时，式（13-4）的离散形式表达为

$$W_f(a,b)=|a|^{-\frac{1}{2}}\Delta t\sum_{i=1}^{N}f(i\Delta t)\phi\left[\frac{i\Delta t-b}{a}\right] \tag{13-5}$$

如果 $\phi(t)$ 满足相容条件：$C_\phi=\int_R|\omega|^{-1}\hat{\phi}^2(\omega)d_\omega<+\infty$，其中 $\hat{\phi}(\omega)$ 为 $\phi(t)$ 的傅里叶变换，则称 $\phi(t)$ 为允许小波，对于允许小波产生的信号连续小波变换 $f(t)$ 可重构：

$$f(t)=C_\phi^{-1}\iint_{R^2}W_\phi f(a,b)\phi_{a,b}(t)\frac{d_a d_b}{a^2} \tag{13-6}$$

$W_f(a,b)$ 包含了 $f(t)$ 的信息和 $\phi_{a,b}(t)$ 的信息。因此，小波函数的选择十分重要，目前广泛使用的有 Haar 小波、墨西哥帽(Marr)小波、高斯类小波、样条小波、Morlet 小波等。

（二）小波变换算法

小波变换计算通常有两种算法：①直接进行数值积分，利用已知的 $f(t)$ 和 $\phi(t)$ 在参数空间 (a,b) 逐点计算小波系数。这种方法较费时；②快速小波变换法，不涉及具体的小波函数和尺度函数，计算快速简单。常用的有 Mallat 算法和 ATrous 算法。

二、小波分析在水文学中的应用

随着小波理论的形成和发展，其优势逐渐引起许多水科学工作者的重视并引入水文水资源学科中。从 1993 年 Kumar 和 Foufoular-Gegious 将小波分析引入到水文中以来，小波分析在水科学中已取得了一定研究成果，主要表现在水文多时间尺度分析、水文时间序列变化特性分析、水文预测预报和随机模拟方面。

就水文预测而言，近 10 余年来，出现了许多新理论、新方法，并在水文水资源预测预报中得到了广泛应用。将它们相互耦合并结合传统预测预报技术，将是现代水文预测的发展方向。小波分析与分形、混沌、ANN、随机理论结合，不失一种有效途径。国内不少学者也在这方面做了相应的工作，为新技术在水文学中的应用起到了良好的推动作用。

例如，将小波分析与人工神经网络模型耦合，建立基于小波变换序列的人工神经网络组合预测模型。首先对水文序列施行 A Trous 小波变换，再利用 ANN 对小波系数进行多尺度组合预测，最后对预测分过程重构即得原始水文序列预测。

主要参考文献

陈俊合,陈小红.1996.工程水资源计算.广州:广东高教出版社.108～154

陈伟等.2001.水资源环境管理与规划.郑州:黄河水利出版社.185～231

陈晓宏,江涛,陈俊合.2001.水环境评价及规划.广州:中山大学出版社.89～98

傅国伟,程声通.1985.水污染控制系统规划.北京:清华大学出版社.165～205

高甲荣等.2001.国外森林水文研究进展.水土保持学报,(10)

黄克中.1997.环境水力学.广州:中山大学出版社.3～28

黄　平.1996.水环境数学模型及其应用.广州:广州出版社.45～66

黄锡荃.1993.水文学.北京:高等教育出版社.264～273

金菊良,张国桃.1998.加速遗传算法及其在环境模型参数估计中的应用.上海环境科学,17(4):7～9

雷瑞德.1984.秦岭火地塘林区华山松林水源涵养功能的研究.西北林学院学报,(1):19～33

李长兴.1998.城市水文的研究现状与发展趋势.人民珠江,(4):9～12

梁瑞驹.1998.环境水文学.北京:中国水利水电出版社.6～111,126～170

刘静玲.2003.淡水危机与节水技术.北京:化学工业出版社

刘　伟等.2004.水利工程与人水和谐的辩证思考,治黄论丛.人民网河南视窗,2004-11-10

刘兆昌等.1991.地下水系统的污染与控制.北京:中国环境科学出版社.113～385

卢俊培,李艳敏.1982.海南岛森林水文效应的初步探讨.热带林业科技,(1):13～20

卢　琦.2002.美国森林的水文效应.世界林业研究.15(3):54～60

陆雍森.2004.环境评价.第二版.上海:同济大学出版社.237～286

罗新民等.2006.小波神经网络算法在区域需水预测中的应用.计算机工程与应用,42(3):200,201,214

雒文生,宋星原.2004.水环境分析及预测.第二版.武汉:武汉大学出版社.20～153

钱雅倩,郭吉保.2002.同位素在环境科学研究中的应用.资源调查与环境,23(1):2～10

曲格平.1999.环境保护知识读本.北京:红旗出版社.37～117

冉茂玉.2000.论城市化的水文效应.四川师范大学学报(自然科学版),23(4):436～439

芮孝芳.1990.中国水利百科全书.北京:水利电力出版社

芮孝芳.2004.水文学原理.北京:中国水利水电出版社.350～382

芮孝芳,孔凡哲,石　朋.2001.河流水文学若干研究领域的回顾与展望.水利水电科技进展,21(2):8～11

沈晋等.1992.环境水文学.合肥:安徽科学技术出版社.11～42,118～245

宋献方等.2002.应用环境同位素技术研究华北典型流域水循环机理的展望.地理科学进展,21(6):527～537

孙讷正.1989.地下水污染——数学模型和数值方法.北京:地质出版社.208～261

谭芳林.2002.森林水文学的研究进展与展望.福建林业科技,(12):47～51

汪集旸.2002.同位素水文学与水资源、水环境.地球科学-中国地质大学学报,27(5): 532～533

王东升,徐乃安.1993.中国同位素水文地质学之进展.天津:天津大学出版社.30～36

王燕生.1992.工程水文学.北京:中国水利水电出版社.29～55

武洪涛等.2003.三门峡水库环境影响综合评价.地域研究与开发,(1):77～80

谢永明.1996.环境水质模型概论.北京:中国科学技术出版社.219～236

杨　凯,袁　雯.1993.环境水文与城市雨洪.北京:气象出版社.1～71

叶锦昭.1993.环境水文学.广州:广东高等教育出版社.228～269

苑希民.2002.神经网络和遗传算法在水科学领域的应用.北京:中国水利水电出版社.1～25

赵今声. 1993. 海岸河口动力学. 北京：海洋出版社. 407～438

赵 艳，杜 耘. 1998. 人类活动与武汉市自然地理环境；长江流域资源与环境，7(3)：279～285

郑淑惠，侯发高，倪葆龄. 1983. 我国大气降水的氢氧稳定同位素研究. 科学通报，28(13)：801～806

周晓峰，赵惠勋，孙慧珍. 2001. 正确评价森林水文效应. 自然资源学报，16(5)：420～426

陈建耀等. 2004. 黄河下流域で起こっている水環境問題について. 水文・水資源学会誌，17 (5)：555～564

早稻，中井. 1983. 中部日本-東北日本における天然水の同位体組成. 地球科学，17：83～91

Allison G B et al. 1984. Effect of climate and vegetation on oxygen-18 and deuterium profiles in soils. *In*: Isotope Hydrology 1983, IAEA Symposium 270, September 1983, Vienna. 105～123

Baertschi P. 1976. Absolute ^{18}O content of standard mean ocean water. Earth and Planetary Science Letters, 31: 341～344

Bariac T et al. 1989. Evaluating water fluxes of field-grown alfalfa from diurnal observations of natural isotope concentrations, energy budget and ecophysiological parameters. Agricultural and Forest Meteorology, 48: 263～283

Barry R G, Chorley R J. 1987. Atmosphere, Weather and Climate. 5th ed. Methuen, 460

Bortolami G C et al. 1978. Isotope hydrology of the Val Coraoglia, Maritime Alps, Piedmont, Italy. *In*: Isotope Hydrology, IAEA, Vienna. 327～350

Bugna G C et al. 1996. The importance of groundwater discharge to the methane budgets of nearshore and continental shelf waters of the northeastern Gulf Mexico. Geochimica et Cosmochimica Acta, 60: 4735～4746

Burgman J O, Calles B, Westman F. 1987. Conclusions from a ten year study of oxygen-18 in precipitation and runoff in Sweden. *In*: Isotope Techniques in Water Resources Development, IAEA Sympoisum 299, March 1987, Vienna. 579～590

Burnett W C et al. 2003. Groundwater and pore water inputs to the coastal zone. Biogeochemistry, 66: 3～33

Buttle J M. 1994. Isotope hydrograph separations and rapid delivery of pre-event water from drainage basins. Progress in Physical Geography, 18: 16～41

Böttcher J et al. 1990. Using Isotope fraction of nitrate-nitrogen and nitrate-oxygen for evaluation of microbial denitrification in a sandy aquifer. J. of Hydrology, 114: 413～424

Cable J E et al. 1996. Application of 222Rn and CH4 for assessment of groundwater discharge to the coastal ocean. Limnol Oceanogr, 41: 1347～1353

Carrillo-Rivera J J, Clark I D, Fritz P. 1992. Investigating recharge of shallow and paleo-groundwaters in the Villa de Reyes basin, SLP, Mexico with environmental isotopes. Applied Hydrogeology, 4: 35～48

Chen J Y et al. 2001. The impacts of diversion from the Yellow River on the local aquifer-case study in Shandong Province, China, In New Approaches Characterizing Groundwater Flow, Seiler KP, Wohnlich S (eds). New York: A. A. Balkema Publishers. 1143～1147

Chen J Y et al. 2003. Nitrate pollution in groundwater in the lower reach of the Yellow River, case study in Shandong Province, China. In Groundwater Engineering- Recent Advances, Kono, Nishigaki & Komatsu (Eds). New York: A. A. Balkema Publishers. 279～283

Chen J Y et al. 2004. Use of geochemistry and isotopes to determine the spatial pattern of groundwater flow in the North China Plain (NCP). Hydrological Processes, 18: 3133～3146

Chen J Y et al. 2005. Nitrate pollution from agriculture in different hydrogeological zones of the regional groundwaterflow system in the North China Plain. Hydrogeology Journal, 13: 481～492

Clark I D, Fritz P. 1997. Environmental isotopes in hydrogeology. Boca Raton:Lewis Publishers

Craig H. 1961a. Standard for reporting concentrations for deuterium and oxygen-18 in natural water. Science,133: 1833～1834

Craig H. 1961b. Isotopic variations in meteoric waters. Science,133: 1702～1703

Craig H, Gordon L. 1965. Deuterium and oxygen-18 variation in the ocean and the marine atmosphere. *In*: Tongiorgi E,eds. Stable Isotopes in Oceanographic Studies and Paleotemperatures, Spoleto 1965. 9～130

Dansgaard W. 1964. Stable isotopes in precipitation. Tellus,16: 436～468

Darling W G, Bath A H. 1988. A stable isotope study of recharge processes in the English chalk. Journal of Hydrology, 101: 31～46

Dawson T E. 1993. Hydraulic lift and water use in plants: implications for performance, water balance and plant-plant interactions. Oecologia, 95: 565～574

Eichinger L et al. 1984. Seepage velocity determinations in unsaturated Quaternary gravel. *In*:Recent Investigations in the zone of Aeration, Symposium Proceedings, Munich, Oct. 1984. 303～313

Evans J R et al. 1986. Carbon isotope discrimination measured concurrently with gas exchange to investigate CO_2 diffusion in leaves of higher plants. Australian Journal of Plant Physiology, 13:281～292

Farquhar G D. 1983. On the nature of carbon isotope discrimination in C_4 species. Australian Journal of Plant Physiology, 10:205～226

Farquhar G D, Richards P A. 1984. Isotopic composition of plant carbon correlates with water-use efficiency of wheat genotypes. Australian Journal of Plant Physiology, 11:539～552

Faure G. 1986. Principles of Isotope Geology. 2nd ed. New York:John Wiley and Sons. 589

Friedman I, O'Neil J R, Cebula G. 1982. Two new carbonate stable isotope standards. Geostandard Newsletter, 6: 11～12

Fritz P et al. 1976. Storm runoff analyses using environmental isotopes and major ions. *In*: Interpretation of Environmental Isotope and Hydrochemical Data in Groundwater Hydrology 1975, Workshop Proceedings, IAEA, Vienna. 111～130

Fritz P et al. 1979. Isotope hydrology in northern Chile. *In*: Isotope Hydrology 1978, IAEA, Vienna. 525～544

Gat J R. 1971. Comments on the stable isotope method in regional groundwater investigations. Water Resources Research, 7: 980～993

Gonfiantini R. 1986. Environmental isotopes in lake studies. *In*: Fritz P,Fontes,J-Ch eds. Handbook of Environmental Isotope Geochemistry, Vol. 2, The Terrestrial Environment, B. Elsevier, Amsterdam, The Netherlands. 113～168

Gonfiantini R, Dincer T, Derekoy A M. 1974. Environmental isotope hydrology in the Honda region, Algeria. *In*: Isotope Techniques in Groundwater Hydrology 1974, IAEA, Vienna. 293～316

Hageman R, Nief G, Roth E. 1970. Absolute isotopic scale for deuterium analysis of natural waters. Absolute D/H ratio for SMOW. TELLUS, 22: 712～715

Heaton T H E. 1986. Isotopic studies of nitrogen pollution in the hydrosphere and atmosphere: a review. Chem Geol. 59: 87～102

International Atomic Energy Agency (IAEA). 1967. Tritium and other environmental isotopes in the hydrological Cycle. Technical Reports Series No. 73, IAEA, Vienna

International Atomic Energy Agency (IAEA). 1981. Stable isotope hydrology. Deuterium and Oxygen-18 in the water cycle. Technical Reports Series No. 210, IAEA, Vienna

Kendall C, McDonnell J J. 1998. Isotope tracers in catchment hydrology. Elsevier

Korom S. 1992. Natural denitrification in the saturated zone, a review. Water Resources Research, 28: 1657～1668

Kreitler C W, Jones D C. 1975. Natural soil nitrate: the cause of the nitrate comtamination of groundwater in RunnelsCounty, Texas. Groundwater, 13: 5～13

Maloszewski P et al. 1987. Modelling of groundwater pollution by riverbank filtration using oxygen-18 data. *In*: Groundwater monitoring and management, proceedings, Dresden Symposium, March, 1987, IAHS Publ. No. 173. 153～161

Mazor E. 1991. Applied chemical and isotopic groundwater hydrology. London: Halsted Press: 126

Peterson R, Burnett W C, Mi T Z. 2004. Exchange in the Yellow River/Estuary/Bohai Sea System via Radium Isotopes. *In*: Proceeding of 2nd International Workshop on Yellow River Studies, Fukushima (eds), Kyoto, Japan

Rozanski K. 1985. Deuterium and Oxygen-18 in European groundwater link to atmospheric circulation in the past. Chemical Geology, 52: 349～363

Rozanski K, Araguas-Araguas L, Gonfiantini R. 1993. Isotopic patterns in modern global precipitation. *In*: Climate Change in Contentinental Isotopic Records, Swart P. K., Lohmann, K. C., McKenzie, Savin S (Eds). American Geophysical Union Monograph 78: 1～36

Rundel P W, Ehleringer J R, Nagy K A. 1989. Stable isotopes in ecological research. Springer-Verlag. 7～9

Salati E et al. 1980. Utilization of natural isotopes in the study of salinization of the waters in the Pajeu River Valley, Northeast Brazil. *In*: Arid-Zone Hydrology: Investigations with isotope Techniques, IAEA, Vienna. 133～151

Shimada J et al. 2002. Irrigation caused groundwater drawdown beneath the North China Plain. Proceedings of International Conference, Darwin, Northern Territory, Australia, 1～7

Singh V P. 1995. Environmental Hydrology. Netherlands: Kluwer Academic Publishers

Stichler W. 1980. Modell zur Berechnung der Verweilzeit des infiltrierten Niederschlags. GSF Bericht R 240, Munich, Germany

Taniguchi M et al. 2002. Assessment methodologies for submarine groundwater discharge. *In*: Land and Marine Hydrogeology, Taniguchi, Wang and Gamo (Eds). Elsevier, 1～23

Taniguchi M et al. 2002. Investigation of submarine groundwater discharge. Hydrological Processes, 16: 2115～2129

Toth J. 1999. Groundwater as a geologic agent: an overview of the causes, processes and manifestations. Hydrogeology Journal, 7: 1～14

Vogel J C. 1967. Investigation of groundwater flow with radiocarbon. *In*: Isotopes in Hydrology. IAEA, Vienna. 355～369

Vogel J C. 1993. Variability of carbon isotope fractionation during photosynthesis. *In*: Ehleringer J R, Hall A E, Farquhar G D eds. Stable Isotopes and Plant Carbon - Water Relations, Academic Press, San Diego, CA. 29～38

Wang D S, Wang K. 2001. Isotopes in precipitation in China (1986～1999). Science in China (Series E), 44 (Supp.): 48～51

White I D ,Mottershead D N, Harrison S J. 1992. Environmental Systems. London:Chapman & Hall

White J W C et al. 1985. The D/H ratios of sap in trees: implications for water sources and tree ring D/H ratios. Geochim et. Cosmochim Acta, 49: 237～246

Yapp C J, Epstein S. 1982. A reexamination of cellulose carbon-bound hydrogen dD measurements and some factors affecting plant-water D/H relationships. Geochim et Cosmochim Acta, 46: 955～965

Yurtsever Y, Gat J R. 1981. Chapter 6, Atmospheric Waters. *In*: Gat J R,Gonfiantini R,eds. Stable Isotope Hydrology, Deuterium and oxygen-18 in the water cycle, 1981. IAEA Technical Reports Series No. 210, Vienna